高等职业教育网络工程课程群教材

无线局域网技术与实践

主　编　唐继勇　刘思伶

副主编　孙梦娜　何通洋　张凌垚　任月辉

中国水利水电出版社
www.waterpub.com.cn
·北京·

内 容 提 要

本书是基于满足经济发展对高素质技能型人才的需求而编写的，在课程结构、教学内容、教学方法等方面进行了新的探索。本书根据 WLAN 实际工作过程中所需要的知识和技能提炼出了 8 个模块，分别是：认识无线网络技术、无线信号传输技术、无线局域网标准协议、小型无线局域网组建、企业无线局域网组建、无线局域网安全保护、无线局域网规划与设计和无线局域网组建综合实战。

本书内容新颖，反映了网络技术的新发展，并配备了丰富的教学资源，可作为高等学校计算机网络技术及相关专业的教材，亦可作为网络工程技术人员的技术参考书。

图书在版编目（CIP）数据

无线局域网技术与实践 / 唐继勇，刘思伶主编. -- 北京 : 中国水利水电出版社，2021.7（2024.8 重印）
高等职业教育网络工程课程群教材
ISBN 978-7-5170-9776-1

Ⅰ. ①无… Ⅱ. ①唐… ②刘… Ⅲ. ①无线电通信－局域网－高等职业教育－教材 Ⅳ. ①TN92

中国版本图书馆CIP数据核字(2021)第149241号

策划编辑：寇文杰　　责任编辑：张玉玲　　封面设计：李　佳

书　　名	高等职业教育网络工程课程群教材 无线局域网技术与实践 WUXIAN JUYUWANG JISHU YU SHIJIAN
作　　者	主　编　唐继勇　刘思伶 副主编　孙梦娜　何通洋　张凌垚　任月辉
出版发行	中国水利水电出版社 （北京市海淀区玉渊潭南路 1 号 D 座　100038） 网址：www.waterpub.com.cn E-mail：mchannel@263.net（答疑） sales@mwr.gov.cn 电话：（010）68545888（营销中心）、82562819（组稿）
经　　售	北京科水图书销售有限公司 电话：（010）68545874、63202643 全国各地新华书店和相关出版物销售网点
排　　版	北京万水电子信息有限公司
印　　刷	三河市德贤弘印务有限公司
规　　格	210mm×285mm　16 开本　14 印张　384 千字
版　　次	2021 年 7 月第 1 版　2024 年 8 月第 2 次印刷
印　　数	3001—5000 册
定　　价	48.00 元

前　言

电气和电子工程师协会（Institute of Electrical and Electronics Engineers，IEEE）于 1997 年发布了 802.11－1997 标准，是 WLAN 发展史上的一个里程碑。2019 年，Wi-Fi 联盟宣布开启对 802.11ax（Wi-Fi 6）标准的设备认证计划，意味着 Wi-Fi 6 标准可以逐步在市场中使用。经过多年的发展，802.11 标准已经形成了一个大家族，包括 802.11－1997、802.11b、802.11g、802.11n 和 802.11ac 等，而 Wi-Fi 技术凭借自身的优势也逐渐得到人们的广泛认可，并展示出良好的发展前景和极大的应用价值。

无线局域网组建是高职计算机网络技术专业、职业本科网络工程技术专业的核心课程。为了帮助读者掌握无线局域网的知识和技术，编者编写了《无线网络组建项目教程》（第二版）（被教育部评为“十二五”职业教育国家规划教材）。然而，无线局域网技术发展十分迅速，教材建设需要与时俱进才能适应新形势。我们在前书的基础上，严格按照教育部关于“加强职业教育、突出实践技能培养”的要求进行了修订工作，使得教材的内容更加丰富，重点知识更加突出，更贴近教学实际，具体体现在以下几个方面：

（1）课程结构灵活。根据 WLAN 实际工作过程中所需的知识和技能提炼出 8 个模块，每个模块由不同的主题构成，模块和主题间相对独立，教师在教学过程中可以根据实际情况灵活选择。

（2）教学内容实用。本书总结编者多年网络工程实践经验和高职教学经验，对 WLAN 发展过程中出现的新技术、新产品和新工艺等进行详细介绍的同时，对学生的技能训练进行强化，并以一个无线局域网组建实战案例结束整个训练过程，使学生可以在案例中巩固所学知识，满足高素质技能型人才培养的需求。

（3）教学资源丰富。本书配套的教学资源均是与网络业界知名设备商合作开发的，包括工作原理动画、操作实践微课视频、基于主题内容的 PPT 和题型多样的习题集等。

（4）教学可操作性强。基于主流的无线网络设备（如思科、锐捷等厂商的无线网络硬件设备）设计实践内容并录制操作视频，解决了设备差异化的问题；基于思科网络模拟器 Packet Tracer 的强大功能设计实践内容并录制操作视频，解决了没有无线网络设备的院校无法开展实践教学的问题。

本书内容涵盖 WLAN 的无线信号传输技术、设备调试、安全管理、规划设计等，建议学时数为 64 学时，理论学时与实践学时之比为 1∶2，各校可根据学生的学习基础和实际学情进行适当调整。WLAN 的构建离不开网络设备，建议在讲授各种 WLAN 的构建时以设备为主线，根据设备实现的主要功能学习相应的理论知识。

本书由重庆电子工程职业学院的唐继勇和刘思伶任主编，孙梦娜、何通洋（深圳昂楷科技有限公司）、张凌垚、任月辉任副主编，其中模块 1 和模块 2 由任月辉编写，模块 3 和模块 4 由刘思伶编写，模块 5 由唐继勇编写，模块 6 由孙梦娜编写，模块 7 由张凌垚编写，模块 8 由何通洋编写。全书由唐继勇统稿。

在本书编写过程中编者参阅了同行的相关资料，并得到所在学院和相关企业的大力支持，在此一并表示感谢。

限于编者水平，书中难免存在疏漏之处，恳请读者批评指正。

编　者

2021 年 5 月

目　录

模块 1　认识无线网络技术

认识无线网络技术

学习情景

最近几年，无线网络技术是研究、学习和应用的热点领域，新技术层出不穷，各种新名词也应接不暇，如从无线个人区域网（WPAN）、无线局域网（WLAN）、无线城域网（WMAN）到无线广域网（WWAN）；从无线 Ad-Hoc 网络、无线传感器网络到无线 Mesh 网络；从 Wi-Fi 到 Wi-Fi 6；从 IEEE 802.11a/b/g、IEEE 802.11n、IEEE 802.11ac 到 IEEE 802.11ax；从蓝牙到红外；从 ZigBee 到 UWB；从 GSM、GPRS、CDMA 到 4G、5G 等。如果说计算机方向的词汇最为丰富，网络方向就是其中的一个代表；如果说网络方向的词汇最为丰富，无线网络方向又是一个代表。随着人们对无线网络的需求越来越多，对无线网络技术的研究日益加强，无线网络技术越来越成熟。

或许大多数人遇到过这样的问题：在人流如潮的火车站，看见 Wi-Fi 标志却无法接入；在异国他乡的酒店，有 Wi-Fi 服务却无法搜索到 Wi-Fi 信号；在精彩纷呈的体育馆，想和朋友在网上分享自己的心情，却什么也发不出去。这些无线网络都怎么了？

其实，相比有线网络，无线局域网比较复杂，它看不见、摸不着。一个好的无线局域网必须具备三个条件：一是要有高可靠性、高性能的无线局域网产品；二是要有完善的网络规划和设计（见图 1-1）；三是严格按照网络规划方案进行高质量的部署和实施，三者缺一不可。因此，要降低无线侧的干扰，优化无线侧的性能，高质量地部署无线网络，就需要深入了解无线局域网原理，懂得如何选择和使用无线局域网产品，以及如何对无线局域网进行科学系统的规划。

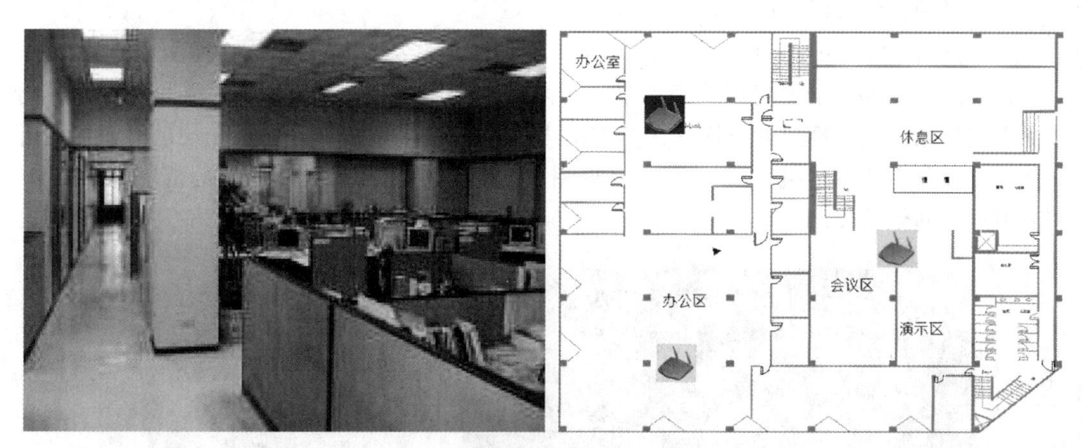

图 1-1　无线局域网规划示意图

无线网络涉及的技术相当广泛，包括 WPAN、WLAN、WMAN 和 WWAN 四方面的内容，而适合高职学生学习的主要是 WLAN，所以本书内容定位于 WLAN 层面，涵盖 WLAN 的无线信号传输技术、设备调试、安全管理、规划设计等核心内容，共设计了 8 个模块来组织学习。

知识技能目标

通过对本模块的学习，读者应达到如下要求：

- 了解无线网络的发展史。
- 了解常见的无线管理组织。
- 熟悉无线网络的分类，重点掌握 WLAN 的概念。
- 能够区分几组无线网络术语之间的区别。
- 能够结合生活实际熟练使用几种主流的无线网络技术。

1.1 无线网络历史回顾

通过回顾无线网络的发展历程，本节主要介绍 802.11 协议、Wi-Fi 技术演进的规律和 WLAN 产品的发展。

1. 电磁波理论的创立

无线网络的发展历史可以追溯到 19 世纪，当时迈克尔·法拉第、詹姆斯·克拉克·麦克斯韦、海英里希·鲁道夫·赫兹、尼古拉·特斯拉、大卫·爱德华·休斯、托马斯·爱迪生和伽利尔摩·马可尼等众多发明家和科学家开始进行无线通信的实验，这些先驱们发现并创立了与电磁射频概念有关的诸多理论。在人类探索利用电磁波的历程中，以下 3 个事件具有里程碑意义：

（1）1831 年，英国物理学家、化学家迈克尔·法拉第发现电磁感应。

（2）1864 年，詹姆斯·克拉克·麦克斯韦建立电磁方程。麦克斯韦被普遍认为是对 20 世纪最有影响力的 19 世纪的物理学家。他的理论开启了第二次和第三次科技革命，对于第二次科技革命，如果没有麦克斯韦方程，人们就造不出发电机和电动机；对于第三次科技革命，如果没有麦克斯韦方程，就没有现代无线电技术和微电子技术。

（3）1888 年，海英里希·鲁道夫·赫兹完成了著名的电磁波辐射实验，证明了麦克斯韦的电磁理论学说以及电磁波存在的预言。

2. 无线网络的初步应用

无线网络的初步应用可以追溯到第二次世界大战期间，当时美国陆军采用无线电信号进行作战计划及战场情报的传输。1943 年，加尔文制造公司（摩托罗拉公司的前身）设计出全球首个背负式步话机——SCR300（见图 1-2），该步话机重 16kg，通信范围为 16km，供美国陆军通信兵使用。

图 1-2 背负式步话机——SCR300

3. 无线局域网的诞生

当年使用 SCR300 的士兵不会想到这项技术会在 50 年后改变了人们的生活。1971 年，美国夏威夷大学的研究员创造了第一个基于分组交换技术的无线通信网络，取名为 ALOHANET。ALOHANET 使分散在 4 个岛上的 7 个校园里的计算机可以通过无线连接方式与位于瓦胡岛中心的计算机进行通信，如图 1-3 所示。ALOHANET 被认为是相当早期的无线局域网络，它通过星型拓扑将中心计算机和远程工作站连接起来，提供双向数据通信功能。

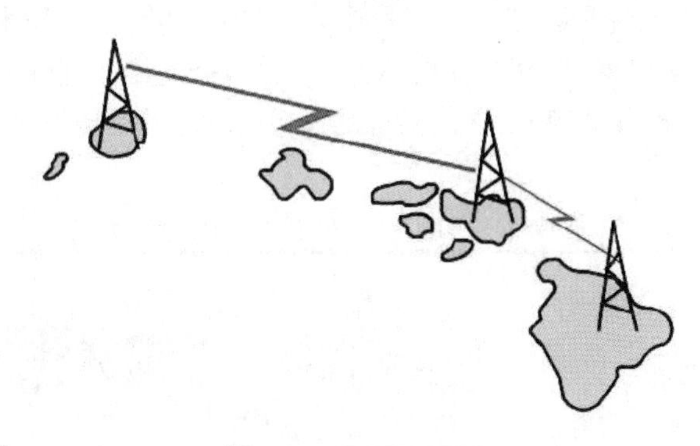

图 1-3　ALOHANET

1985 年，美国联邦通信委员会（Federal Communications Commission，FCC）允许在工业、科学和医疗（Industrial Scientific Medical，ISM）无线电频段使用商业扩频技术，这是 WLAN 发展历程中的一个里程碑。20 世纪 90 年代，类似于 Bell Labs 的 Wave LAN 等 WLAN 设备已经出现，但由于价格、性能、通用性等种种原因最终并没有得到广泛应用。

4. 无线局域网技术的标准化

（1）无线局域网协议标准化发展。

经过多年的发展，如今 802.11 标准已经形成了一个大家族，包括 802.11-1997、802.11b、802.11g、802.11n 和 802.11ac 等，如图 1-4 所示。

图 1-4　Wi-Fi 认证的 802.11 系列标准

1990 年，IEEE 802 标准化委员会成立了 IEEE 802.11 标准工作组，开始讨论对无线局域网技术进行标准化。

1997 年，IEEE 802.11-1997 标准发布，这是 WLAN 发展历程中的又一个里程碑，确定部署时间为 1997—1999 年，主要在仓储与制造业环境使用无线条码扫描仪进行低速数据采集。

1999 年，IEEE 批准通过了 802.11a 修订案，802.11a 采用与 802.11 标准相同的核心协议，工作频段为 5GHz，每个信道使用 52 个正交频分多路复用载波，最大数据传输速率为 54Mb/s。由于 802.11a 产品中 5GHz 的组件研制太慢，802.11a 产品于 2001 年才开始销售。

1999 年，IEEE 批准通过了 802.11b 修订案，采用大多数国家通用的 2.4GHz 频段，其产品在 2000 年初就已登陆市场，最高支持速率达 11Mb/s，成本更低。

2001 年，FCC 允许在 2.4GHz 频段上使用 OFDM（正交频分多路复用）技术，因此 802.11 工作组在 2003 年制定了 802.11g 修订案，其最高可实现 54Mb/s 的传输速率，与 802.11 后向兼容。随后 802.11b/g 的双模网络设备大量生产，直接促成了 WLAN 技术的普及。

2009 年，802.11n 修订案获得批准，同时支持 2.4GHz 频段和 5GHz 频段，802.11n 的物理层数据速率相对于 802.11a 和 802.11g 有显著增长，主要归功于使用多进多出（Multiple Input Multiple Output，MIMO）进行空分复用及 40MHz 带宽操作特性。

802.11ac 作为 802.11n 标准的延续，于 2008 年上半年启动标准化工作。802.11ac 被称为“甚高吞吐量（Very High Throughput，VHT）”，其工作频带被设计为 5GHz 频段，理论数据吞吐量最高可达 6.933Gb/s，经过 5 年的完善，802.11ac 修订案于 2013 年 12 月正式发布。

到了 2019 年，Wi-Fi 联盟宣布开启对 802.11ax Wi-Fi 6 的设备认证计划，意味着 Wi-Fi 6 标准可以逐步在市场中使用。也因为 2019 年同样是 5G 商用元年，业内出现了不少“5G 是否将取代 Wi-Fi”的讨论。

与其说是取代，不如说是融合。从 2G 到 4G 来看，移动通信技术与 Wi-Fi 一直并存，如图 1-5 所示，并且 2G 到 4G 时代，使用 Wi-Fi 传输数据的比例逐渐增加，在大商场、娱乐场所、办公室几乎都配置有 Wi-Fi，这其实也是社会所需求的，毕竟 Wi-Fi 传输速度非常快。

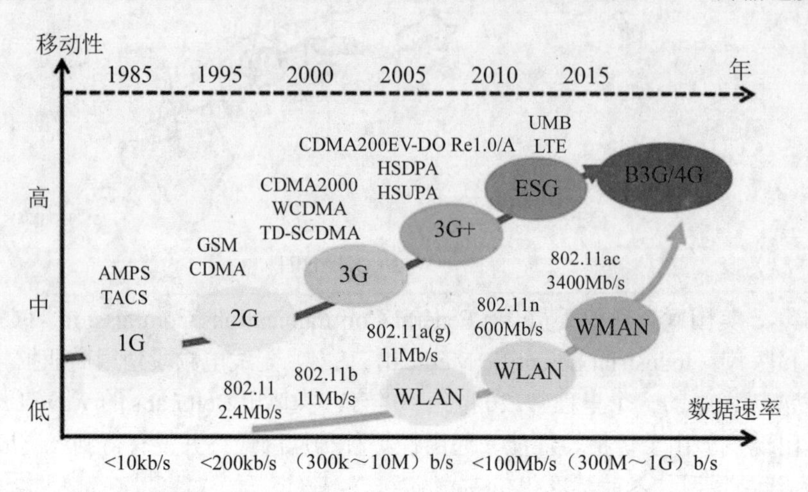

图 1-5 移动通信技术与 Wi-Fi 的并存发展

（2）智能终端飞速发展。

智能终端技术的飞速发展和新型数据应用的不断涌现推动了移动互联网的兴起。以苹果公司 iPhone 为代表的智能终端改变了用户传统的通信习惯，移动用户不再满足于能够随时随地语音通话，更期待随时随地的高带宽数据服务。另外，社交网络和视频业务逐渐成为移动互联网时代最强势的两类应用，移动业务呈现多样化、宽带化的趋势，驱动了移动业务量的飞速增长。面对增长如此迅速的移动数据量，电信运营商、企业及个人用户纷纷开始寻找高带宽的无线接入方式，作为典型的无线宽带技术，WLAN 获得了大家的青睐。

目前，无线局域网凭借传输速率高、成本低、部署简单等优点，已逐步成为使用最广泛的无线宽带接入方式之一，在教育、金融、酒店、零售业和制造业等各领域均有相当广泛的应用。WLAN 最终能够从各种无线宽带接入方式中脱颖而出，根本原因在于 Wi-Fi 终端的成熟度和高普及率。最早以 802.11b/g/n 为代表的 WLAN 接入设备成为大部分笔记本电脑的标配，而近年来智能手机将 Wi-Fi 作为标配。从 WBA 2012 年的统计结果看，WLAN 智能手机的数量已经超过 WLAN 笔记本电脑的数量。

据 ABI 报告统计，到 2017 年具有 Wi-Fi 功能的便携设备已达到 22 亿，约占所有便携设备的 28%。而在平板电脑和笔记本电脑中 Wi-Fi 的渗透率已接近 100%，与此同时，很多商店、餐馆等公共场所提供的 Wi-Fi 无线热点也成为人们生活中不可缺少的一部分。面对 Wi-Fi 终端如此高的普及率，拥有广泛终端支持的 WLAN 成为全球企业发展移动数据业务不得不关注的技术。

1.2 无线网络标准组织

本节讨论对无线网络行业进行监管的各个组织，了解这些组织有助于理解 802.11 技术的工作原理以及这些标准是如何发展而来的。

1. 美国联邦通信委员会

在无线网络领域，FCC负责监管无线电通信中使用的无线电信号。一般来说，多数国家和地区都有与FCC职能类似的监管机构。FCC负责管理两类无线通信：需要牌照的和无需牌照的。用户在使用需要牌照的频段进行通信之前必须申请牌照，而牌照申请的费用极高。无需牌照的频段可以免费使用，但用户仍需遵守各种通信规定和限制。由于无需牌照的频段对所有人开放，因此导致该频段拥挤不堪，不同用户之间的数据传输可能会相互干扰。

2. 国际电信联盟

联合国指定国际电信联盟无线电通信部门（ITU-R）承担全球频谱管理任务。ITU-R维护了一个全球性的频率分配数据库，并通过五大行政区（北美与南美、欧洲、非洲、亚洲和大洋洲）协调频谱管理。在各大行政区内，各国政府所属的射频通信监管机构负责本国的射频频谱。需要注意的是，各个国家或地区的通信管理体制可能不同，因此，在进行无线局域网部署时请花些时间来学习当地监管机构的规定和政策。

3. 电子和电气工程师协会

电子和电气工程师协会（IEEE）是一个拥有超过40万名会员的全球性组织，其使命是“鼓励技术创新，谋求人类福祉”。IEEE最为人所熟知的或许是它制定的局域网标准，即IEEE 802项目。该项目被划分为若干工作组，每个工作组在成立的时候都会被分配一个数字，如IEEE 802.3工作组负责制定以太网标准，IEEE 802.11工作组负责制定无线局域网标准。IEEE还成立了任务组，负责对工作组制定的现有标准进行补充和完善。每个任务组按顺序被分配一个字母，如802.11a/b/g/n、802.11ac等（如果所有字母都已使用，就为任务组分配多个字母）。某些字母会闲置不用，如o和i，以免与数字0和1混淆。还有一些字母不会分配给其他任务组，以免与其他标准相混淆，如IEEE未将字母x分配给802.11任务组，因为802.11x容易与802.1x标准混淆。

4. Wi-Fi联盟

Wi-Fi只是用来推广802.11无线局域网技术的商用名称。由于IEEE关于无线通信的架构标准有些模糊，厂商根据各自的理解对802.11标准进行解释，这导致不同厂商生产的设备虽然都符合IEEE 802.11标准，但这些设备之间却无法相互通信。鉴于此，人们创建了WECA（Wireless Ethernet Compatibility Alliance，无线以太网兼容性联盟）以对IEEE标准作进一步定义，确保不同厂商设备之间的互操作性。目前，WECA已更名为Wi-Fi联盟，是一个全球性的非营利行业协会，拥有350多家会员企业，致力于推动无线局域网的发展。Wi-Fi联盟的主要任务是向市场推广Wi-Fi品牌，增进消费者对新兴802.11技术的了解。

5. 欧洲电信标准协会

欧洲电信标准协会（European Telecommunications Standards Institute，ETSI）是一个非营利组织，负责制定可以在欧洲或者更广范围使用的通信标准。ETSI本部位于法国南部的Sophia Antipolis。ETSI的成员包括政府管制机构、网络运营商、制造商、服务提供商、研究机构和用户。ETSI致力于研究在欧洲应用的电信、广播和信息技术，主要目标是通过一个所有主要成员都能参与进来的论坛在全球范围内进行联合。ETSI下的宽带无线电接入网络（Broadband Radio Access Networks，BRAN）小组制定的Hipper LAN系列标准是目前WLAN的两个典型标准之一。

6. 无线电管理局

无线电管理委员会，即国家无线电管理委员会，是国务院、中央军委领导下负责全国无线电管理工作的机构。1998年，《国务院关于议事协调机构和临时机构设置的通知》（国发〔1998〕7号）决定撤销国家无线电管理委员会，工作改由信息产业部承担，原国家无线电管理委员会及其办公室的行政职能并入信息产业部。信息产业部根据国务院赋予的职责组建了无线电管理局（国家无线电办公室），是信息产业部主管全国无线电管理工作的职能机构。2008 年，信息产业部整合划入工业和信息化部。

工业和信息化部无线电管理局的主要职责：编制无线电频谱规划；负责无线电频率的划分、分配与指派，依法监督管理无线电台（站）；负责卫星轨道位置协调和管理；协调处理军地间无线电管理相关事宜；负责无线电监测、检测、干扰查处，协调处理电磁干扰事件，维护空中电波秩序；依法组织实施无线电管制；负责涉外无线电管理工作。在中国境内生产的无线电发射设备或向中国出口的无线电发射设备，必须经过工业和信息化部无线电管理局对其发射特性进行型号核准后核发“无线电发射设备型号核准证”和型号核准代码。

1.3 无线网络技术概述

本节讨论无线网络的基本概念，这些基本概念将成为今后学习的基础。

1. 无线网络的概念

无线网络是指通过无线电波、红外和激光等无线传输媒介建立的语音和数据网络。它与有线网络的用途十分类似，最大的区别在于传输媒介的不同。

红外线作为一种无线传输媒介，其信息的传播方向为定向，载波的功率受限，而且载波在传输过程中非常容易受到阻断和干扰，因此红外线无线网络的应用受到很大限制。

激光也是一种无线传输媒介，其行进路线同样为直线，激光穿透障碍物的能力很差，遇到障碍物时容易产生折射和反射，同时受天气因素影响大，因此激光无线网络的应用也未能得到普及。

无线电波的穿透力强，全方位传输，不局限于特定方向，传输功率调整方便，抗干扰措施齐备，各种器件的制造和研发技术成熟，相应配套技术标准也比较完善，因此无线电波作为传输媒介成为无线网络的主流。

2. 无线网络的优势

无线技术广泛应用于各行各业，带给人们一种新的联网方式，人们不再像有线网络那样顾虑接口的位置和连接网线的长短。在不能接入有线网络的地方，只要有无线网络信号覆盖，就可以满足人们随时随地上网的愿望。与有线网络相比，无线网络的优势主要体现在以下几个方面：

（1）布局容易，扩展方便。无线网络的建设主要是布局无线接入点（Access Point，AP），以增大无线信号覆盖范围。要满足更多无线终端设备接入网络的需求，只需相应增加 AP 的数量，打破了有线网络在组网结构方面的局限性。

（2）缩短工期，降低成本。无线网络是有线网络的延伸，新建的无线网络可以方便地接入有线网络。建设无线网络只需将 AP 布局、安装、连接在适当的位置，并且在接入点和无线终端之间不需要进行网络布线，从而缩短了网络的建设周期，降低了成本。

（3）移动性强，提高工效。由于摆脱了线缆的束缚，无线终端具有了可移动的特性。只要在 AP 信号覆盖的范围内，无线终端便可以自由移动，同时能保持与网络连接不中断，可以使用户随时随地使用网络资源，极大地提高了网络应用的工作效率。

（4）支持多种终端的接入。无线网络可以支持多种类型的无线终端接入，包括笔记本电脑、PC、智能手机、iPad、PDA、打印机和智能电视机等。

3. 移动通信技术

移动通信技术也是移动无线网络技术。目前，移动通信领域内推出的业务种类越来越多，除语音业务外，移动数据业务真正可以使人们随时随地进行便捷的通信，在移动状态中实现多业务的交互。无线移动网络技术经历了以下几个重要发展阶段：

（1）第一代蜂窝移动通信网。第一代蜂窝移动通信网（1G）是模拟通信系统，以连续变化的波形传输信息，只能用于语音业务。这一代移动通信网制式繁多，不能实现国际漫游，不能提供 ISDN 业务，通信保密性差，通话易被窃听，手机体积大，频带利用率低。

（2）第二代蜂窝移动通信网。第二代蜂窝移动通信网（2G）是数字通信系统，针对第一代蜂窝移动通信网进行了改进和完善，将语音信号转化成数字编码，使信号更清晰，并且可加密和压缩，安全性大大提高。最流行的 2G 系统是全球移动通信系统（Global System for Mobile Communications，GSM），支持语音、数据（短信）等多种业务，但传输速率通常低于 10kb/s。

（3）通用分组无线业务。通用分组无线业务（General Packet Radio Service，GPRS）是从 GSM 基础上发展起来的分组无线数据业务（2.5G），与 GSM 共用频段、共用基站，并共享 GSM 网络中的一些设备和设施。GPRS 的主要功能是在移动蜂窝网络中支持分组交换业务（区别于 GSM 的电路交换），利用分组传送提高网络效率，快速建立通信线路，缩短用户呼叫建立时间，实现几乎“永远在线”的服务。

（4）第三代移动通信网。第三代移动通信网（3G）是能够将语音和多媒体通信相结合的新一代通信系统。3G 系统可以提供多种先进的数据业务，如视频会议、网页浏览、APP 应用等，并提供高达 2Mb/s 的数据传输速率。我国的三大通信公司：中国移动、中国电信和中国联通建设了各自的 3G 移动通信网络，分别采用 TD-SCDMA（中国）、CDMA2000（美国）和 WCDMA（欧洲）制式。

（5）第四代移动通信网。第四代移动通信网（4G）不是一种革命性的技术，而是基于 3G 技术的网速提升，是 3G 的演进和升级。4G 系统集 3G 和无线局域网技术于一体，能够传输与高清晰度电视图像质量相媲美的图像，能够以 100Mb/s 的速率下载多媒体视频文件，上传速率能达到 20Mb/s，能够满足各个领域及各类用户对无线服务的要求。4G 网络标准有 LTE（Long Term Evolution，长期演进发展）、LTE-Advanced、WiMax（Worldwide Interoperability for Microwave Access，全球微波互联接入）、WiMax-Advanced 等 15 种。

（6）第五代移动通信网。第五代移动通信网（5G）在大幅提升以人为中心的移动互联网业务使用体验的同时，全面支持以物为中心的物联网业务，实现人与人、人与物和物与物的智能互联。5G 满足增强移动宽带、海量机器类通信和超高可靠低时延通信三大类应用场景。5G 将满足 20Gb/s 的光纤接入速率、毫秒级时延的业务体验、千亿设备的连接能力、超高流量密度和连接数密度、百倍网络能效提升等极致指标。

1.4　无线网络的分类

无线网络有多种分类方式，按照覆盖范围可以分为无线个人区域网（Wireless Personal Area Network，WPAN）、无线局域网（Wireless Local Area Network，WLAN）、无线城域网（Wireless Metro Area Network，WMAN）和无线广域网（Wireless Wide Area Network，WWAN），如图 1-6 所示。

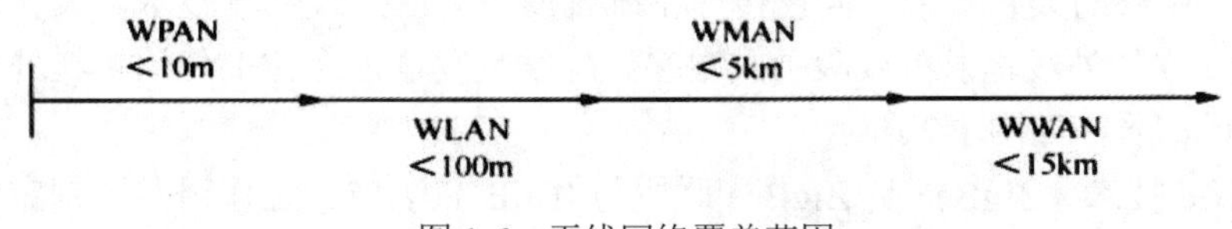

图 1-6　无线网络覆盖范围

1. 无线个人区域网

（1）概念。WPAN 是指在小范围内相互连接数个无线设备所形成的无线网络，为近距离范围内的设备建立无线连接，使其可以相互通信，甚至接入 LAN 或 Internet。

（2）技术标准。IEEE 802.15 标准定义了 WPAN 网络，其工作组内有 4 个任务组，分别制定适合不同应用的标准。

1）任务组 TG1：制定 IEEE 802.15.1 标准，又称蓝牙（Blue Tooth）无线个人区域网标准。这是一个中等速率、近距离的 WPAN 网络标准，通常用于手机、PDA 等设备的短距离通信。

2）任务组 TG2：制定 IEEE 802.15.2 标准，研究 IEEE 802.15.1 与 IEEE 802.11（无线局域网标准）的共存问题。

3）任务组 TG3：制定 IEEE 802.15.3 标准，研究高传输速率 WPAN 标准。该标准主要考虑 WPAN 在多媒体方面的应用，追求更高的传输速率和服务品质。

4）任务组 TG4：制定 IEEE 802.15.4 标准，针对低速无线个人区域网络（Low-Rate Wireless Personal Area Network，LR-WPAN）制定标准。该标准把低能量消耗、低速率传输、低成本作为重点目标，旨在为个人或家庭范围内不同设备之间的低速互联提供统一标准。LR-WPAN 网络是一种结构简单、成本低廉的无线通信网络，它使在低电能和低吞吐量的应用环境中使用无线连接成为可能。

（3）关键技术。支持无线个人区域网的技术包括蓝牙、ZigBee、超频波段（UWB）、RFID 等。其中，蓝牙技术在无线个人区域网中的使用最广泛。每一项技术只有被用于特定的领域才能发挥最佳的作用。此外，虽然在某些方面，有些技术被认为在无线个人区域网中是相互竞争的，但是它们常常又是互补的。

1）蓝牙。蓝牙是 1998 年 5 月由爱立信、英特尔、诺基亚、IBM 和东芝等公司联合主推的一种短距离无线通信技术，运行在全球通行的、无须申请许可的 2.4GHz 频段，传输速率达 1Mb/s；它可以用于较小范围内通过无线连接方式实现的固定设备或移动设备之间的网络互联，从而在各种数字设备（如手机、掌上电脑、键盘、鼠标、耳机、麦克风等）之间实现灵活、安全、低功耗、低成本的语音和数据通信。一般蓝牙技术的有效通信范围为 10m，强的可以达到 100m 左右。

按照在网络中所扮演的角色，蓝牙设备可以分为主设备和从设备。主设备负责控制主从设备之间数据传输的时间和速率，从设备必须与主设备保持同步。主设备与从设备可以组成一个微网，它们之间可以形成点对多点的连接，但是一个主设备同时只能与网内的最多 7 个从设备相连接进行通信。

2）红外线技术。红外线技术是一种利用红外线在视距范围内进行点对点通信的技术。红外线数据协会（Infrared Data Association，IrDA）成立于 1993 年，致力于建立红外线连接的全球标准，参与的厂商包括计算机及通信硬件、软件和电话公司等。红外线技术的主要优势：无须专门申请特定频率的使用执照；设备具有体积小、功率低的特点；传输速率从最初的 4Mb/s 提高到最新的 16Mb/s，接收角度也由传统的 30°扩展到 120°；红外线局域网既可以采用点对点的配置，也可以采用漫反射的配置。

红外线技术很早就被广泛使用，如电视和 VCD 的遥控器等设备就使用的是红外线，近几年家用计算机的红外线设备也非常流行。红外线传输有很大规模的应用，如在能容纳 5500 人的国家会议中心的大礼堂中，同声传译系统就使用了红外线传输技术，天花板上安装有 30 台 HCS-5300 红外线辐射板或吸顶式数字红外线收发器，座位上使用了红外线接收机来接收同声传译信号，如图 1-7 所示。

3）ZigBee 技术。ZigBee 是 ZigBee 联盟与 IEEE 802.15.4 工作组共同制定的一种新兴的短距离、低功率、低速率无线接入技术，运行在 2.4GHz 频段，共有 27 个无线信道，数据传输速率为 20～250KB/s，传输距离为 10～75m。ZigBee 网络使用协调器、路由器（主设备）和终端（从设备）3 种类型的设备。

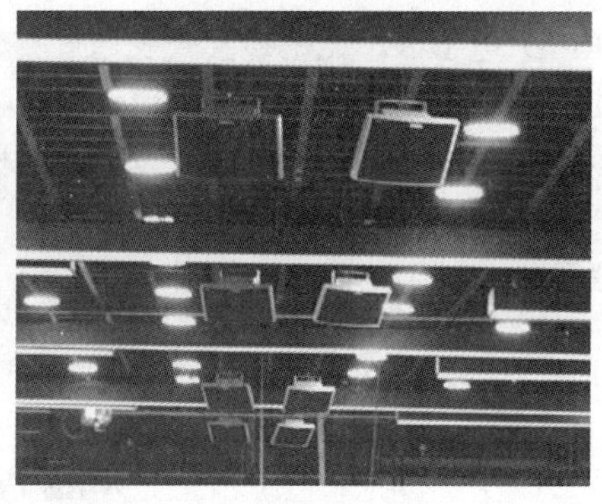

图 1-7 红外线传输技术在国家会议中心大礼堂中的应用

ZigBee 协调器是整个 ZigBee 网络的核心，负责启动和配置网络、产生网络信标、控制网络拓扑的形成、协调各网络成员的流量。ZigBee 路由器支持关联设备、能够将数据转发到其他设备。ZigBee 网络或树状网络可以有多个 ZigBee 路由器。ZigBee 终端连接需要与其通信的设备，并不起转发器、路由器的作用。ZigBee 网络有星状网、树状网、网状网 3 种拓扑结构。一个 ZigBee 网络可以容纳最多 1 台主设备（ZigBee 协调器或中心设备）和 254 台从设备（或 ZigBee 终端设备）。

ZigBee 无线技术在实时定位、远程抄表、温度监控、安全监视、汽车电子、医疗电子、工业自动化等无线传感网络中有非常广泛的应用。

4）UWB 技术。UWB（Ultra Wide Band，超宽带）技术是一种超高速、短距离无线接入技术，具有抗干扰性强、传输速率高、带宽极宽、消耗电能少、保密性好、发送功率小等诸多优势。UWB 的工作频段范围为 3.1GHz～10.6GHz，最小工作频宽为 500MHz，传输距离通常在 10m 以内，通信速度可以达到几百 Mb/s。

为了满足无线数字视频的需要，家庭无线互连产品需要更高的通信速率。以无线高清数字电视（WHDTV）为例，如果采用 MPFG2HD 数据格式，则视频数据流的速率高达 25Mb/s。如图 1-8 所示，具有超宽带功能的海尔电视机内置有超宽带天线，数字媒体服务器外观与标准的 DVD 播放机相似，最远可以放在距离高清电视机 20m 的位置。

图 1-8 UWB 技术在电视行业中的应用

5）RFID 技术。RFID（Radio Frequency Identification，射频识别）技术是一种利用射频信号通过空间耦合（交变的磁场或电场）实现无接触信息传递，并通过所传递的信息来识别目标的技术。RFID 由阅读器、电子标签（即应答器）和应用软件 3 个部分组成，工作原理是：阅读器发射特定频率的无线电波能量给应答器，以驱动应答器电路将内部的数据送出，此时阅读器依序接收解读数据，送给应用程序进行相应的处理。

实际应用中，可进一步通过 Ethernet 或 WLAN 等实现对物体信息的识别采集、处理和远程传送等管理功能。图 1-9 所示为基于 RFID 技术的智能会议签到系统，参会代表每人佩戴一张 RFID 电子卡，无论参会代表通过哪个会场入口、代表证放在身上何处，安装在相应位置的读卡设备都能够快速准确地识别每张电子卡，从而实现对参会人员的自动签到、身份显示、自动计时、自动统计并提供查询和打印等功能。

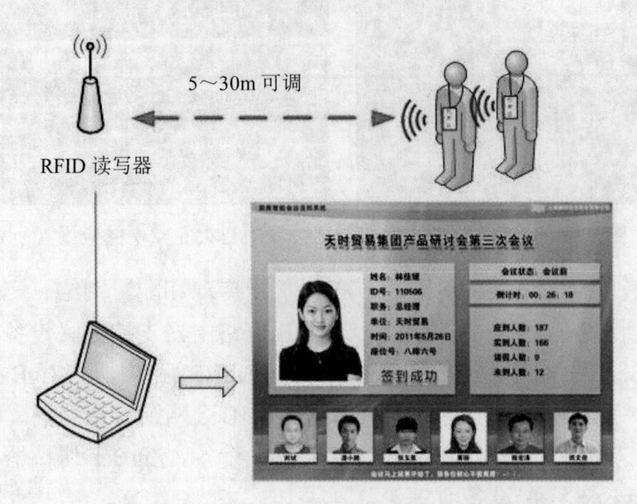

图 1-9　RFID 技术在签到系统中的应用

2. 无线局域网

（1）概念。WLAN 是一种利用自由空间的电磁波传播实现终端之间通信的网络，如图 1-10 所示。其核心有两个：一是无线，表明是利用无线信道实现终端之间的数据传输过程；二是局域网，表明要实现相互通信的终端分布在较小的范围内。无线用户通过无线接入点接入无线局域网，无线接入点又与有线网络连接，这样无线局域网的用户就能获得丰富的网络资源。

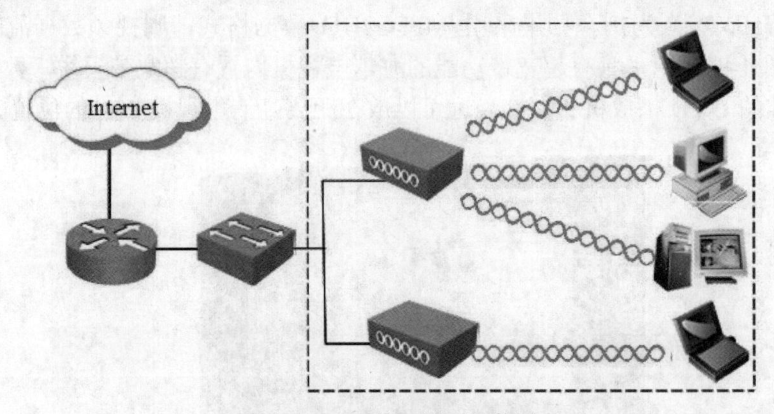

图 1-10　无线局域网拓扑图

（2）优势。WLAN 相对于当前的有线宽带网络，主要有以下几个优点：

- 移动性：数据使用者有四处移动的需要，WLAN 能够让使用者在移动中访问数据，可以大幅提高工作效率。
- 灵活性：对传统有线网络而言，在某些情况下布线并不方便，如建筑物老旧或建筑设计蓝图不知去向等均能造成布线困难，而 WLAN 应用在这些场合就显得非常灵活。
- 扩展性：因为无线介质无处不在，使用者不需要到处拉线、接线，WLAN 可以部署在宾馆、火车站、机场等任何地点，随意游走于办公室隔断之间，扩充十分方便。
- 经济性：采用 WLAN 技术在经济上可以节约不少，如网线、光纤等传输介质的成本和施工费用都可以节省下来。

（3）主要业务。现阶段 WLAN 的业务主要包括以下几个方面（图 1-11）：

- 无线宽带接入。WLAN 为用户访问互联网提供了一个无线宽带接入方式，通过 WLAN 无线接入设备用户能够方便地实现各种因特网业务。
- 多媒体数据业务。WLAN 可为用户提供多媒体业务服务，如视频点播、数字视频广播、视频会议、远程医疗和远程教育等。
- WLAN 增值业务。基于 WLAN 接入方式的数据业务可以和现有的其他业务（如短信、IP 电话、娱乐游戏、位置服务等）相结合，电信运营商可以利用业务控制手段来引导用户对增值业务的使用。
- 热点地区的服务。在展览馆和会议室等热点地区，WLAN 可以使工作人员在极短时间内得到计算机网络服务，如连接因特网获得所需资料。

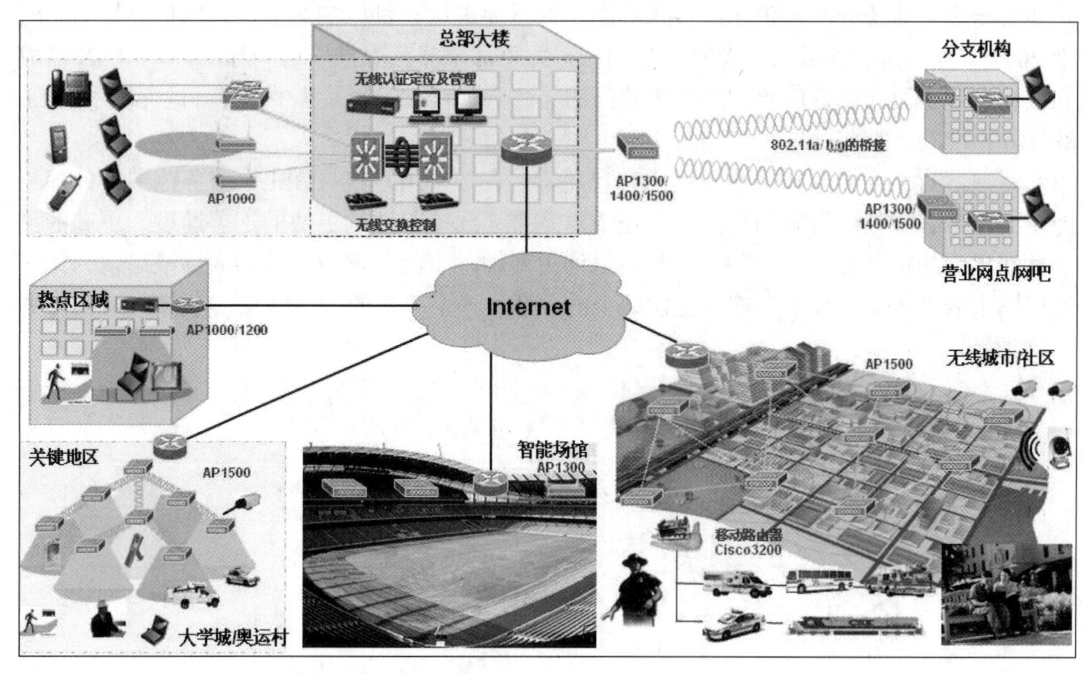

图 1-11　WLAN 主要业务

（4）运营商。中国移动、中国联通、中国电信除了建设有 3G/4G 移动通信网以外，还建设了各自的 WLAN，为手机终端和 PC 提供无线移动接入（或称 Wi-Fi 接入）互联网的服务。三大运营商的 WLAN 并不像 3G/4G 或 GPRS 那样覆盖广泛的区域，而是仅在部分热点地区（如高校的宿舍、教学楼或体育馆，火车站，咖啡厅等）可以使用。

中国移动 WLAN 的标识是 CMCC。CMCC 是中国移动提供的城市无线网络服务，它依托中国移动 3G/4G 网络和 WLAN，覆盖城市核心商圈、酒店、学校等主要办公场所和企事业单位。在 CMCC 无线网络的热点信号覆盖区域，通过智能手机、iPad 等移动终端用户可以使用中国移动提供的账号进行登录，实现随时随地接入互联网，体验“网络随身、世界随心”的感受。

中国电信 WLAN 的标识是 ChinaNet。中国电信无线宽带业务采用 IEEE 802.11b/g 技术，它是中国电信有线宽带接入的延伸和补充，可以充分满足宽带用户对上网的个性化需求。中国电信无线宽带用户可使用带有 IEEE 802.11b/g 无线网卡的计算机、智能手机、平板电脑、智能电视等终端，在 WLAN 热点覆盖区域快速访问互联网。

中国联通 WLAN 的标识是 ChinaUnicom。中国联通 WLAN 基于 IEEE 802.11 系列技术标准，提供 WLAN 宽带接入访问。中国联通可以在热点覆盖区域提供媲美固定带宽和 WCDMA 4G 业务的无线接入速率，满足用户高速自由地观看在线视频、体验丰富的互联网世界的需求。

（5）应用场景。WLAN 在教育、旅游、金融服务、医疗、库管、会展等领域均有着广阔的应用前景。随着开放式办公的流行和手持设备的普及，人们对移动性访问的需求越来越多，WLAN 还会在办公、生产和家庭等领域不断获得更广泛的应用。

3. 无线城域网

（1）概念。无线城域网是指覆盖城市区域的无线网络，由城市主要区域、场所的若干 WLAN 热点通过光缆连接到 IP 城域网而形成。受无线传输技术的限制，现阶段在一个城市范围内并不存在远距离的无线传输网。

（2）特点。宽带无线接入技术从 20 世纪 90 年代开始快速地发展起来，但是一直以来没有统一的全球性标准。IEEE 802.16 是为制定无线城域网标准而专门成立的工作组，目的是建立一个全球统一的宽带无线接入标准。为了促进这一目标的达成，几家世界知名企业于 2001 年 4 月发起并成立了 WiMAX 论坛，力争在全球范围推广这一标准。WiMAX 的成立很快得到了无线设备厂商和网络运营商的关注，他们积极加入其中，很好地促进了 IEEE 802.16 标准的推广和发展。

目前，对于许多家庭用户及商用客户而言，在数字用户线（DSL）服务范围之外都不能得到宽带有线基础设施的支持，但是依靠宽带无线接入技术更快的部署速度、更高的灵活性和更强的扩展能力，这些问题都可以迎刃而解。因此，宽带无线接入标准可以为无线城域网中的“最后一公里”连接提供缺少的一环。一个简单的 WMAN 宽带接入应用如图 1-12 所示。

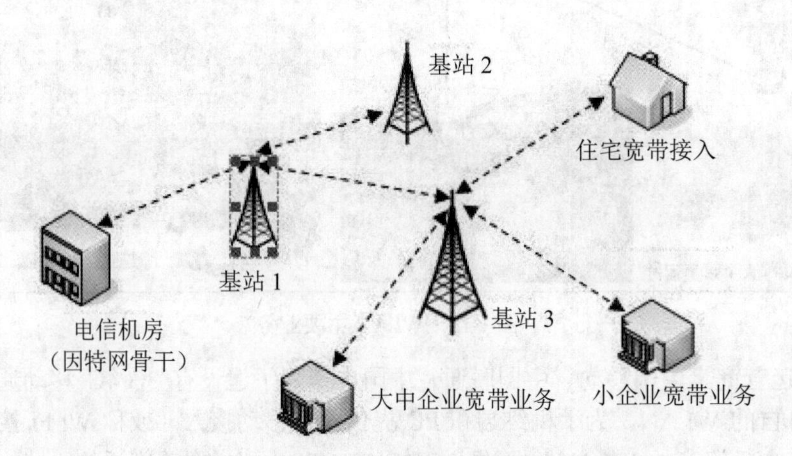

图 1-12 一个简单的 WMAN 宽带接入应用

为发展 802.16 标准对移动性的支持，IEEE 又发展了 IEEE 802.16e，与 IEEE 802.16d 仅是一种同步无线接入技术不同，IEEE 802.16e 是一种移动宽带接入技术，它支持车速 120km/h，可以提供几十兆比特每秒的接入速率，并且覆盖范围可达几千米。

IEEE 802.16 标准定义的 WMAN 网络具有如下特点：

- 采用 OFDM 技术，能有效对抗多径干扰。
- 采用自适应编码调制技术，实现覆盖范围和传输速率的折中。
- 提供面向连接的、具有完善服务质量保障的电信级服务。
- 系统安全性较好。
- 提供广域网接入、企业宽带接入、家庭“最后一公里”接入、热点覆盖等宽带接入业务。

4. 无线广域网

（1）概念。无线广域网是跨省甚至国家的大范围无线接入网络。传统蜂窝移动通信系统可支持高移动性，但数据传输速率低，难以应对高速下载和实时多媒体业务应用的需要。

而 WLAN 等宽带无线接入系统虽然拥有较高的数据传输速率，但其移动性差，只能用于游牧式的无线接入。IEEE 802.20 致力于有效解决移动性与传输速率相矛盾的问题，使用户可以在高速移动中享受宽带接入服务。

（2）结构。无线广域网的结构如图 1-13 所示，分为末端系统（两端的无线局域网及用户）和通信系统（中间的有线广域网链路）两部分。无线用户在获取广域网资源的过程中，真正实现无线接入的只在无线局域网的小范围内（无线终端设备与接入点或热点之间），而在城域网、广域网大范围内进行数据传输的并不是无线方式，而是采用有线方式通过光缆传输。

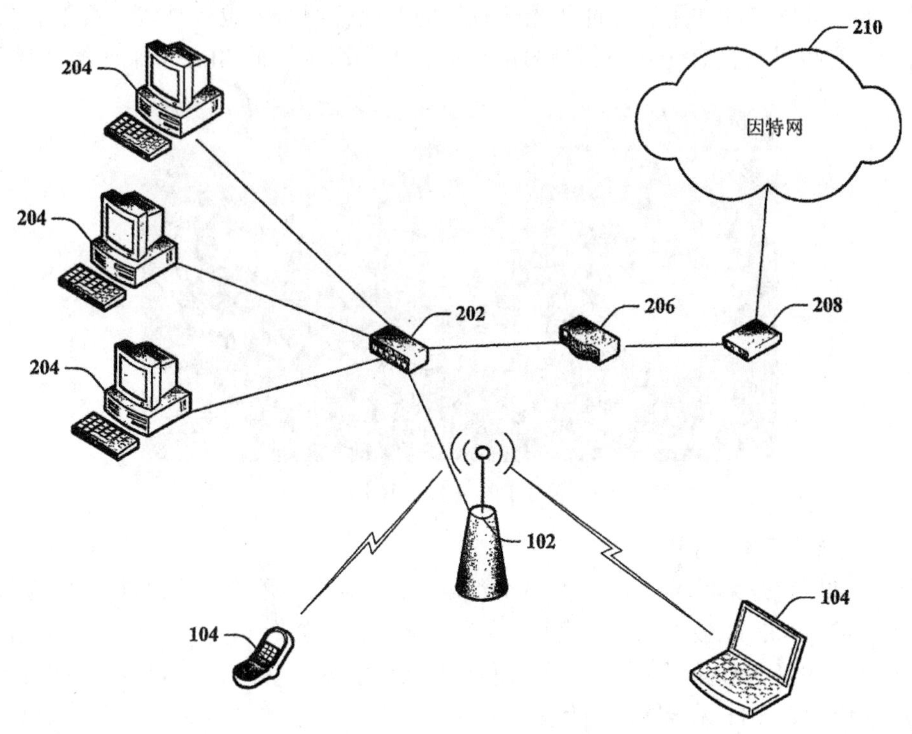

图 1-13　无线广域网结构

（3）特点。在技术制定的时间上，IEEE 802.20 远远晚于 3G，因此可以充分发挥其后发优势，在物理层技术上以 OFDM 和 MIMO 为核心，充分挖掘时域、频域和空间域的资源，大大提高系统的频谱效率。在设计理念上，基于分组数据的纯 IP 架构在应对突发性数据业务时的性能也优于传统 3G 技术，另外在实现部署成本上也具有较大的优势。IEEE 802.20 标准定义的 WWAN 有如下特点：

- 全面支持实时和非实时业务，在空中接口中不存在电路域和分组域的区分。
- 能保持持续的连通性。
- 频率统一，可复用。
- 支持小区间和扇区间的无缝切换，以及与其他无线技术（802.16、802.11 等）间的切换。
- 融入了对服务质量的支持，与核心网级别的端到端服务质量相一致。

1.5　无线网络相关概念辨析

在学习无线网络的过程中，经常会接触到无线与移动、无线网卡与无线上网卡、无线局域网与 Wi-Fi、无线局域网与 3G 网络、移动无线网络与移动互联网等概念，这些概念之间有区别也有联系，下面就对这些概念进行讨论。

1. 无线与移动

无线网络和移动计算常常联系在一起，但二者并不相同。例如，笔记本电脑移动到任何有网络接入的场所以实现移动性，而有些未铺设网线的旧建筑物内仍可以使用无线网络来建立办公局域网，此时网络内的 PC 一般都不处于移动状态。当然，真正的移动无线应用也有很多，如城管人员街面巡查时，可用 PDA 来处理工作信息；公司职员出差时，可在高速铁路上使用笔记本电脑继续处理事务。

2. 无线网卡与无线上网卡

无线网卡的作用、功能跟普通电脑网卡一样，只是一个信号收发设备，用来连接到局域网。无线上网卡的作用、功能相当于有线的调制解调器，也就是俗称的“猫”，如图 1-14 所示，它可以在拥有无线电话信号的任何地方利用手机的 SIM 卡来连接互联网。

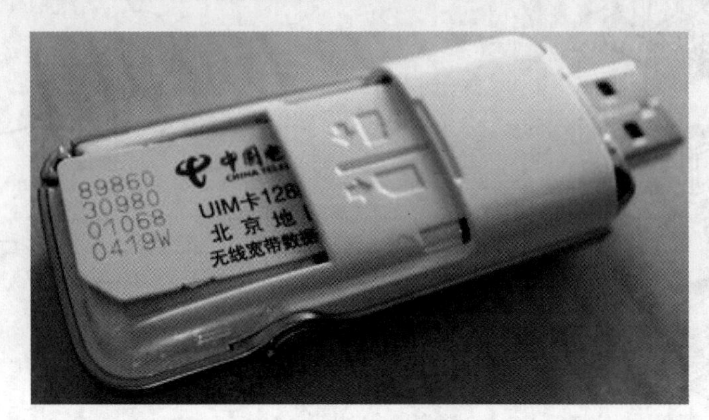

图 1-14 无线上网卡

3. 无线局域网与 Wi-Fi

无线局域网就是采用 802.11 技术的无线网络。Wi-Fi 不是“无线保真”英文翻译的缩写，是用来推广 802.11 技术的商用名称。如果询问一般用户什么是 802.11 无线网络，他们可能对此会感到迷惑不解，因为多数人习惯将这项技术称作 Wi-Fi，所以世界各地的人们都使用 Wi-Fi 作为 802.11 无线网络的代名词。

4. 无线局域网与 3G 网络

无线局域网与 3G 网络采用的是截然不同的两种技术，用于满足不同的需要。WLAN 使有无线网卡的移动终端可以在热点覆盖范围内无线上网。3G 是第三代移动通信体制，移动终端可以在 3G 覆盖范围内无线上网，不过除了手机以外，笔记本电脑、iPad 等设备都必须有无线上网卡才能实现 3G 无线上网。无线局域网并不是一个完备的全网解决方案，它只用于满足小型用户群的需要，多在如机场候机厅、宾馆休息室和咖啡厅等处建立无线 Internet 连接。无线局域网与 3G 网络可以互补，因此并不会对 3G 网络运营商构成威胁，反之运营商还可以从无线局域网和 3G 网络的共存中获得好处。North Stream 的研究表明，无线局域网与 3G 网络结合可以提高用户的满意度和增加业务量，从而增加移动网络运营商的利润。

5. 移动无线网络与移动互联网

如图 1-15 所示，移动无线网络主要指由 2G、3G、4G、5G 等移动蜂窝网络组成的无线网络；无线通信技术包括无线局域网和无线数据通信网络，如 GPRS、3G、4G 等；移动终端包括笔记本电脑、平板电脑和智能手机等，智能手机同时支持无线局域网和无线数据通信网络；将移动终端、无线通信技术与互联网结合便产生了移动互联网。随着无线局域网越来越普及，智能手机等移动终端可以随时随地通过无线局域网访问 Internet，这种能够移动、定位和随时随地访问 Internet 的特性将对移动互联网的应用带来革命性的改变。

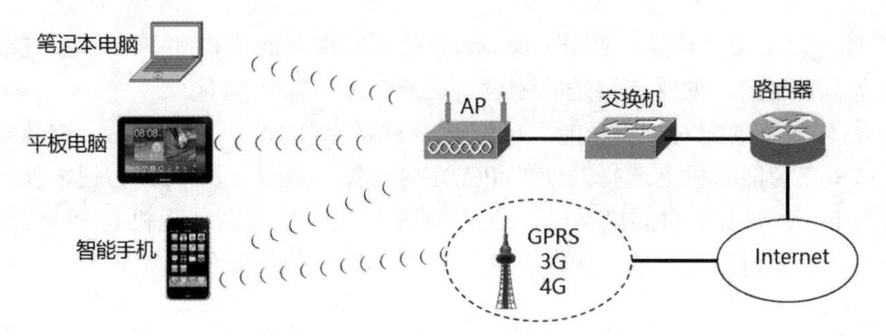

图 1-15　移动无线网络与移动互联网

1.6　动手实践

这里的实践内容可以在智能手机和思科的网络模拟软件 Packet Tracer 7.3 上完成，它们均与日常生活中无线网络的应用关联紧密。

1.6.1　使用手机 NFC 传输文件

使用手机 NFC 传输文件

NFC（Near Field Communication）是一种近距离无线通信技术，传输距离 10cm 左右，传输速率比蓝牙慢，但操作简便、成本低、保密性强。目前，NFC 功能在安卓智能手机上比较常见，而 iPhone 目前虽然有此功能，使用范围却没有安卓智能手机广泛。现在，使用 NFC 功能付款、充值公交卡、刷门禁等为人们的生活提供了便捷，已成为新的流行趋势。下面介绍在华为智能手机上使用 NFC 功能传输图片的具体操作过程。

（1）开启 NFC 功能。依次点击“设置”→“更多”→NFC 开启 NFC 功能，点击 Huawei Beam 并开启，同时在对端设备上也需要打开此功能。

（2）打开需要分享的内容。华为手机支持通过 NFC 分享图库、视频、文档、录音、桌面应用等内容，本例选择一张图片，将它分享给小米手机，点击“分享”后会出现“触碰其他 NFC 设备来完成操作”提示。

（3）开始分享。将两部手机的后盖贴合，如果感应成功，就会在状态栏中提示“正在用 Beam 传送信息，等待传输完成即可”。

（4）在对端设备上查看图片。传输完成后，在小米手机上可以看到提示“传输完毕”，然后点击该提示信息，选择“查看图片”，即可看到通过华为手机传送过来的图片。

1.6.2　建立智能手机与 PC 终端之间的蓝牙通信

建立智能手机与 PC 终端之间的蓝牙通信

日常生活中，有时需要在智能手机和 PC 终端之间进行资源的互传，蓝牙是实现这一需求的便捷方式之一。智能手机或 PC 终端上都具有蓝牙通信功能，因此本例使用蓝牙实现智能手机和 PC 终端之间的通信，采用如图 1-16 所示的网络拓扑。

图 1-16　蓝牙通信拓扑图

（1）打开设备的蓝牙接口。点击智能手机的蓝牙图标打开蓝牙接口，或者双击 PC 终端的蓝牙图标，发现蓝牙接口没有打开，需要勾选对话框中的端口状态（Port Status）On。界面中的 Coverage Range（meters）指的是覆盖范围，默认是 10m，可以根据实际情况进行调整，一般将通信距离调小以获得更高的传输速率。

（2）打开设备发现功能。点击 Discover，可以发现智能手机和 PC 终端都能发现对方，但并未建立无线连接，主要原因是蓝牙设备在通信之前需要配对。

（3）蓝牙设备的配对。在智能手机或 PC 终端发现的设备（Devices）中选择需要配对的设备，这里在智能手机上选择发现的 PC 终端设备，然后点击 Pair 按钮，弹出是否确认智能手机与 PC 终端要配对的确认框，点击 YES 按钮，发现智能手机与 PC 终端处于配对状态（Paired）。此时智能手机与 PC 终端之间建立起蓝牙无线连接，如图 1-17 所示。

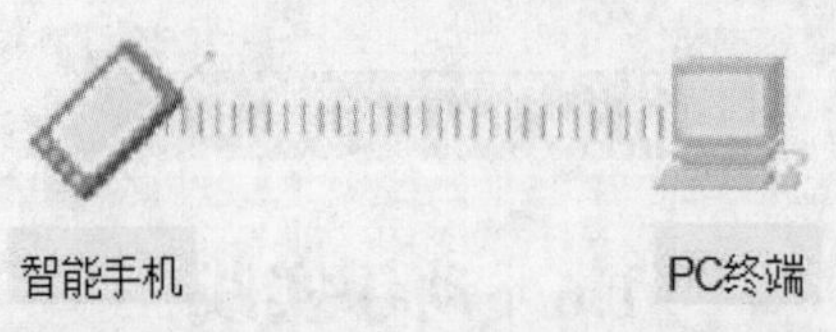

图 1-17　蓝牙设备之间建立无线通信连接

蓝牙配对成功后，在智能手机与 PC 终端之间即可进行数据传输。

1.6.3　使用智能手机通过移动通信网络访问 Internet

移动通信已进入 4G 时代多年，智能手机也得到了广泛应用，人们使用智能手机通过移动通信网络访问 Internet 是一件非常寻常的事情。作为网络工程人员，不仅要懂得如何使用这一技术，更要知道如何实现这一技术。下面介绍如何通过中国移动通信网络在智能手机上使用 Web 浏览器访问 Internet 中的 Web 服务器。

1. 网络拓扑图

移动通信网络拓扑结构如图 1-18 所示。需要注意的是，蜂窝天线塔与中国移动中心局之间使用同轴电缆连接，中国移动通信中心局与 Internet 上的 Web 服务器之间使用双绞线连接，因为它们可能在同一个数据中心机房中，需要防止干扰。

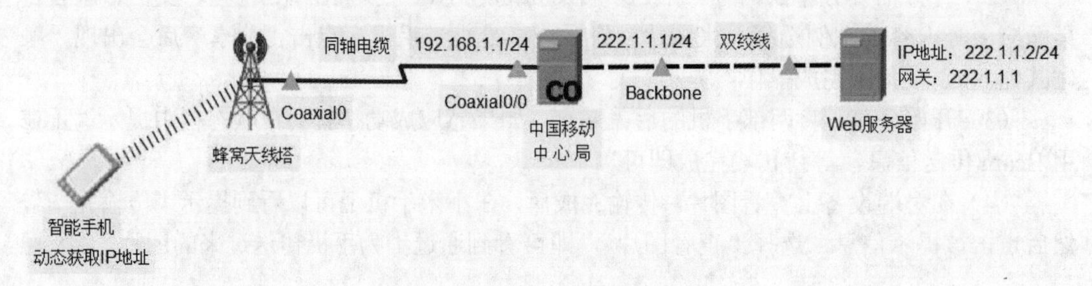

图 1-18　移动通信网络拓扑结构

2. 网络基本配置

按照网络拓扑图中规划的设备名称和 IP 地址依次进行配置，其中智能手机的 IP 地址是通过中国移动中心局设备的 DHCP 服务提供的，蜂窝天线塔实现无线信号的发送并将高频信号馈入同轴电缆中传输，因此本任务只需要设置中国移动中心局和 Web 服务器上的 IP 地址。需要注意的是，智能手机、蜂窝天线塔和中国移动中心局中的提供商（Provider）名称要一致。

3. 智能手机获取 IP 地址

在中国移动中心局设备上配置 DHCP 服务器后，智能手机能够获取到 IP 地址，如图 1-19 所示。智能手机与蜂窝天线塔之间建立起无线连接。

4. 配置结果验证

在智能手机上通过 Web 浏览器访问 Internet 上的 Web 服务器，能够成功访问，如图 1-20 所示。

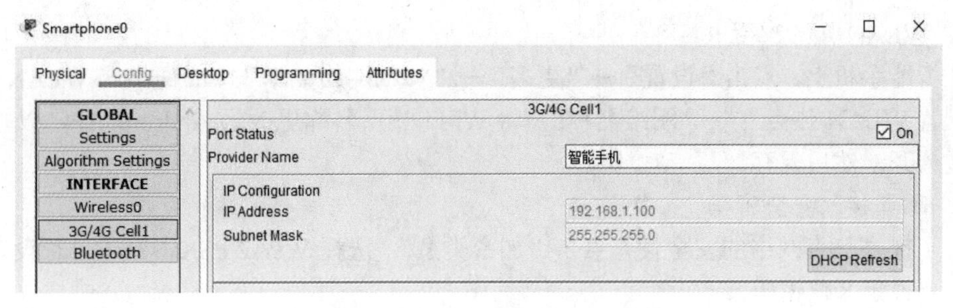

图 1-19　智能手机动态获取 IP 地址

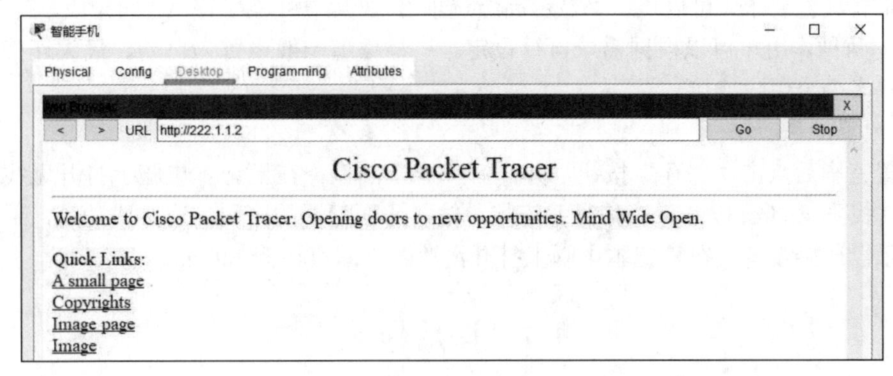

图 1-20　智能手机访问 Web 服务器

1.6.4　构建移动环境下的 Wi-Fi 网络

随着智能手机的普及，随时随地上网变成了现实。在移动交通环境（如高速行驶的地铁、动车、高铁）中，可以将手机配置为 AP 热点，笔记本电脑、平板电脑及其他移动设备可以通过 AP 热点访问 Internet。

1．网络拓扑图

AP 热点网络拓扑图如图 1-21 所示。笔记本电脑可通过智能手机构建的 Wi-Fi 热点网络接入 Internet。

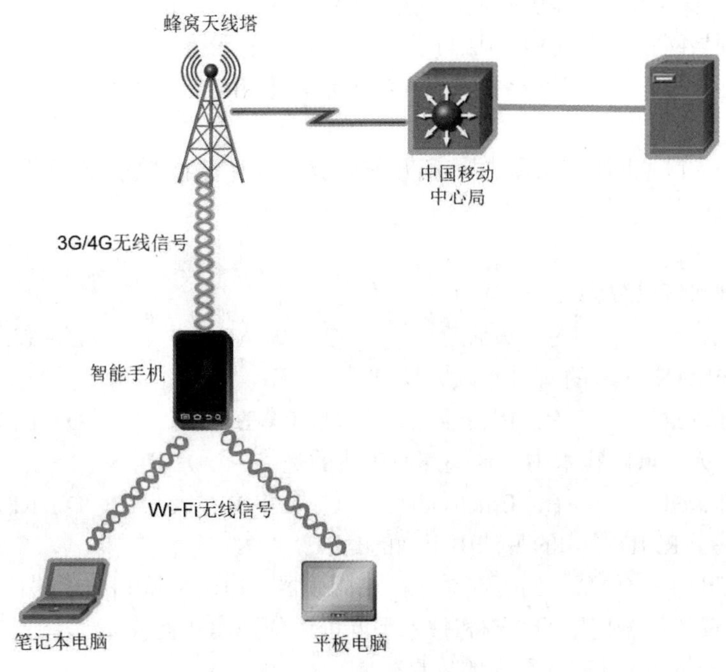

图 1-21　AP 热点网络拓扑图

2. WLAN 热点配置

在智能手机上，点击“设置”→“更多”→“移动网络共享”→“便携式 WLAN 热点”→“配置 WLAN 热点”→“网络名称”，将 Wi-Fi 热点名称更改为 Android AP，以与其他热点区分开，然后保存。

3. 配置接入安全密码

为了提高热点网络的安全性，点击“加密类型”，选择 WPA2 PSK，密码自行设定，但至少需要设定 8 位密码。

4. 其他配置

如果有其他要求，可以点击“显示高级选项”，在其中可以配置 AP 的频段，有 2.4GHz 和 5GHz 两种，用户可以根据需求自行设定。广播信道一般设置为自动，最大连接数就是最大允许多少个用户连接。

5. 配置结果验证

设置完毕后点击“保存”按钮，并开启 Wi-Fi 热点。在笔记本电脑上打开无线网络连接界面，找到 Android AP 无线信号并连接，输入前面配置的密码。连接成功后，手机页面上会显示已连接设备。在笔记本电脑上打开浏览器，即可访问 Internet。

1.7 课后作业

一、判断题

1．无线网络是指利用电磁波作为传输介质，以实现设备间信息传输的网络。（ ）

2．无线网络与有线网络的最大不同是使用无线介质电磁波。（ ）

3．1971 年，无线网络正式诞生。（ ）

4．无线广域网是跨省甚至国家的大范围无线网络。（ ）

5．“无线城市”是指利用多种无线接入（3G、Wi-Fi、WiMAX 和 Mesh 组网等）技术，为整个城市提供随时随地所需的无线网络接入。（ ）

6．CMCC 是中国移动提供的城市无线网络。（ ）

7．无线局域网指采用 IEEE 802.11 无线技术构建的网络。（ ）

8．无线局域网是计算机网络技术与无线通信技术相结合的产物，是对有线联网方式的补充和扩展。（ ）

9．无线个人区域网是在小范围内相互连接数个装置所形成的无线网络。（ ）

二、选择题

1．无线网络可以分为（ ）。

A．WWAN　B．WMAN　C．WLAN　D．WPAN

2．属于 WPAN 技术的有（ ）。

A．Infrared　B．Bluetooth　C．UWB　D．RFID

3．无线个人区域网技术中，传输速率最快的是（ ）。

A．Infrared　B．Bluetooth　C．UWB　D．RFID

4．下列关于 RFID 技术的说法中正确的是（ ）。

A．RFID 是一种简单的无线系统，由阅读器、电子标签和应用软件 3 个部分组成

B．阅读器根据使用的结构和技术不同可以分为读装置或读/写装置

C．电子标签是 RFID 系统的信息载体

D．阅读器是 RFID 系统的信息控制和处理中心

5．下列关于蓝牙技术的说法中正确的是（　　）。

A．运行在全球通行的、无须申请许可的 2.4GHz 频段

B．传输速率可达 432kb/s、721kb/s、1Mb/s、2Mb/s

C．使用蓝牙鼠标时，蓝牙鼠标和接收器构成网络

D．各种蓝牙设备一般在 10m 内互相配对连接

三、简答题

1．Wi-Fi 和 WLAN 之间是什么关系？

2．WLAN 相对于有线网络的主要优点有哪些？

3．802.11 协议是哪个标准组织制定的？

四、讨论题

5G 能取代 WLAN 吗？

五、实践题

智能手机通常集成多种捆绑技术用以共享移动通信网络，最常见的是热点捆绑技术，也可以使用蓝牙捆绑技术或 USB 电缆捆绑技术。究竟选择哪一种捆绑技术最为合适，需要从流量资费、访问速度、供电能力和使用方便等多方面进行权衡。蓝牙捆绑技术共享移动通信网络是建立在智能设备蓝牙通信和移动通信基础之上的，具有功耗小的独特优势，在日常生活中应用较为广泛。请参考 1.6.2 节和 1.6.3 节的内容，在 Packet Tracer 7.3 中搭建如图 1-22 所示的网络拓扑图，实现 PC 终端或平板电脑通过智能手机的蓝牙捆绑技术来访问移动通信网络。

通过智能手机的蓝牙捆绑技术访问移动通信网络

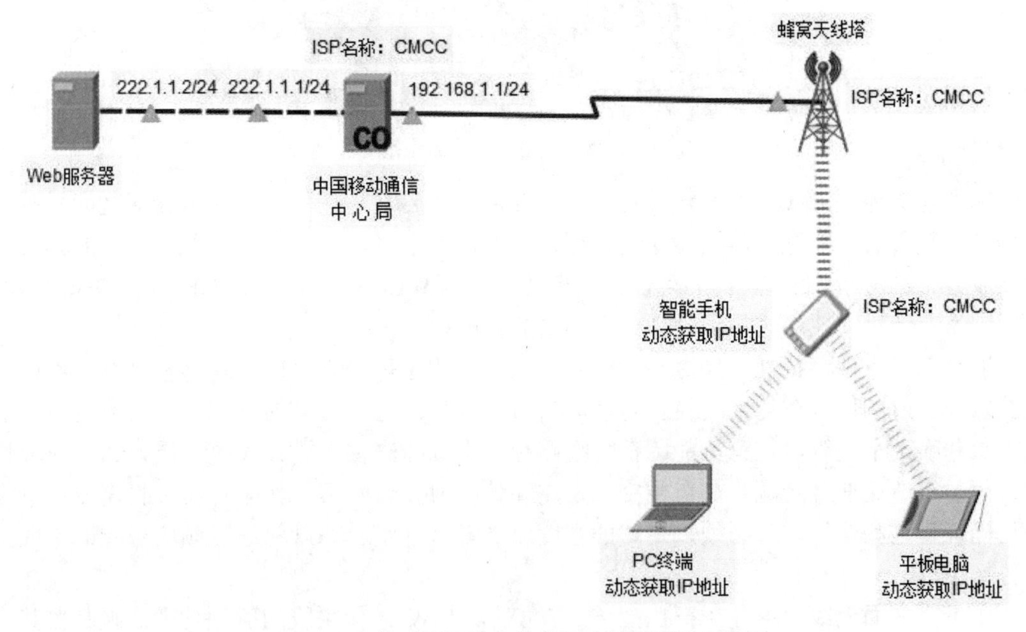

图 1-22　蓝牙捆绑技术共享移动通信网络拓扑图

模块 2　无线信号传输技术

学习情景

如今，员工和雇主、学生和教职员工、政府机构和他们所服务的对象、商超和购物者等都是移动的，其中许多人是“互联”的，这就要求无线网络能够满足人们在移动环境中的使用需求，如图 2-1 所示。由此可见，无线信号传输技术对 WLAN 和未来数字经济来说是极其重要的，对无线通信的信号传输技术的探讨需要进一步深入。

图 2-1　移动环境中的无线网络应用

为了能够通过无线方式发送数据，需要使用到电磁波。任何两个无线终端之间只有占据一定的频段后才能进行数据传输。根据使用的频率水平，可以将其划分为不同的频段，如微波、红外线等。目前，我们可以自由地使用专为 WLAN 定义的 2.4GHz 和 5GHz 频段，不同国家有针对性地将这些频段划分为不同的信道。

射频信号有许多特性，如振幅、波长、频率和相位等，它可以穿越绝对真空或不同材质的媒介。射频信号在传播路径上可能因自身传播特性造成信号的衰减，如波束发散、多径现象和噪声干扰等，也有可能因在传播路径上遇到障碍物而导致吸收、反射、散射、折射、衍射等造成信号衰减。在自由空间发送和传播射频信号后，如果要在接收端成功接收并正确理解这些信号，就必须以足够的强度或能量进行发送，以保证射频信号能够完成整个传播过程。

由于一方面无线信道存在干扰，另一方面对属于 WLAN 频段的射频功率的限制极其严格，因此 WLAN 中经过无线信道传播的射频信号的信噪比不可能很高，要在电磁波信噪比较低的情况下取得较高的数据传输速率，就需要增加无线信道的带宽。

在无线通信中，带宽是指满足信号传输等级要求的同时，可以达到的最低频率和最高频率之间的频率范围。带宽可以不同地表征为网络带宽、数据带宽或数字带宽。频率是无线通信中的宝贵资源，必须加以合理应用。调制技术可以增加射频信号的使用带宽，在模拟通信领域常见的调制有 AM（幅度调制）和 FM（频率调制）；在数字通信领域中拥有一套完全不同的标准，可分为正交振幅调制（如 QAM、64QAM、256QAM 和 1024QAM 等）、扩频调制（如直接序列扩频 DSSS、跳频扩频 FHSS、正交频分多路复用 OFDM，这些调制技术在 802.11 中非常流行）。

知识技能目标

通过对本模块的学习，读者应达到以下要求：

- 了解射频信号的相关概念。
- 掌握 2.4GHz 和 5GHz 频段的定义、信道的选择和信道的聚合。
- 了解射频信号的特性和数字信号的调制方法。
- 掌握影响射频信号传播衰减的因素。
- 掌握 OFDM、MIMO 等无线局域网中物理层的关键传输技术。
- 掌握射频传播路径上信号的度量方法。
- 能够使用 Wi-Fi 信号分析工具和无线干扰信号测试工具。

2.1　无线射频信号

在电磁学理论中，交变电流通过导体时，导体的周围会产生交变的电磁场。电磁场由产生区域向外传播就形成了电磁波。当电磁波频率较低时，电磁波能量会被地表吸收，无法形成有效的传输；当电磁波频率较高时，电磁波可在空气中传播，并由大气层外沿的电离层反射，形成远距离传输。本节主要介绍与无线射频直接或间接相关的概念，了解这些知识将更有利于理解无线通信的工作方式。

2.1.1　无线电波

无线电波是一种能量传输形式，在传播过程中，电场和磁场在空间内是相互垂直的，同时两者都垂直于传播方向，如图 2-2 所示。

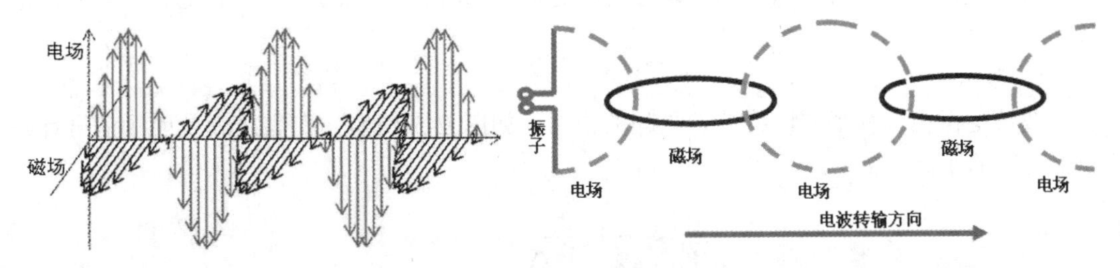

图 2-2　无线电波的传播

电磁波不以直线方式进行传播，而以天线为中心向所有方向进行扩展。这就类似于向一个平静的池塘扔一颗鹅卵石，当鹅卵石落入池水后，池塘的水面就会出现圆圈运动，刚开始的水波很小，慢慢向外扩展，而且还会被新水波替代。对于自由空间来说，电磁波是以三维方式向外扩展的。图 2-3 给出了一个简单的理想天线模型，该天线是导线的一个端点，此时产生的电磁波是以球状的方式向外扩展的，这些电磁波最终会到达接收端，当然也会到达其他方向。

常见的电磁波包括无线电、微波、红外线、可见光、紫外线、X 射线、γ射线，如图 2-4 所示。

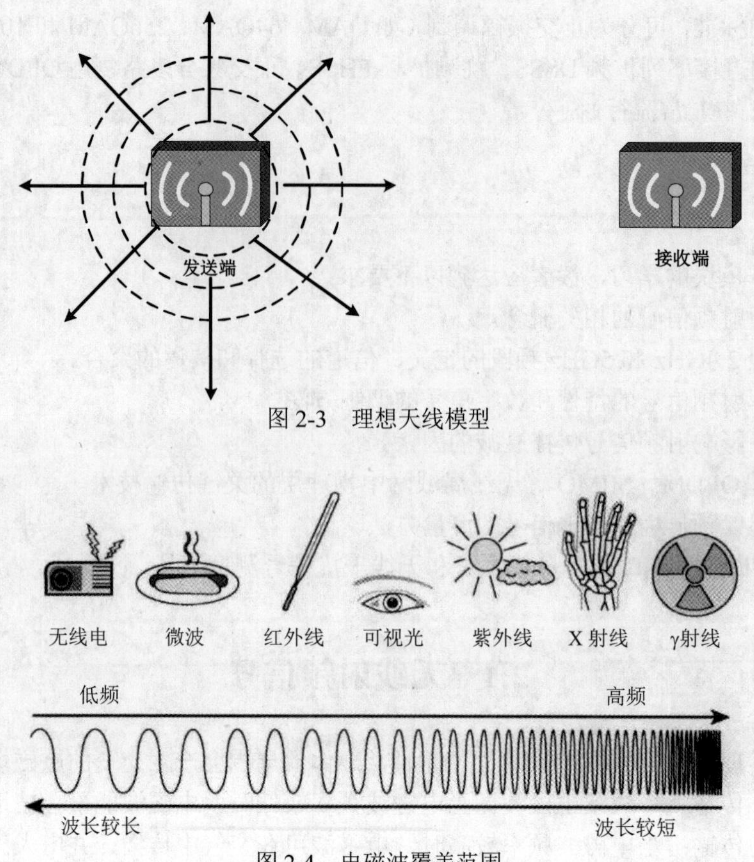

图 2-3 理想天线模型

图 2-4 电磁波覆盖范围

2.1.2 射频

关于射频并没有严格的定义，并且没有统一的频率范围。本书将频率范围介于 3Hz 和 300GHz 之间且具有远距离传播能力的电磁波称为射频电波，简称射频或射电。射频信号以一种持续的模式从天线辐射出去，这种模式具有某些特性，如波长、振幅和相位。射频信号传播时会有多种行为，也称为传播行为，这部分内容将在 2.5 节进行讨论。下面来讨论射频的特性。

1. 波长

波长是指相邻两个波峰或波谷之间的距离，如图 2-5 所示，简言之就是射频信号行进一个周期的距离。

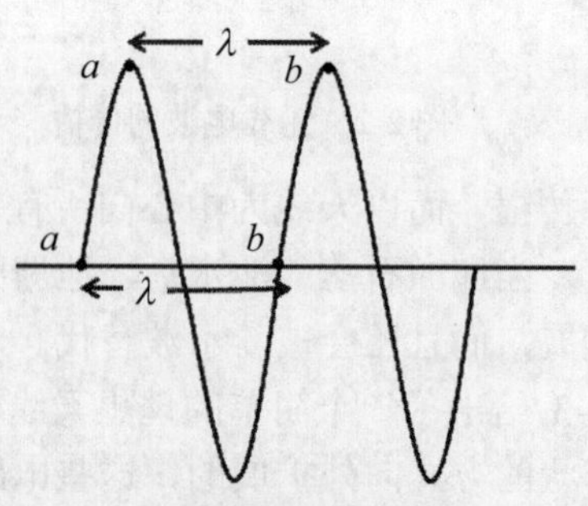

图 2-5 波长的度量

公式 $c=\lambda f$ 反映了波长和频率之间成反比关系。其中，λ 是无线电波的波长；c 是光速，常量，值为 3×10^8m/s；f 是频率，单位是 Hz。调幅电台的射频频率就远比无线局域网的射频频率低，而卫星无线射频频率又大大高于无线局域网的射频频率。

2. 振幅

振幅被定义为连续波产生的最大位移，如图 2-6 所示。射频信号的振幅值对应电磁波的电场，可以被简单地称为信号的强度或功率，单位是 m 或 cm。例如，当波浪从大海袭向岸边时，大波浪的力量要比小波浪的力量强得多。发射机的工作原理就与其类似，只是发射机发射的是无线电波。电波越小，越不易被接收天线识别；电波越大，所产生的电信号越大，越容易被接收天线接收，接收机正是根据振幅来区分波的大小的。

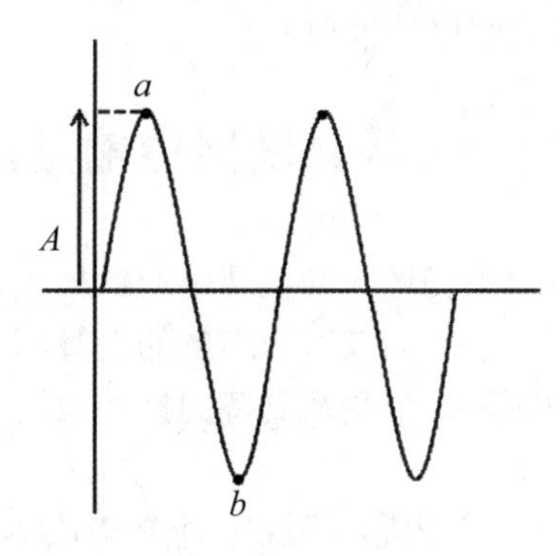

图 2-6　振幅的度量

3. 相位

相位是一个相对术语，它描述了两个相同频率波之间的关系，也牵涉两路波形波峰与波谷之间的位置关系。相位可以根据距离、时间和角度进行测量。为测定相位，将波长划分为 360 份，每一份称为 1°。如果一个波在 0°点时开始传播，另一个波在 90°点时开始传播，则称二者的相位相差 90°。

2.1.3　频谱

不同的无线通信技术使用不同频率的无线电波，无线通信传输信号时电磁波的频率范围叫做无线电波的频谱，如图 2-7 所示。无线电波的频谱仅仅是电磁波谱的一个组成部分，这里所说的电磁波谱是指按电磁波的频率大小顺序把它们排列成谱。

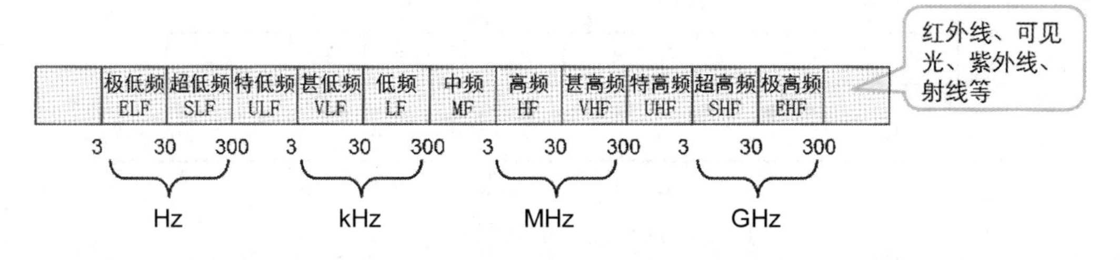

图 2-7　无线电波的频谱

2.1.4　频段

所谓频段，就是分配给特定应用的频率范围。为了规范无线电波的使用，通常以频段来配置频率，使得无线设备被设定在某个特定频段上操作。例如无线电频谱中的 VHF 频段，其中 88～108MHz 的无线电主要用于调频广播。

2.1.5　信道

根据各种应用的不同需要及无线电波的特性，将频段划分给指定的技术应用，再根据该种技术应用所需要的带宽对被划分给该技术的频段进行合理规划，也就是说将该频段再划分为若干个信道使用，如调频广播的电台间隔为 9kHz，包含约 20000 个信道。

2.1.6 Wi-Fi 信号分析实践

Wi-Fi 信号分析工具可以在不同网络之间瞬间切换，用来发现周围的全部 Wi-Fi 信号，筛选、排序和分组可用的无线局域网，监控无线网络通信等。它最大的作用是找到周围无线路由器占用较少的信道，从而使用这一信道尽可能地避免受到其他 Wi-Fi 信号的干扰。

Wi-Fi 信号分析工具的使用非常简单，请读者自行在手机上下载一个 Wi-Fi 信号分析工具来直观体验频段、信道和信号强度等抽象概念。

2.2 无线局域网传输频段

无线电频谱是宝贵的不可再生资源，其主要是通过核发许可证的方式进行分配，并受到当地主管部门的严格控制。由于不同国家所遵从的主管部门不同，对频段使用的相关规定可能也不同，且不同频段的频率、带宽及支持的技术应用不同，因此在进行无线网络规划设计时需要考虑不同频段的特性。

上一节介绍了频段、信道等相关内容，下面来讨论 WLAN 使用电磁波频谱的哪一部分、可用带宽是多大、信道如何分配、用什么机制来控制使用的带宽、如何确保与同一频段的其他用户共存等一系列问题。

2.2.1 FCC 频段

包括美国在内的世界多数发达国家已经将无线电分成若干频段，再通过许可和注册的方式将这些频段分配给特定的用途。由 FCC 管理的常用无线电频段如图 2-8 所示。

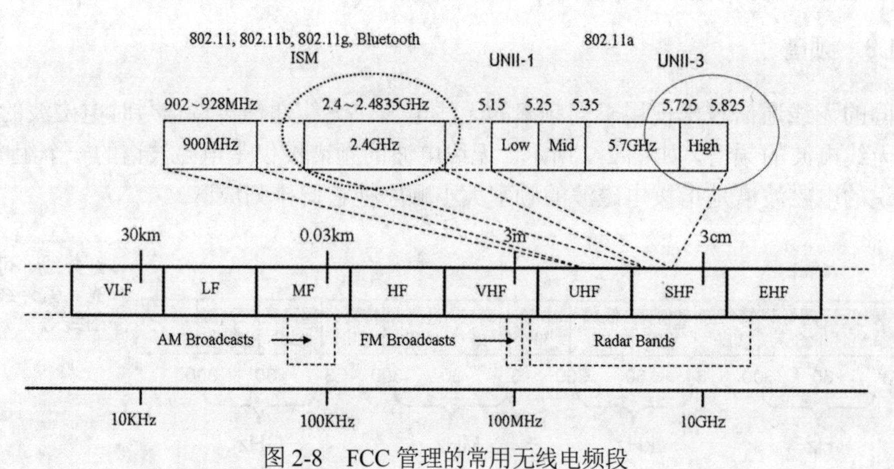

图 2-8 FCC 管理的常用无线电频段

2.2.2 ISM 免费使用频段

ISM 频段主要是开放给工业、科学、医疗这 3 个领域的机构使用，但在各国的规定并不统一。ISM 频段是依据 FCC 所定义的频段，并没有所谓使用授权的限制，如图 2-9 所示。

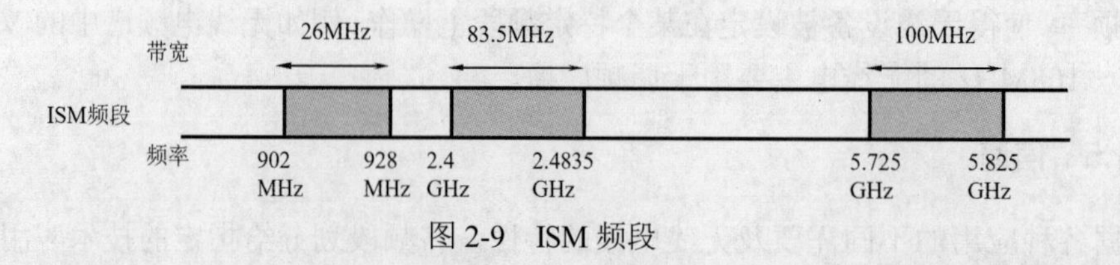

图 2-9 ISM 频段

1. 工业频段

在美国，902～928MHz 频段为工业频段；在欧洲，900MHz 频段为工业频段，主要用于 GSM 通信业务。工业频段的引入避免了 2.4GHz 附近各种无线通信设备的相互干扰。

2. 科学频段

2.4GHz 是各国共同的科学频段，频段范围为 2.4～2.4835GHz，WLAN、蓝牙、ZigBee 等无线网络均可工作在 2.4GHz 频段上。有趣的是，FCC 认为 2.4GHz 频段的主要用户是诸如微波炉等设备，其次才是 WLAN 设备。

3. 医疗频段

医疗频段范围定义为 5.725～5.825GHz。

2.2.3　WLAN 工作频段

WLAN 工作频段为 2.401～2.483GHz、5.15～5.35GHz 和 5.725～5.825GHz，如图 2-10 所示。显然，5.15～5.35GHz 频段并不完全和 ISM 频段兼容，这是专为 WLAN 开放的频段。其中，IEEE 802.11b/g/n 工作于 2.4GHz 频段，IEEE 802.11a/n/ac 则工作于有更多信道的 5GHz 频段。

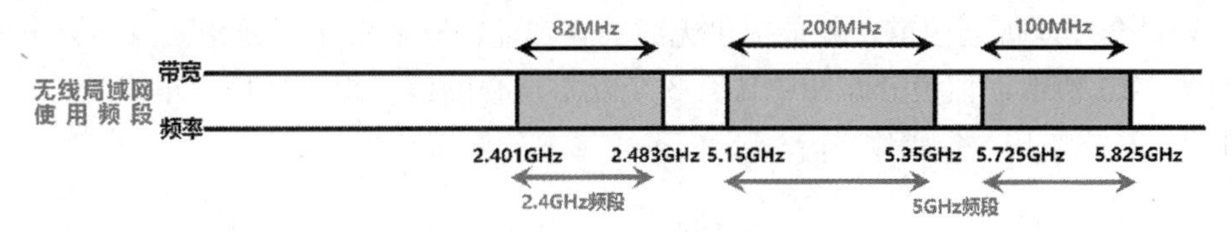

图 2-10　WLAN 工作频段

2.4GHz 无线技术广泛应用于家用及商用领域，它整体的频宽胜于其他 ISM 频段，这就提高了整体数据传输速率，且允许系统共存、允许双向传输、抗干扰性强、传输距离远。随着越来越多的技术选择 2.4GHz 频段，该频段变得日益拥挤。

为此，采用 5GHz 频段可让 802.11a 具有更少冲突的优点。不过高载波频率也带来了负面效果，5GHz 几乎被限制在直线范围内使用，这导致必须使用更多的接入点，还意味着 5GHz 不能传播得像 2.4GHz 那样远，因为它更容易被吸收。

信道在不同国家和地区的使用会根据各自法规的不同而有所差异，如图 2-11 所示，以 2.4GHz 频段的信道为例，其使用情况如下：

（1）在北美，FCC 法规仅允许信道 1 到 11 被使用。

（2）在欧洲，允许信道 1 到 13 被使用。

（3）在中国，允许信道 1 到 13 被使用。

信道	中心频率/MHz	信道频段/MHz	中国	北美（FCC）	欧洲（ETSI）
1	2412	2401～2423	○	○	○
2	2417	2406～2428	○	○	○
3	2422	2411～2433	○	○	○
…	…	…	…	…	…
11	2462	2451～2473	○	○	○
12	2467	2456～2478	○	×	○
13	2472	2461～2483	○	×	○

图 2-11　不同国家和地区在 2.4GHz 频段上使用不同的信道

2.2.4　2.4GHz 频段

在 2.4GHz 频段上，802.11 工作组定义每两个信道之间的中心频率都相隔 5MHz 的整数倍。中心频率和信道号之间的关系为：信道中心频率=2407+5×n_{ch}（MHz），其中 n_{ch}=1,2,...,13。

IEEE 802.11 标准允许在 2.4GHz 频段中使用 DSSS 或 OFDM 调制与编码方式。DSSS 要求每个信道带宽为 22MHz，OFDM 要求每个信道带宽为 20MHz，如图 2-12 所示。无论哪种调制方案，由于信道之间的间距都只有 5MHz，因而相邻信道之间的信号传输必然会存在交叠与干扰。

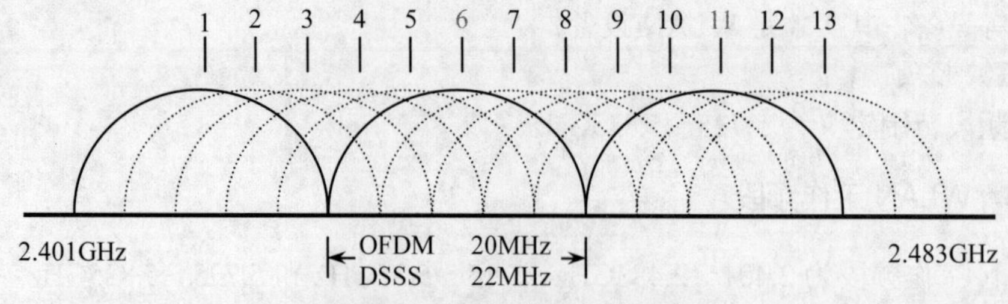

图 2-12 2.4GHz 频段信道带宽

如果两个无线工作站使用相邻的信道将会出现一个问题：它们的信号会互相渗透到对方的信道中，导致两个信道都受到破坏。解决方案是：使用尽可能多的彼此不重叠的信道。因此，只要合理地规划信道，就能提供无线的全覆盖，确保多个无线接入点共存于同一区域，如图 2-13 所示。信道分布图中含有 3 个互不重叠的信道组，即信道组 1：1、6、11，信道组 2：2、7、12，信道组 3：3、8、13。

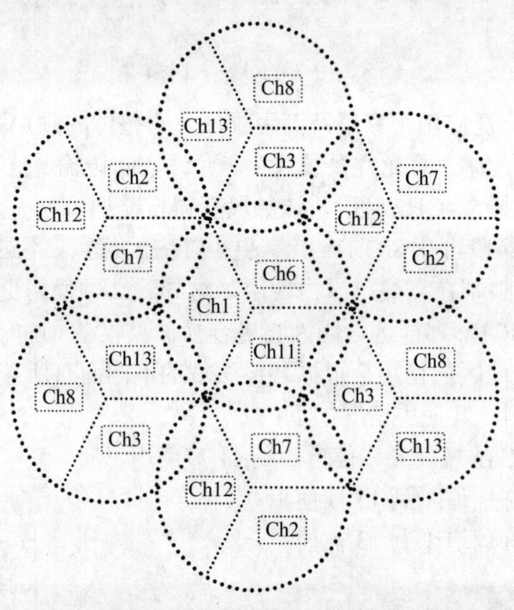

图 2-13 信道规划分布图

2.2.5 5GHz 频段

根据 IEEE 802.11a/n/ac 标准，802.11 工作组定义 5GHz 频段信道的中心频率位于 5GHz 以上，相差 5MHz 的整数倍，中心频率和信道号之间的关系为：信道中心频率=$5000+5\times n_{ch}$（MHz），其中 $n_{ch}=0,1,2,\ldots,200$，共 201 个信道。

FCC 最初分配 3 个独立频段：U-NII-1（5.15～5.25GHz）、U-NII-2（5.25～5.35GHz）和 U-NII-3（5.725～5.825GHz），每个频段都包含 4 个 20MHz 信道。2004 年 FCC 又增加了一个 U-NII-2（5.470～5.725GHz）扩展频段，额外提供了 11 个 20MHz 信道。5GHz 频段分布如图 2-14 所示。需要注意的是，虽然 U-NII-1 频段和 U-NII-2 频段是连续的，但 U-NII-2 扩展频段与 U-NII-3 频段却不是连续的。

大家可能会对 5GHz 频段的信道编号感到迷惑不解。例如，为什么 U-NII-1 频段中的第一个信道号为 36，而不是 1？为什么相邻信道都间隔 4 个信道编号？答案在于 802.11 标准本身。802.11 将整个 5GHz 频带空间都定义为一系列间距为 5MHz 的信道（从 5.000GHz 的信道 0 开始），而第一个 U-NII-1 信道位于 5.180GHz，相应的信道就是 36。由于每个 U-NII 信道带宽都是 20MHz，因而相邻信道的间隔就是 4 个 5GHz 信道带宽，即相隔 4 个信道编号。

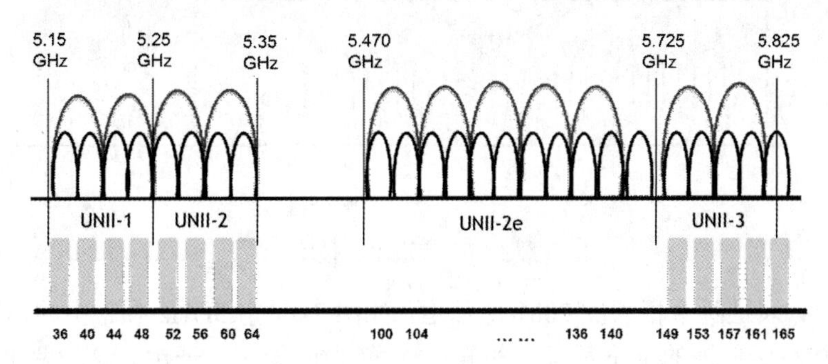

图 2-14　5GHz 频段分布

U-NII 频段是 FCC 分配的，并没有实现全球统一，所以有些国家允许使用所有 4 个频段，有些国家仅允许使用其中的几个频段，有些国家甚至根本不允许使用这些频段。我国使用的频段为 5725～5850MHz（也称 5.8GHz 频段），可用带宽为 125MHz，划分了 5 个不重叠信道，每个信道带宽为 20MHz，如图 2-15 所示。

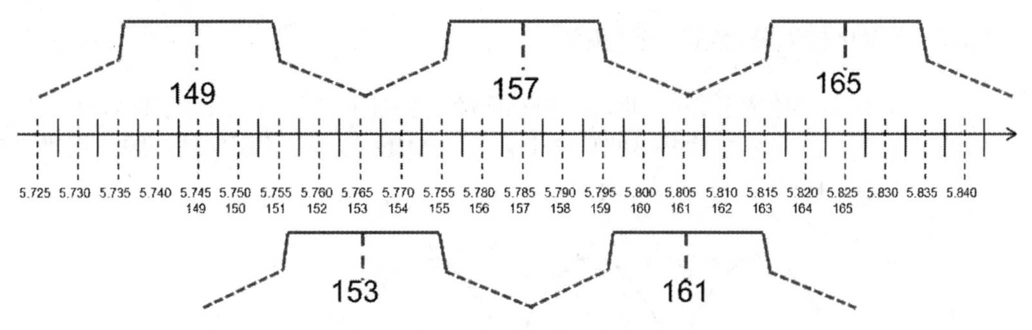

图 2-15　我国 5GHz 频带允许使用的信道

2.3　信道聚合技术

在通常情况下，802.11a 或 802.11g WLAN 设备只有一个发射器和接收器运行在一个 20MHz 的信道上，虽然可以将发射器和接收器配置或调谐到频段内的其他信道上，但每次只有一个信道在工作。每个 20MHz OFDM 信道有 48 个子载波并行承载数据，如图 2-16 所示。

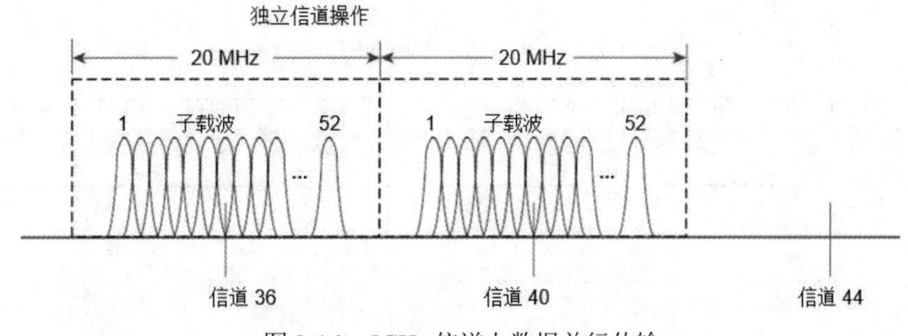

图 2-16　5GHz 信道上数据并行传输

2.3.1　信道聚合的概念

信道聚合是通过将相邻的两个 20MHz 信道绑定成 40MHz，使传输速率成倍提高，好比是将马路变宽了，车辆的通行能力就自然提高了，如图 2-17 所示。

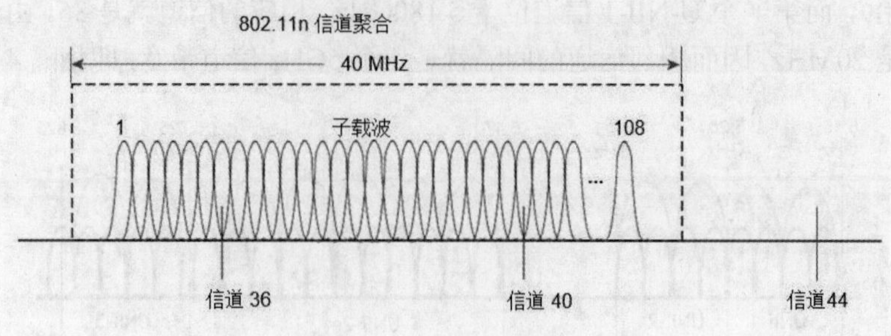

图 2-17　信道聚合技术

信道聚合必须是两个相邻的 20MHz 信道，如图 2-17 中 5GHz 频带中的信道 36 和信道 40。请注意，20MHz 信道的上下都有一些静默空间（为避免相互干扰），这为两个相邻 20MHz 信道提供了间隔。当两个 20MHz 信道被聚合或绑定在一起之后，仍存在静默空间为两个相邻的 40MHz 信道提供间隔，而原来的两个 20MHz 信道之间的静默空间可以为 40MHz 信道提供额外的子载波，使得子载波的数量达到 108 个，进一步提高了吞吐量。在实际工作中，通常将两个相邻的 20MHz 信道绑定使用，一个为主带宽，一个为次带宽，收发数据时既可以 40MHz 的带宽工作，也可以单个 20MHz 带宽工作。

2.3.2　5GHz 信道聚合组网设计模型

信道聚合之后，频带内可用信道总量将相应减少。对于 2.4GHz 频段来说只有 3 个非重叠信道，如图 2-18 所示，而将这些信道聚合成 40MHz 信道是不现实的，因此不建议也不应该试图在 2.4GHz 频段上进行信道聚合。

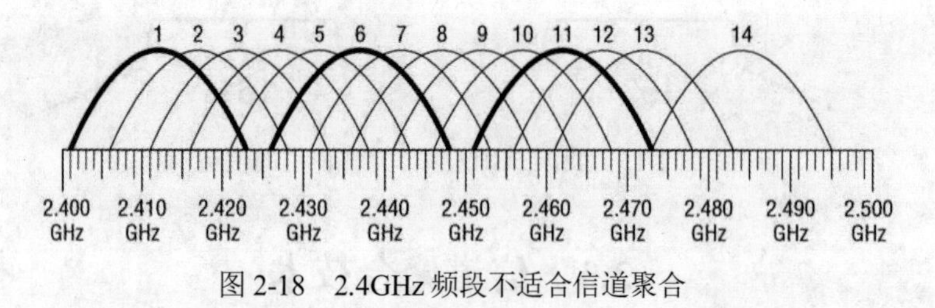

图 2-18　2.4GHz 频段不适合信道聚合

对于 5GHz 频段，它包含了 23 个非重叠的 20MHz 信道，如图 2-19 所示，如果使用聚合的 40MHz 信道，那么可以提供 11 个非重叠信道，且此时仍然有很多信道可供使用。

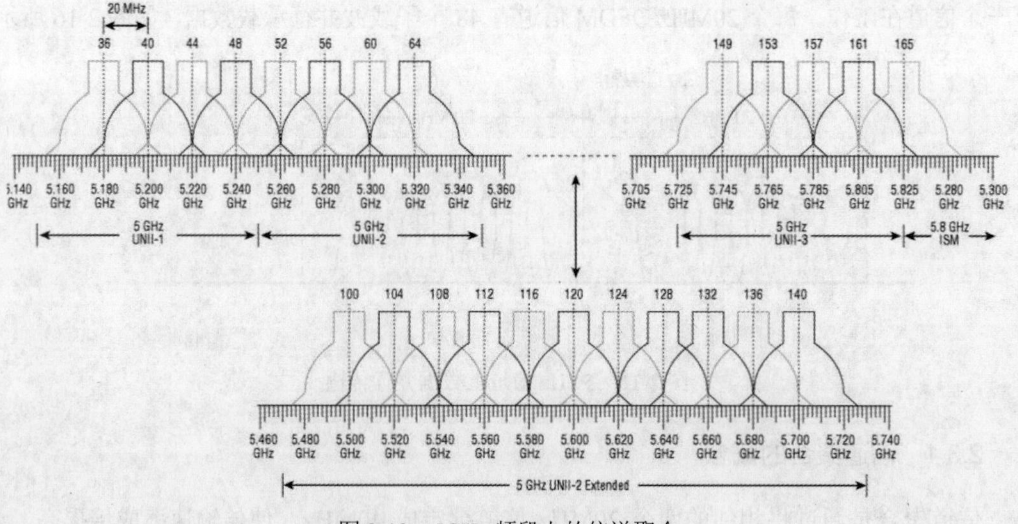

图 2-19　5GHz 频段上的信道聚合

国际上一般只将 5GHz 频段的 149 和 153、157 和 161 信道聚合，由于 5GHz 频段干扰较少，而且不存在相邻信道的交叠问题，在 AP 数量部署较少的情况下可以考虑采用两个 40MHz 信道组网，如图 2-20 所示。

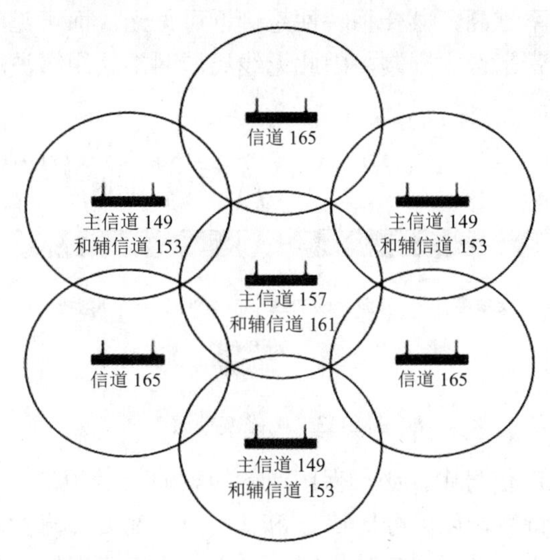

图 2-20 5GHz 信道聚合应用案例

2.4 利用射频信号承载数据

所有无线电通信都采用某种方式调制并传输数据。将所传输的无线电信号以一定方式调制，就可以将 AM/FM 无线电、蜂窝电话和卫星电视信号中的数据进行编码，再在接收端将调制后的信号解调出来，如图 2-21 所示。虽然普通人并不关心信号是如何调制的，但是要想成为一名优秀的无线网络工程师，则必须深入了解两台设备通信的具体方式。

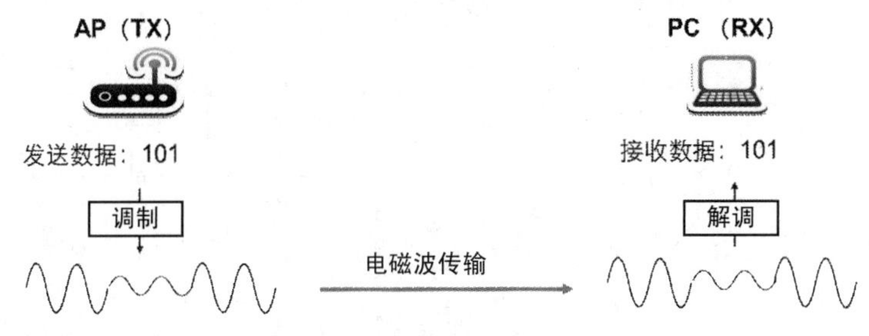

图 2-21 信号的调制与解调过程

2.4.1 载波信号

载波信号的产生如图 2-22 所示，信号在发射器部分产生，不带有任何信息，在接收器部分也作为不变的信号出现。通常用 RF 信号来承载其他有用信号，这类 RF 信号即为载波信号。例如，AM 和 FM 载波信号承载的是音频信号，TV 载波信号承载的是音频和视频信号，而 WLAN 载波信号承载的是数据。

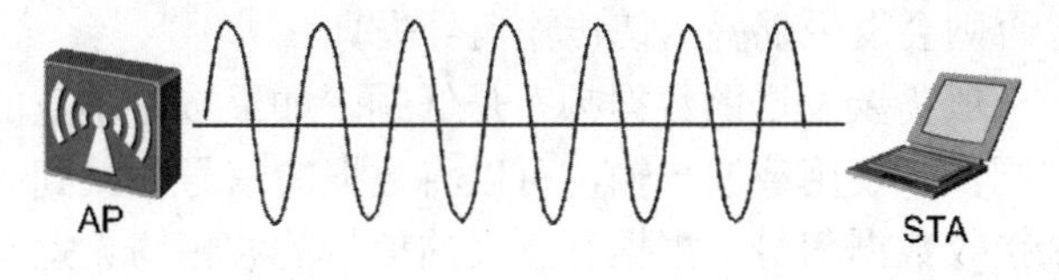

图 2-22 载波信号的产生

电磁波的频谱如图 2-23 所示，由于只有处于高频段的电磁波才具有较高的带宽，所以利用无线电进行数据传输时常常用处于高频段的电磁波作为载波信号。X 射线和γ射线对生物有很大的杀伤性，不能作为载波信号，因此可用作载波信号的电磁波频率应在紫外线频段以下。电磁波的频率越高，其传播特性越接近可见光，而可见光的直线传播特性会对无线局域网的终端布置带来很大限制，因此无线局域网常采用微波段中的电磁波作为载波信号。

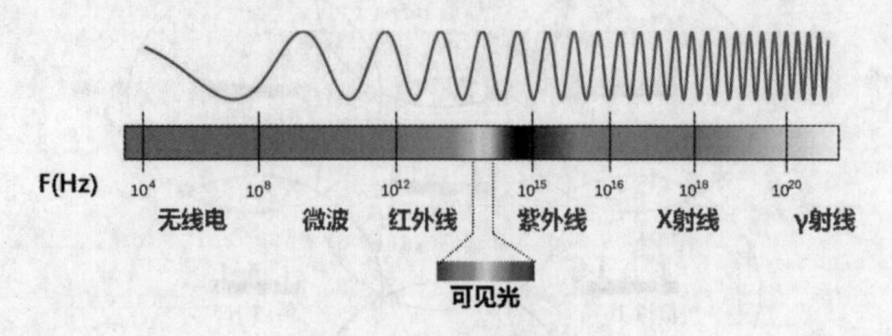

图 2-23 电磁波频谱

要将数据叠加到 RF 信号中，必须保留原始的载波信号频率，因此必须采用某种机制来改变载波信号的某些特性，以区分比特 0 和比特 1。需要注意的是，发射器使用了何种类型的机制，接收器也必须使用对应的机制，这样才能正确理解接收到的数据。调整信号以产生载波信号的过程称为调制，如图 2-24 所示。图中原始信号的时域波形为方波，频域波形为抽样函数波形；载波信号的时域波形为正弦波，频域波形为脉冲波。从频域特性看，原始信号被搬移至以载波频率为中心的位置上，形成了调制信号波形。

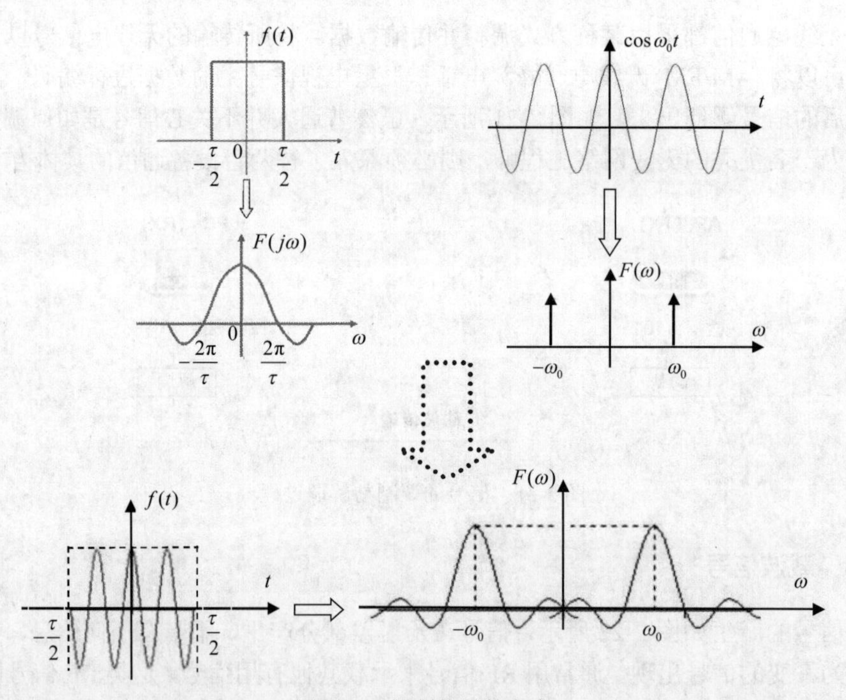

图 2-24 调制信号的产生

载波是指被调制以传输信号的波形，一般为正弦波。一般要求正弦载波的频率远远高于调制信号的带宽，否则会发生混叠，使传输信号失真。

可以这样理解，一般需要发送的数据频率是低频，如果按照本身的频率来传输信号，不利于数据的接收和同步。使用载波传输，可以将数据的信号加载到载波的信号上，接收方按照载波的频率来接收数据信号，根据有意义的信号的波幅与无意义的信号的波幅的不同，即可将需要的数据信号提取出来。

2.4.2　数字信号调制方法

收发器将无线电信号发送出去后必须对其进行调控，接收端才能正确地识别 0 和 1，这种对信号进行调控以表示不同数据的方式称为键控法，也称调制技术。根据所控制信号参量的不同，可将键控法分为 3 种：幅移键控（ASK）、频移键控（FSK）、相移键控（PSK）。

1. 幅移键控

幅移键控是指使高频载波信号的振幅随调制信号的瞬时变化而变化，如图 2-25 所示。也就是说，用调制信号来改变高频信号的幅度大小，使得调制信号的信息包含入高频信号之中，再通过天线把高频信号发射出去，那么调制信号也就传播出去了。此时在接收端把高频信号的幅度解读出来（解调）即可得到调制信号。

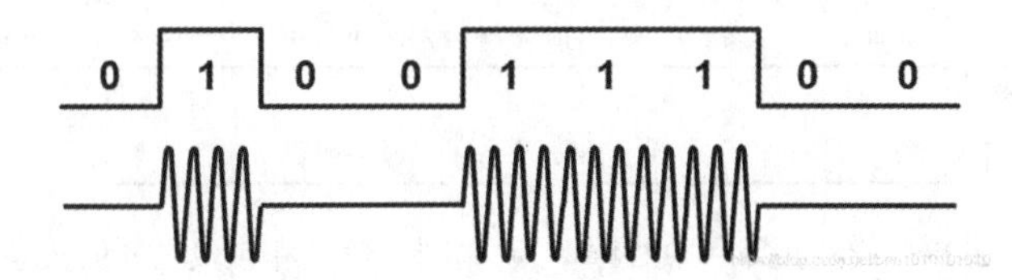

图 2-25　幅移键控

噪声或干扰通常会对信号幅度造成影响，如果信号幅度因噪声而改变，将导致接收端误判接收到的数据值，因此采用幅移键控时必须要谨慎。

2. 频移键控

频移键控是指使载波频率随调制信号而改变的调制方式，如图 2-26 所示。已调波频率变化的大小由调制信号来决定，变化的周期由调制信号的频率决定。已调波的振幅保持不变。调频波的波形就像是个被压缩得不均匀的弹簧。

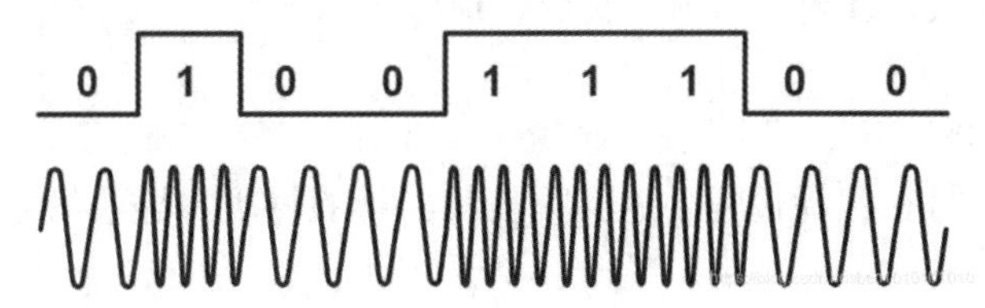

图 2-26　频移键控

由于人们对通信速率的要求越来越高，频移键控需要采用更昂贵的技术才能支持高速传输，因此频移键控并不适合在目前的无线通信中使用。

3. 相移键控

相移键控是使载波的相位随调制信号的不同状态而改变的调制方式，如图 2-27 所示。载波的初始相位随着基带数字信号而变化，如数字信号 1 对应相位 180°，数字信号 0 对应相位 0°。

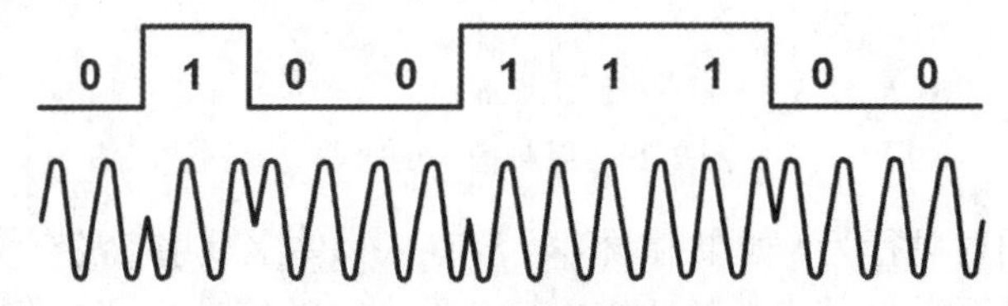

图 2-27　相移键控

2.4.3　载波、调制、信道和频段之间的关系

发送方和接收方载波的频率是固定的并在规定的范围内变化，这种范围称为信道

（Channel），信道通常用数字或索引（而不是频率）表示，WLAN 信道是由当前使用的 802.11 标准决定的。载波频率（中心频率）、调制、信道和频段之间的关系如图 2-28 所示。

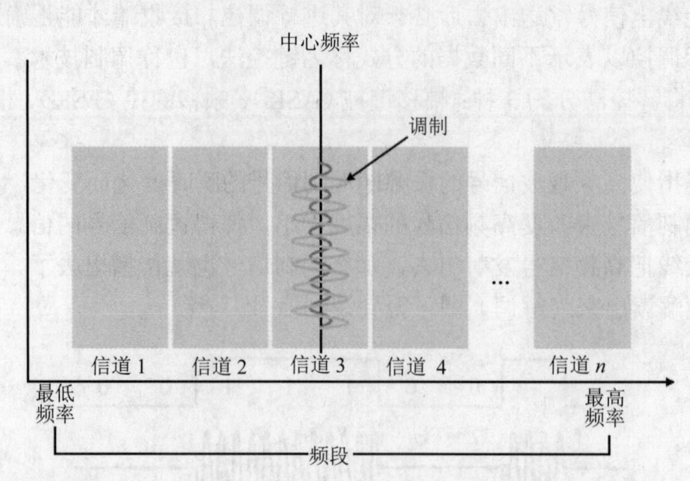

图 2-28 载波频率（中心频率）、调制、信道和频段之间的关系

2.5 射频传播行为

前面已经学习了射频信号的许多特性，这对于理解射频信号离开天线后的射频行为非常重要。如前所述，电磁波可以穿越绝对真空或不同材质的媒介，射频波移动的方式会根据信号传播路径的媒介材质发生极大的变化。例如，石膏板墙对射频信号的影响就与金属或混凝土对射频信号的影响不同，这其中涉及的信号传播方式正是导致射频信号产生变化的直接原因，包括吸收、反射、散射、折射、衍射等。

2.5.1 吸收

吸收是指射频信号在传播过程中遇到吸收其能量的材质，导致信号衰减的现象，如图 2-29 所示。

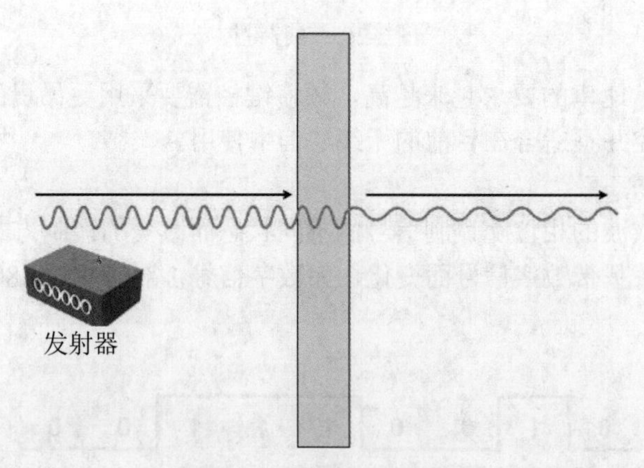

图 2-29 射频信号的吸收

吸收是最常见的射频行为。如果射频信号没有从物体上反射，没有绕开或者穿透物体，那么信号就被百分之百吸收了。大部分物质都会吸收射频信号，只是吸收的程度不同。

砖墙和混凝土墙会吸收绝大部分的信号，而石膏板只会吸收很小部分的信号。材质的密度越高，吸收信号的能力越强，过低的信号强度将影响接收方接收。最常见的吸收情形是，无线信号穿过含水量比较高的物体（如成人人体，由 55%～65%的水组成），由于水可以吸收信号能量，因此将导致信号衰减。用户密度是设计无线网络的重要参考因素，主要原因有两个：一是考虑吸收的影响，二是考虑可用带宽。

2.5.2　反射

反射是指射频信号在传播过程中，遇到其他介质的分界面后改变传播方向又返回原介质中的现象，如图 2-30 所示。

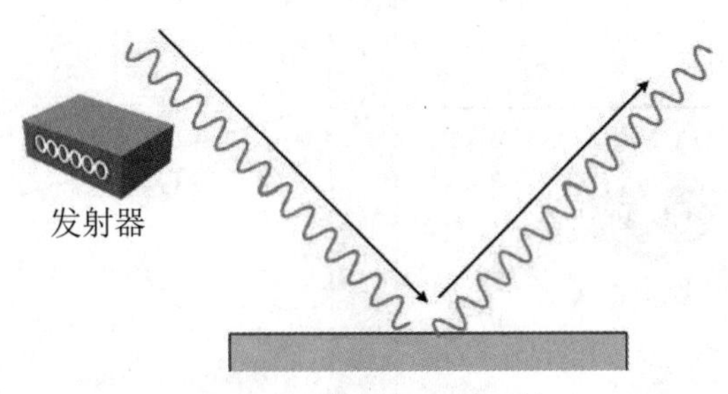

图 2-30　射频信号的反射

可以想象一下电灯的光线，光线从电灯出发向各个方向传播，在碰到房间中的物体后发生反射，一部分反射光回到电灯，一部分照射到房间的其他区域，使区域变亮。无线信号在室内遇到物体（如金属家具、文件柜和金属门等）时都会发生反射，在室外遇到水面或大气层时也会发生反射。

反射的 RF 信号对原信号会造成一定的干扰，导致原信号失真，因此在 RF 信号的传播过程中最好不要有障碍物影响。

2.5.3　散射

散射是指射频信号在传播过程中遇到粗糙、不均匀的物体或由非常小的颗粒组成的材质时偏离原来方向而分散传播的现象，如图 2-31 所示。

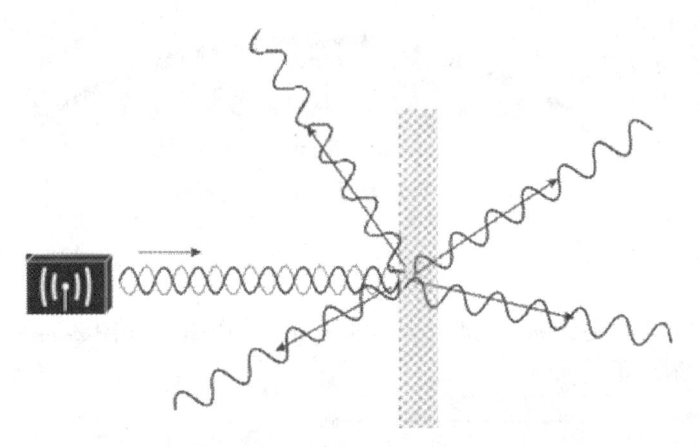

图 2-31　射频信号的散射

散射容易被描述成多路反射，当电磁信号的波长大于信号将要通过的媒介时，多路反射就会发生。散射通常分为以下两种类型：

（1）第一类散射是当射频信号在穿过媒介时，个别电磁波被媒介中的微小颗粒反射而发生的散射，大气中的烟雾和沙尘会导致这种类型的散射，这类散射对信号的质量和强度影响不大。

（2）第二类散射是当射频信号入射到某些粗糙不平的表面时，被反射到多个方向而发生的散射，铁丝网围栏、树叶和岩石地形通常会引起这种形式的散射，这类散射会导致主信号的质量下降，甚至破坏接收信号。

2.5.4 折射

折射是指射频信号在传播过程中，从一种介质斜射入另一种介质时传播方向发生改变的现象，如图 2-32 所示。

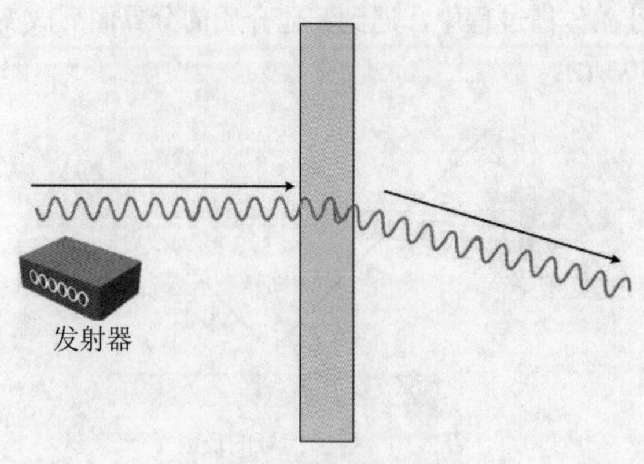

图 2-32 射频信号的折射

水蒸气、空气温度变化和空气压力变化是产生折射的 3 个重要原因。在室外，射频信号通常会偏向地球表面发生折射，但大气的变化也可能会导致信号向远离地球的方向发生折射，如图 2-33 所示。在长距离的室外无线桥接项目中，折射现象是需要关注的重点。另外，室内的玻璃和其他材料也会使射频信号发生折射。

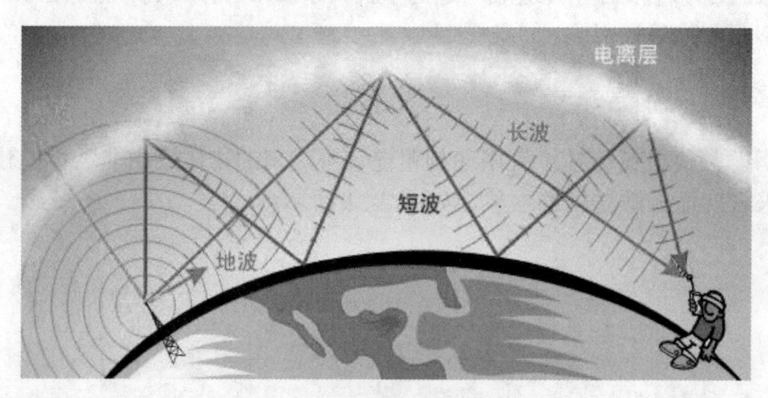

图 2-33 地球表面射频信号的折射

2.5.5 衍射

衍射是指射频信号遇到障碍物时出现弯曲和扩展的现象，如图 2-34 所示。河水流过岩石时便会产生衍射现象。

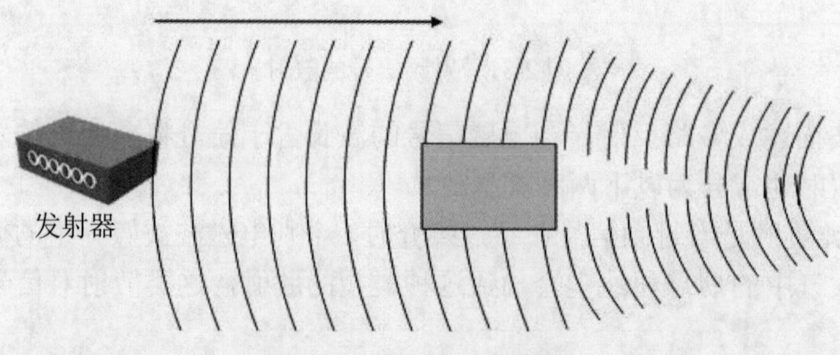

图 2-34 射频信号的衍射

发生衍射的条件取决于障碍物的材质、形状、大小和射频信号的特性（如相位和振幅）。衍射通常是射频信号被局部阻碍所致，如射频发射器与接收者之间有建筑物。遇到阻碍的射频信号会沿着障碍物弯曲并绕过此障碍物，此时的射频信号会采用一条不同且更长的路径进行传输；没有遇到阻碍的射频信号则不会弯曲，仍然保持原来较短的路径传输。

衍射导致射频信号能够绕过阻碍它传输的物体并完成自我修复，这种特征使得在发送方和接收方之间有建筑物的情况下，仍能保证信号的接收，但也可能导致信号失真的现象发生。

位于障碍物正后方的区域称为射频阴影。衍射信号方向的变化，可能导致射频阴影成为覆盖死角或只能收到微弱信号，固定在柱子或者墙上的接入点就可能造成虚拟的射频盲点。因此，了解射频阴影的概念有助于无线网络设计人员正确选择天线的安装位置。

2.6 射频信号传播衰减

衰减是指射频信号在电缆或者空气中传播时，信号强度或振幅下降的现象。按照物理学规律，射频信号除了因为障碍物的吸收、反射、散射、折射和衍射等造成的衰减外，还会因为传播中的各种因素导致衰减，如图2-35所示。

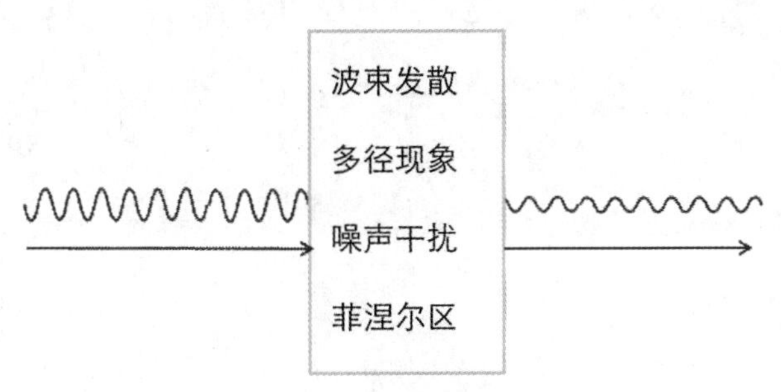

图2-35 信号衰减因素

2.6.1 波束发散

波束发散也称为自由空间路径衰耗，是指射频信号因自然扩展到更大区域后信号强度下降，如图2-36所示。可以用气球来模拟阐述波束发散：气球在充满氢气前体积较小，橡胶外模较厚；气球被充满氢气后体积变大，橡胶外膜会变得非常薄，射频信号因波束发散而导致强度下降的原理就与此类似。

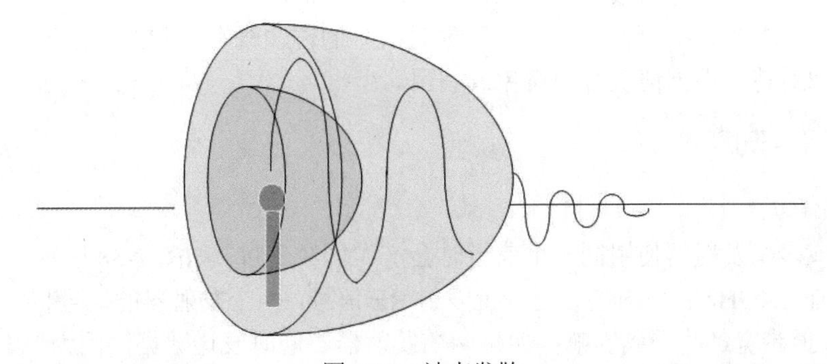

图2-36 波束发散

波束发散为什么如此重要？所有的射频设备都有所谓的接收信号敏感等级，射频接收机在某个固定的振幅阈值之上可以正确地解释和接收信号，如对某人耳语，必须确保声音可以被对方听到并理解。

如果接收的信号下降至射频设备接收敏感阈值以下，该设备就无法正确获取并解释信号。波束发散的概念也适合解释下面的情景：在乘轿车旅行的过程中收听调幅广播电台，当车驶离一定的距离后，就无法听清噪音背景下的音乐了。

背景噪声通常也被称为本底噪声。为了能正确地接收并解释信号，信号应强于背景噪声。仍然以对某人耳语为例，尽管说话的声音很大，可以被对方听到，但如果此时有救护车鸣笛呼啸而过，对方还是无法听清所说的是什么。对于强度在阈值之上的射频信号，射频接收机可以区分信号和背景噪声。

因为波束发散的影响，室内 WLAN 和室外无线桥接链路设计都要确保射频信号不要衰减到无线射频模块的接收敏感等级以下。对于室内，可以通过现场勘测完成这个目标；对于室外，桥接链路设计需要进行链路预算（Link Budget）。有关无线地勘方面的内容将在模块 7 中进行讨论，链路预算的内容将在 2.8.2 节中阐述。

2.6.2 多径现象

多径现象是指两路或多路射频信号同时或相隔极短的时间到达接收端，如图 2-37 所示。

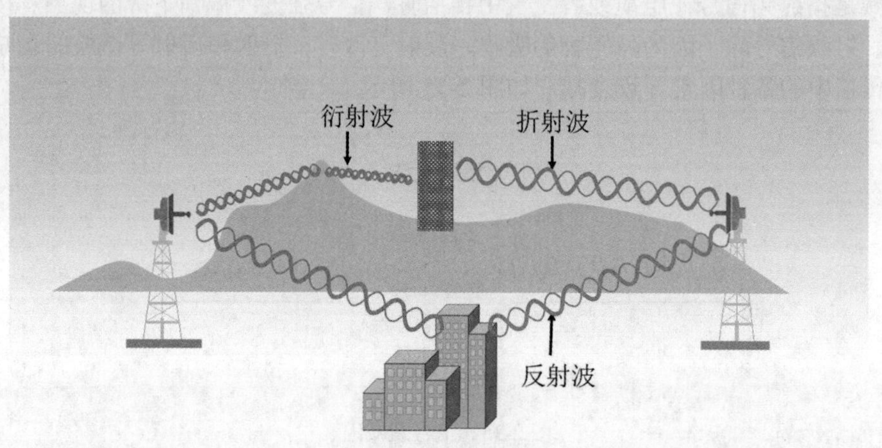

图 2-37 多径现象

波的自然扩展会使不同环境下的反射、衍射和折射等传播行为有区别地发生。射频信号在传播过程中，由于反射、衍射等因素导致存在时延不同、损耗各异的传输路径，因此会发生多径现象，其中反射是诱发多径现象的主要原因。从无线信号的反射点到接收点的传播路径上，既有直射波又有反射波。在接收端，反射波的电场方向正好与直射波相反，相位相差 180°，因此反射波会减弱直射波的信号强度，对传播效果产生破坏作用；如果反射波的电场方向正好与直射波相同，相位一样，则反射波会在直射波的基础上对信号强度进行增强。可以看到，射频信号的多径现象对信号的传输既有不利的一面，也有有利的一面，需要区别对待，根据情况合理避免或利用。

2.6.3 噪声干扰

1. 同频干扰

当两个或多个发射器使用同一个信道时会产生同频干扰。如图 2-38 所示，发射器 A 和发射器 B 都在 2.4GHz 频段内的信道 6 上发射 RF 信号，两个发射器的信号将完全交叠，整个 22MHz 信道带宽都将受到影响；如果两个发射器不同时发送数据，因为 WLAN 设备必须争用信道的空口时间，所以不会出现问题；如果在给定时间内无人发射信号，那么其他人就可以使用该信道；如果两个发射器都忙着发送数据，那么信道将会非常拥塞，这两个信号也将互相干扰并导致数据损坏，使得无线设备必须重发丢失的数据，从而占用更多的空口时间，以此往复，不断循环。

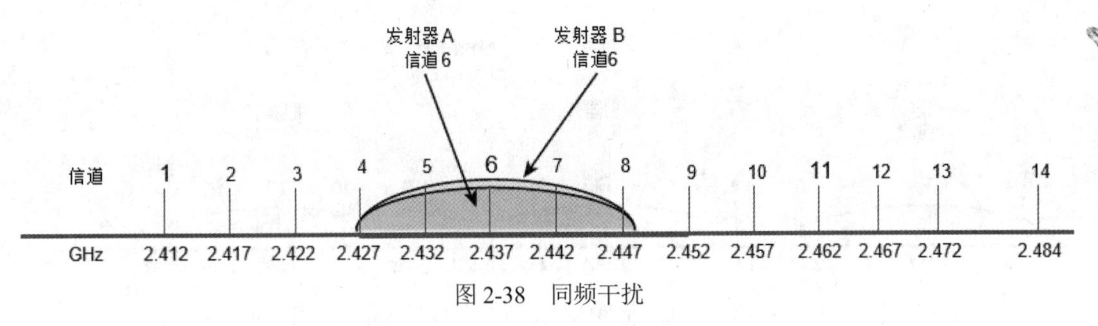

图 2-38 同频干扰

同频干扰是现实世界不可避免的问题。2.4GHz 频段只能提供 3 个非交叠信道，如果某栋建筑物或某个区域有多个发射器，那么必然会存在多个发射器在同一个信道上发送数据的问题，最好的解决办法就是在每个发射器选择信道时进行周密的规划，如永远都不要将两个邻近的发射器分配到同一个信道上，因为它们的信号极有可能会产生干扰。相反，应该仅允许相距较远的发射器共享同一个信道，这样就可以保证接收到的远端发射器的信号已经很弱，如图 2-39 所示。信号强度相差 19dBm 以上可以让发射器周围区域的信噪比（SNR）保持一个健康状态，因此在为特定发射器安排信道时应让该发射器的发射信号强度比接收到的其他信号至少强 19dBm 以上。

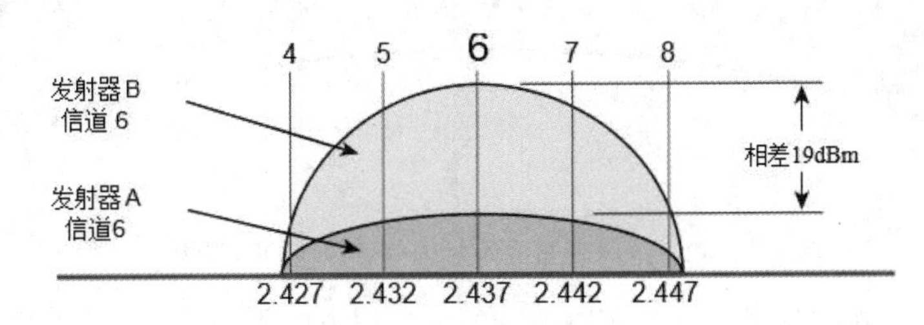

图 2-39 同频干扰的解决

2. 邻频干扰

邻频干扰是指两个发射器被分配在两个不同的信道上，但这两个信道相距很近，以致发射信号出现交叠的现象。如图 2-40 所示，发射器 A 使用信道 6，发射器 B 使用信道 7，虽然这两个信号没有完全交叠，但它们之间的干扰足以破坏对方的信号。

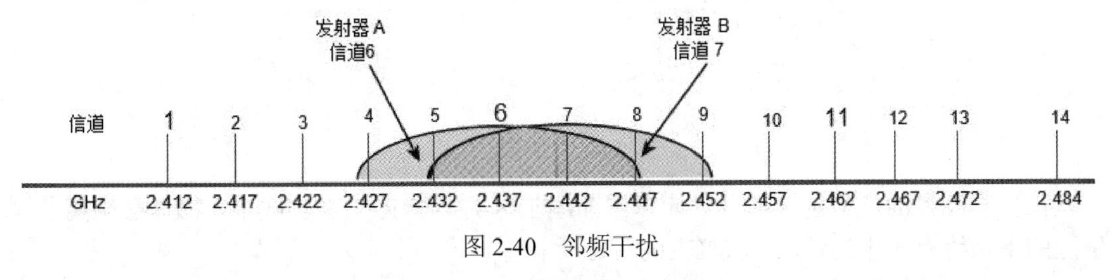

图 2-40 邻频干扰

为了解决这个问题，应将所有发射器都配置为使用 2.4GHz 频段中的 3 个非交叠信道，即信道 1、信道 6 和信道 11。对于 5GHz 频段来说，信道之间无明显交叠，因而不存在邻频干扰问题。

3. 非 802.11 干扰

ISM 2.4GHz 频段是免费频段，802.11 WLAN 设备与非 802.11 设备可能会共享相同的频率空间。理想情况下，将这些设备配置到不同的非交叠信道即可，但在实际应用中，许多非 802.11 设备不会仅使用一个信道。如图 2-41 所示，发射器 A、发射器 B、发射器 C 分别使用信道 1、信道 6 和信道 11，这是一个非常完美的应用场景，但是如果有人在使用微波炉加热午餐，那么辐射出 ISM 2.4GHz 频段中的射频信号将干扰绝大多数 802.11b/g 信道，直接导致 WLAN 信道几乎不能使用。

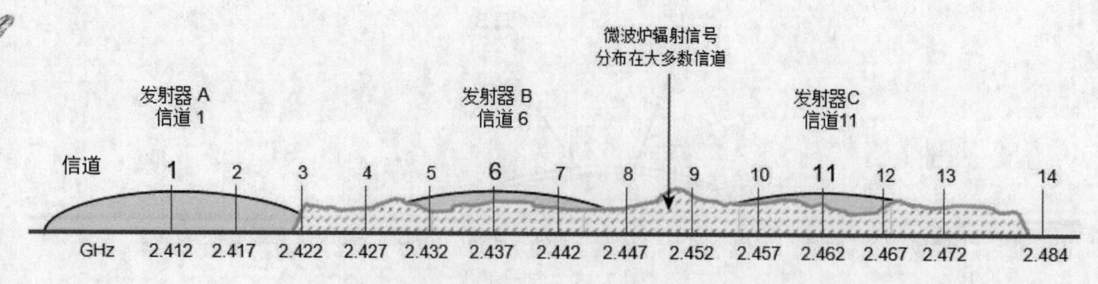

图 2-41 非 802.11 设备射频信号干扰

为了减轻来自非 802.11 设备的干扰，最有效的措施是消除干扰源。比如，使用具有全屏蔽 RF 能量功能的微波炉代替会泄漏微波的老旧微波炉。

2.6.4 菲涅尔区

远距离传输时，弯曲的地球表面将成为影响信号的障碍物，当收发天线之间的距离超过 2km 时将无法看到远端，如图 2-42 所示。

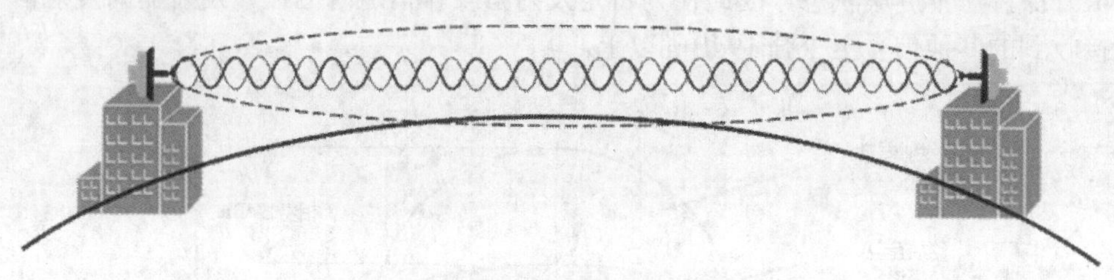

图 2-42 地球表面成为射频信号传输的障碍物

尽管如此，射频信号通常沿着环绕地球的大气层方向以相同的曲度传播。在传播过程中，即使障碍物没有直接阻断信号，但狭窄的视线信号也可能受衍射的影响。因此，在环绕视线的椭球内也不能有障碍，这个区域被称为菲涅尔区，如图 2-43 所示。

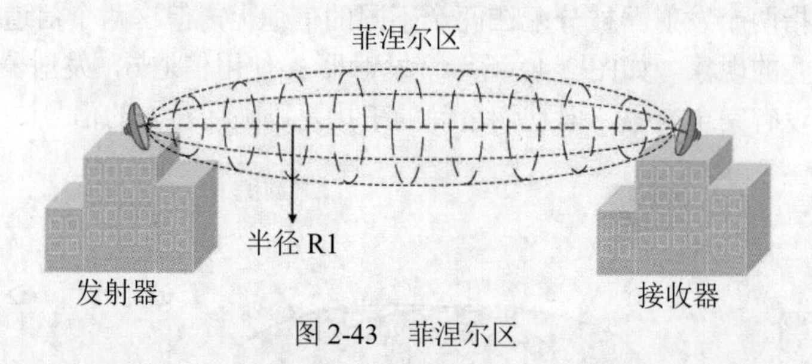

图 2-43 菲涅尔区

在传输路径的任何位置都可以计算出菲涅尔区的半径 R1。在实践中，物体必须离菲涅尔区的下边缘有一定的距离（50%～60%）。

如图 2-44 所示，在信号的传输路径中有一座大楼，虽然没有阻断信号束，但由于它位于菲涅尔区内，因此信号将受到负面影响。通常，应该增加视线系统的高度，使菲涅尔区的下边缘比所有障碍物都高。

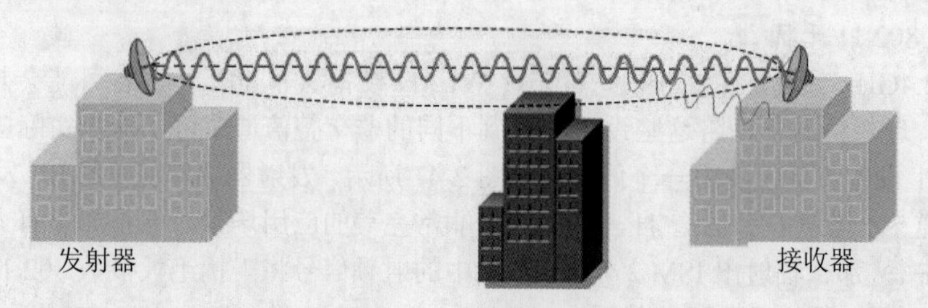

图 2-44 菲涅尔区的障碍物导致信号降低

2.7　无线局域网传输技术

任何两个无线终端之间只有占据一定的频段后才能进行数据传输。由于无线信道本身存在一定干扰，WLAN 频段的射频信号的发射功率又被严格限制，因此 WLAN 中经过无线信道传播的射频信号的信噪比不可能很高，为了在射频信号信噪比较低的情况下取得较高的数据传输速率，就需要增加无线信道的带宽。

2.7.1　物理层传输技术概述

802.11 无线局域网早期使用的传输技术有 FHSS 技术、DSSS 技术和红外传输技术，现在红外传输技术和 FHSS 技术已经用得非常少了。新一代的 802.11 WLAN 采用 OFDM 技术和 MIMO 技术，提高了频谱利用率和抗干扰能力。

2.7.2　FHSS 技术

为了使干扰信号每次仅影响少量信道，需要在整个频段范围内的频率上以连续“跳变”的方式发射信号，这就是 FHSS 技术，其工作原理如图 2-45 所示。为了保证接收器与发射器之间的同步，要求以固定间隔在信道之间进行跳变，同时还必须事先确定好跳变的顺序，以保证接收器能够在任意时间跳变到正确的频率上。图中的跳频顺序从信道 12 开始，依次跳变到信道 16、信道 5、信道 10 等，并且在重复之前会依次跳变到预定义的所有跳频序列。

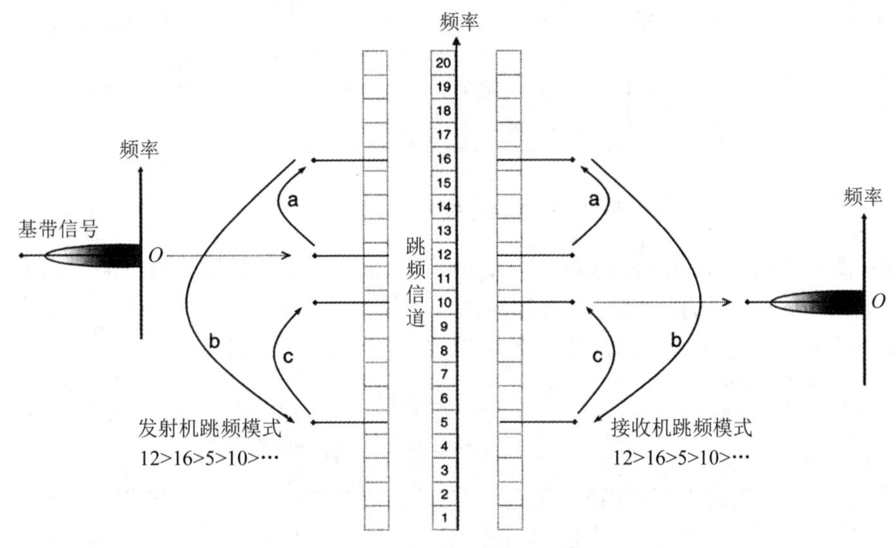

图 2-45　FHSS 技术的工作原理

虽然 FHSS 技术在避免干扰方面拥有很多优势，但也存在以下局限性，致使最终被淘汰：

- 信道带宽窄，只有 1MHz，数据速率局限于 1Mb/s 或 2Mb/s。
- 如果区域内存在多个发射器，那么在相同信道上将会产生冲突和干扰。

因此，FHSS 技术逐渐走向没落，被其他更健壮、扩展性更好的扩频技术如 DSSS 所取代。虽然目前已经基本不再使用 FHSS 技术，但是仍有必要知道该技术，并了解该技术在 WLAN 技术演进过程中的地位。

2.7.3　直接序列扩频技术

1. 扩频技术

扩频技术兼顾带宽和可靠性，目标是使用比系统所需要的带宽更宽的频段来减少噪声和干扰。扩频技术扩展了传输所用的带宽，总功率保持不变，降低了峰值功率，如图 2-46 所示。

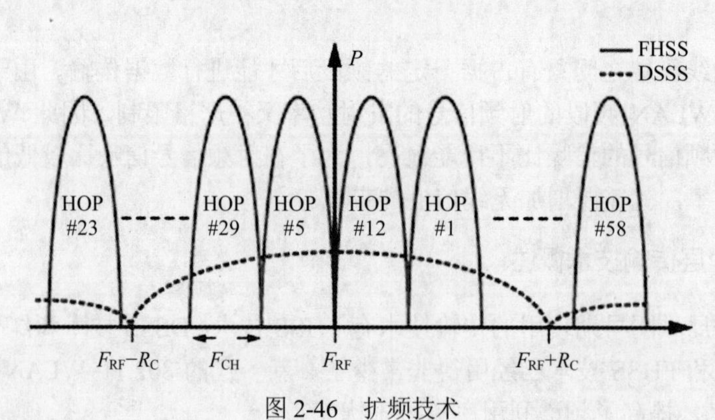

图 2-46 扩频技术

2. DSSS 技术

DSSS 技术是通过精确的控制，将 RF 能量分散至某个宽频带，其工作原理如图 2-47 所示。当无线电载波的变动被分散至较宽的频带时，接收器可以通过相关处理找出变动所在。

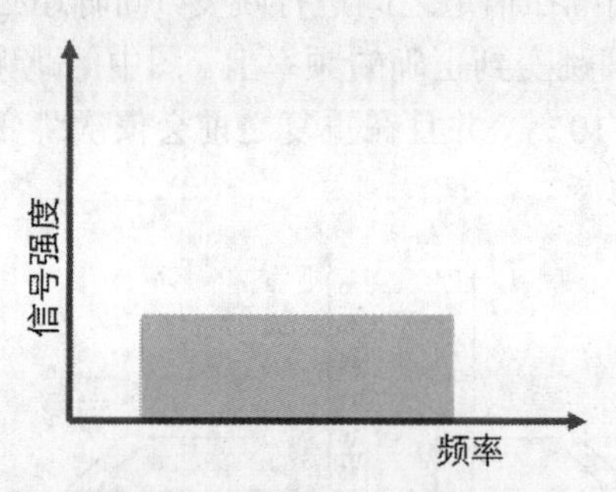

图 2-47 DSSS 技术的工作原理

DSSS 技术采用了少量固定且宽频的信道，因而可以支持复杂调制方案并具有一定的扩展性。DSSS 技术使用的信道宽度为 22MHz，信道数量最多有 14 个，但只有 3 个信道之间不存在交叠现象，非交叠信道的常规使用情况如图 2-48 所示。

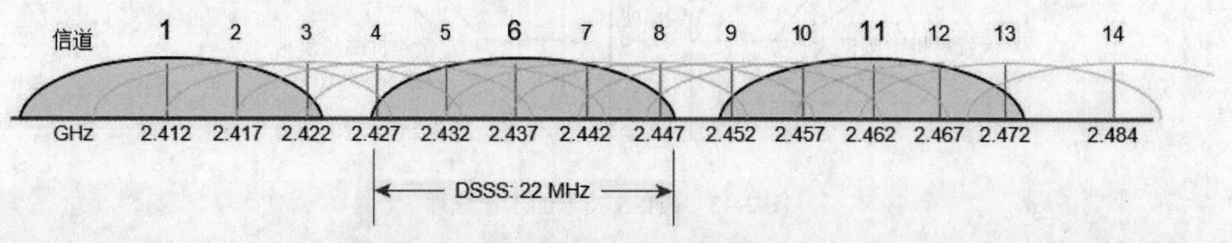

图 2-48 非交叠信道的常规使用情况

DSSS 技术将单个数据流的码片传输到一个宽度为 22MHz 的信道上，码片速率始终为 11M 码片/s，经补码键控（CCK）编码后，每个符号包含 8 个码片，此时符号速率就为 1.375M 符号/s。如果每个符号均基于 8 个原始数据比特，那么有效数据传输速率为 11Mb/s。

2.7.4 OFDM 技术

OFDM 技术采用并行方式通过多个频率（这些频率都位于单个 20MHz 信道内）来发送数据。

1. OFDM 的概念

如图 2-49 所示，OFDM 是一种多载波调制技术，而不是扩频技术，主要思路是：将信道分成若干正交子信道（频谱相互重叠，提高了信道利用率），将高速数据信号转换成并行的低速子数据流，调制到每个子信道上进行传输（提高了数据的吞吐量和速率）。OFDM使用的子载波相互重叠而又互不干扰，这是因为副载波的定义使得其可以轻易区分彼此。能够区别副载波，关键在于它使用了一种复杂的数学关系，称为正交性。在数学上，正交用来描述相互独立的项目。

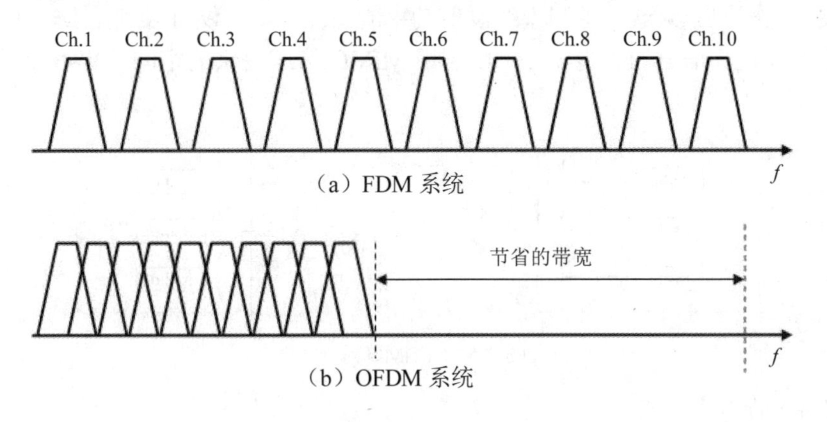

图2-49　OFDM的工作原理

OFDM之所以能够运作，是因为所选用的副载波频率的波形丝毫不受其他副载波的影响。如图2-50所示，信号分为3个副载波（注意每个副载波的波峰，此时其他两个副载波的振幅均为0），每个副载波的波峰均作为数据编码之用（如图中上方标示的圆点）。这些副载波之间经过刻意设计，彼此之间保持正交关系。

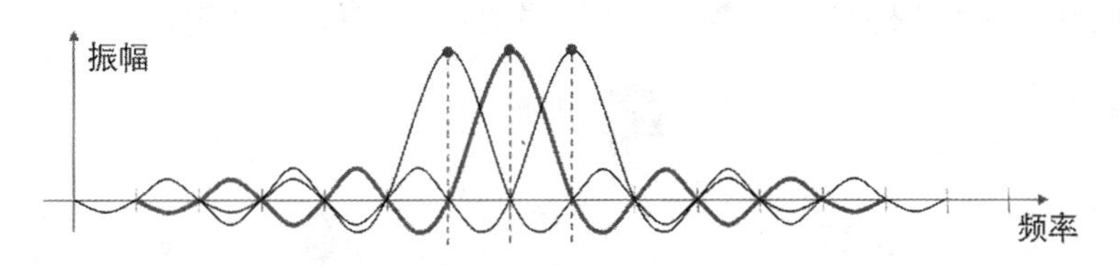

图2-50　OFDM的正交特性

2. OFDM的操作

OFDM调制示例如图2-51所示，对于其中5GHz频段的每个信道带宽是20MHz，OFDM将每个信道划分为52个子信道，其中4个用来作相位参考，所以真正能使用的是48个子信道。我们可以看到，这些子载波的间距似乎很近，可能会出现交叠现象，而事实也确实如此，但这些子载波之间却不会产生干扰，因为这些交叠部分都是对齐的，可以消除绝大多数潜在干扰。

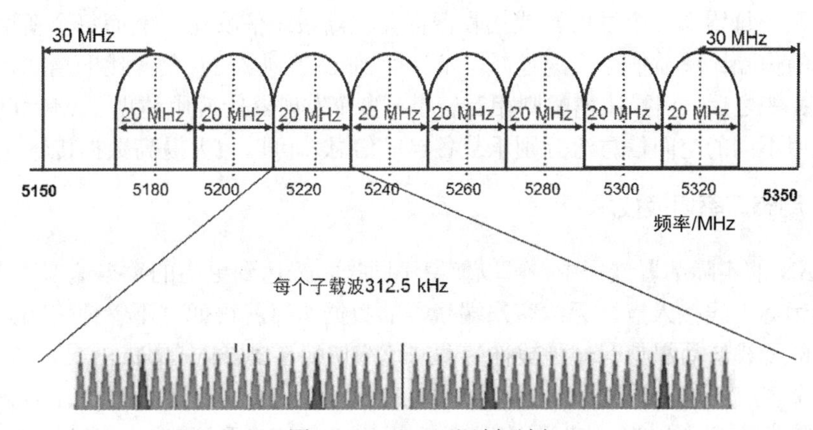

图2-51　OFDM调制示例

2.7.5 MIMO技术

1. MIMO的概念

MIMO是一种独特的技术，它使用多根发射天线和多根接收天线，如图2-52所示。该技术利用多根天线来抑制信道衰落，将多径传播变为有利因素，有效地使用随机衰落和多径时延扩展。在不增加频谱资源和天线发射功率的情况下，不仅可以利用MIMO信道提供的空间复用增益提高信道的容量，还可以利用MIMO信道提供的空间分集增益提高信道的可靠性。

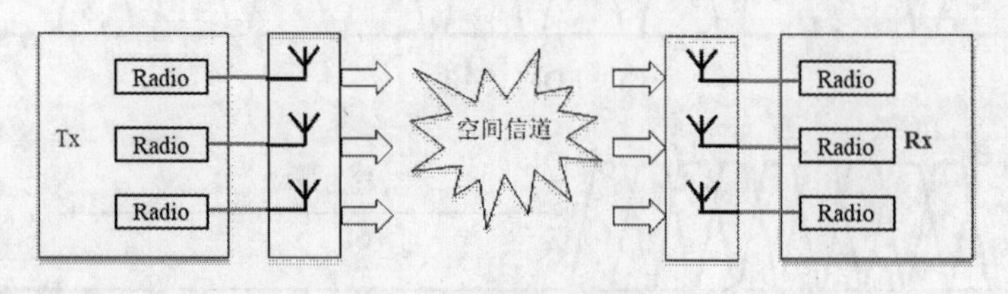

图2-52 MIMO示意

2. MIMO的工作原理

MIMO有多个发射器和接收器、多根发射天线和接收天线，因此可以同时发送多个无线信号（一个信号称为一条空间流），每根发射天线都可以发射不同的射频信号。由于各根天线之间存在的空间位置不同，每个射频信号都会通过略微不同的路径到达接收端，这叫做空间分集。接收端也有多根天线，每根天线有自己的接收器，每个接收器都对收到的射频信号进行独立的解码，如图2-53所示。将各个射频接收器收到的信号组合起来，通过复杂的运算，其结果会比通过单根天线或者波束成形收到的信号好得多。

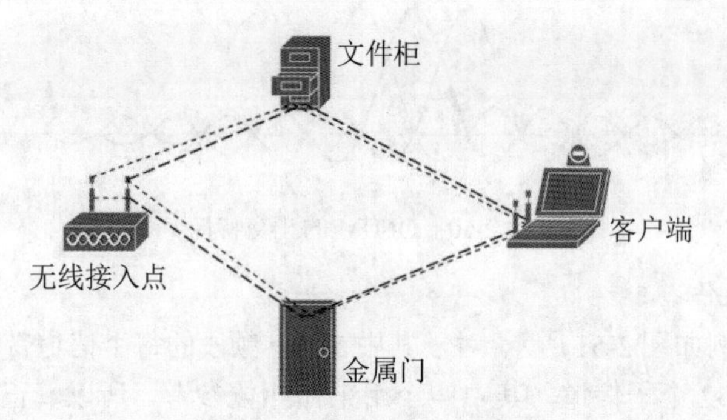

图2-53 MIMO的工作原理

3. MIMO的优势

MIMO系统由系统中发射器和接收器的数目来命名。例如，2×1表示两个发射器和一个接收器。系统每增加一个发射器或接收器都会提高系统信噪比，然而每个新增发射器或接收器增加的信噪比增益值会快速递减。从2×1到2×2到3×2，信噪比的增加是非常明显的，但是从3×3之后，信噪比增幅则相对较小。多个发射器的应用体现了MIMO的第二个优势，即采用不同的空间信息流分别承载各自的信息，可以大大提高数据传输速度。

2.7.6 动态速率切换技术

在WLAN的实际部署过程中，可以使用不同技术来达到更高的数据速率。然而，一旦无线客户端远离无线接入点，无线客户端获得的数据速率就很低，不管使用哪种技术都是如此。现在的无线产品都具有一种被称为动态速率切换（Dynamic Rate Switch，DRS）的功能，支持多个客户端以多种速率运行，如图2-54所示。例如，在IEEE 802.11b无线局域网中，无线客户端远离无线接入点时，数据速率从11Mb/s切换到5.5Mb/s，甚至切换到2Mb/s

和 1Mb/s；如果移动无线客户端再次靠近该无线接入点，那么传输速率又会恢复至 11Mb/s，且这种速率切换无需断开连接。动态速率切换过程同样适用于 IEEE 802.11a/g/n 网络。

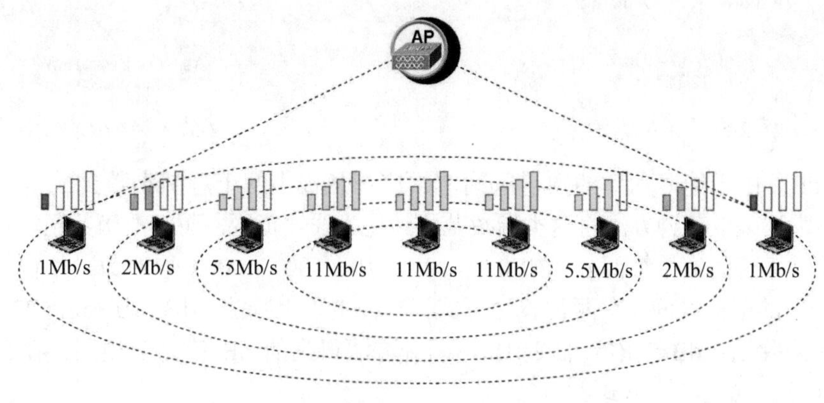

图 2-54 动态速率切换技术

2.8 射频信号的度量

如果要在自由空间发送和传播 RF 信号，并在接收端接收且正确理解这些信号，就必须以足够的强度或能量进行发送，以保证 RF 信号能够完成整个传播过程。这里所说的强度是以振幅来度量的，也就是信号波形的峰顶与谷底之间的高度差，如图 2-55 所示。

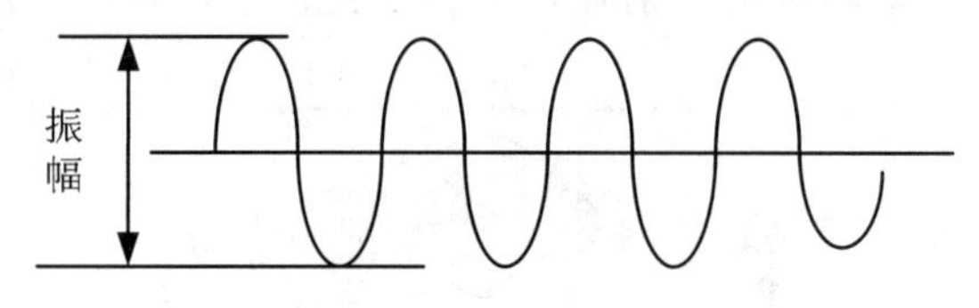

图 2-55 射频信号强度的度量

RF 信号的强度通常以功率来度量。在实际工程中经常会碰到 dB、dBm、dBi、dBd 等量纲单位，如果不详细了解这些常用的工程量纲就会造成很大的麻烦，因此本节介绍无线网络中的功率单位及其关系。

2.8.1 RF 信号强度

1. 绝对功率度量

以瓦（W）或毫瓦（mW）来度量功率时，称为绝对功率度量。换句话说，绝对功率表示的是 RF 信号中实际存在的能量值。由于发射功率通常是事先已知的，因而在发射器输出端进行测量是非常直观的。典型的 AM 无线电台广播功率为 50000W，FM 无线电台广播功率为 16000W。相比之下，WLAN 发射器的信号强度要小得多，通常在 0.001～0.1W 之间。

2. 相对功率度量

有时需要比较两个不同发射器的功率大小。如图 2-56 所示，假设设备 T1 的发射功率为 1mW，设备 T2 的发射功率为 10mW，通过简单的相减即可知道 T2 的发射功率比 T1 大 9mW，而且很容易可以看出，T2 的发射功率是 T1 的 10 倍。

从这个示例可以看出，使用减法与除法得到的是不同的比较结果，那么究竟采用哪种比较方法比较合适呢？绝对功率数值可能会存在数量级的差异，如图 2-57 所示，T4 的功率是 0.00001mW，T5 的功率是 10mW，两者相减得到的功率差为 9.99999mW，T5 的发射功率是 T4 的 1000000 倍。

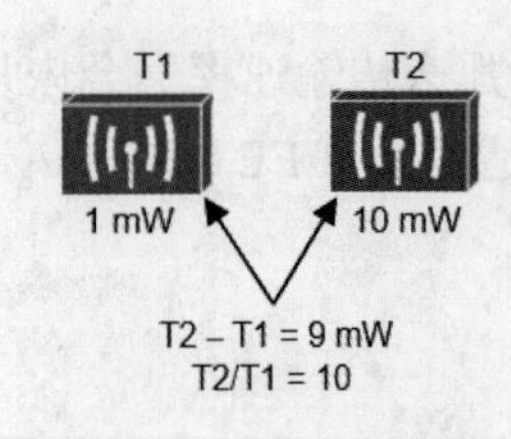

图 2-56 相对功率度量

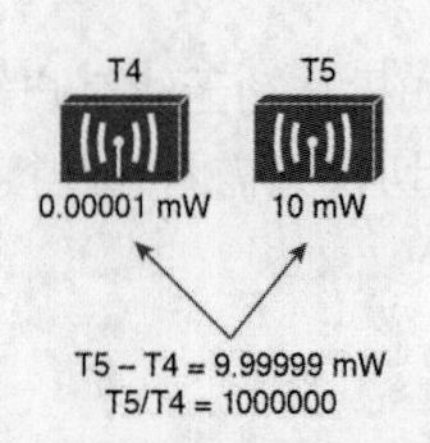

图 2-57 绝对功率度量

（1）dB。由于绝对功率的数值区间非常广，从极小的十进制小数到成百上千，甚至更大，因而需要采取某种方法将这类指数范围转化为线性范围，而对数函数正好可以实现该功能，即将功率值的数量级部分（如 0.01、0.1、10、100、1000）取对数，使得这些功率值能够落入合理的取值区间。有两种表达方式，一种是采用减法：$dB=10(\log_{10} P2-\log_{10}P1)$；另一种是采用除法：$dB=10(\log_{10}P2/P1)$，两种方法得到的 dB 值完全相同。在工程领域中最常用的计算公式是除法形式。

（2）与基准对比功率 dBm。在 dB 计算公式中，被对比的功率电平是分子，基准功率电平是分母。对于无线局域网来说，通常将基准功率电平取定为 1mW，此时的功率计算单位为 dBm。除了对比两个发射源外，还必须关注 RF 信号从发射器到接收器的传播特性。一种更好的方式就是将信号传播路径上的每种绝对功率与同一个公共基准值进行对比，这样一来，只要关注信号传播路径上不同分段的绝对功率值变化即可。

如图 2-58 所示，基准功率为 100mW，将发射器和接收器的绝对功率值都转换为 dBm，相应的计算结果分别为 20dBm 和-45dBm，则传输路径上的绝对损耗为-65dB。请注意，信号路径上的 dBm 值是可以相加的：发射器 dBm 加上绝对损耗 dB 即可得到接收信号的 dBm。

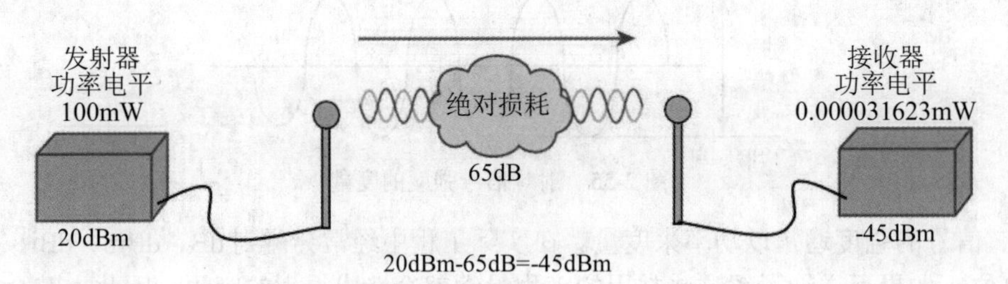

图 2-58 基准功率与绝对功率之间的关系

2.8.2 度量信号路径上的功率变化

到目前为止，本模块始终将发射器与天线视为一个组件。由于许多 AP 都内置了天线，因而该假设也基本符合实际情况。事实上，发射器、天线和连接发射器与天线的电缆都是独立组件，如图 2-59 所示，这些组件不但传播 RF 信号，还会对 RF 信号的绝对功率电平产生影响。

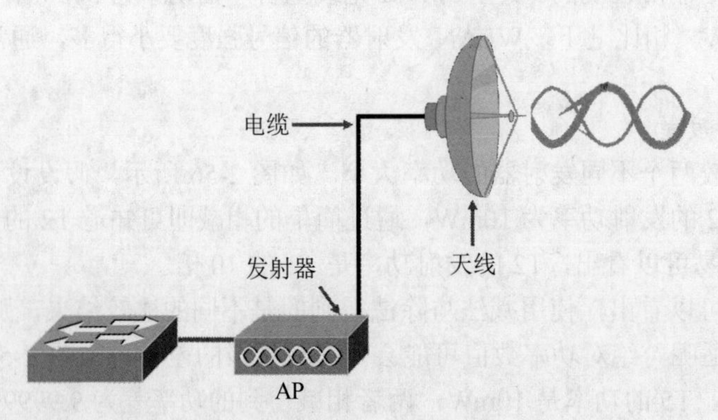

图 2-59 无线网络发射系统组件

1. 增益的概念

增益是指天线接收 RF 信号并沿着特定方向将其发射出去的能力，如图 2-60 所示。天线连接到发射器上后，就可以为发射器产生的 RF 信号提供一定的增益，与发射器独自产生的信号相比，可以有效增加信号的 dB 值。

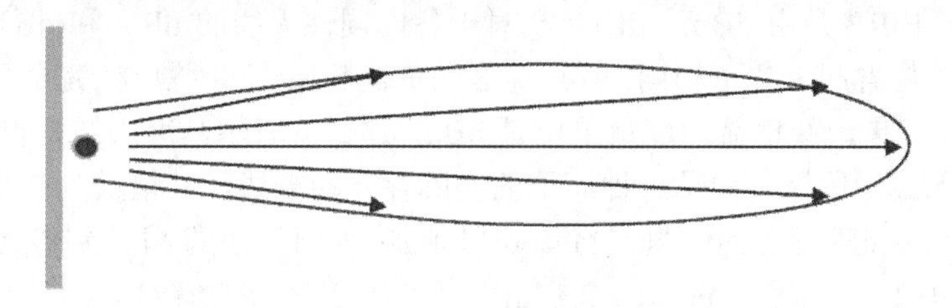

图 2-60　天线增益

2. 增益的度量

天线本身无法单独产生任何绝对功率，换句话说，如果天线不连接在发射器上，就不会输出任何信号功率，因此无法以 dBm 来度量天线的增益，只能通过与基准天线的性能相比对来计算出天线的 dB 值。

通常来说，基准天线是一种各向同性天线，因而其增益以 dBi 来表示。如果各向同性天线与自己相比，其增益就是 10log(1)=0dBi。如果该球体是由橡胶做成的，那么就可以在不同的位置按压这个球体来改变其形状。球体发生形变后，会在另一个方向进行扩展。

实际上各向同性天线并不存在，因为各向同性天线是一个无限小的点，在所有方向上的 RF 辐射功率均相同，没有任何物理天线能够做到这一点。但可以利用各向同性天线的特性，将其作为度量实际天线的通用标准。

3. EIRP 的度量

由于连接天线与发射器的导线具有一定的固有物理特性，因而总会存在一定的信号损耗。对于电缆厂商生产的各种电缆，厂商都会提供每米电缆产生的 dB 损耗值。

知道了发射器的功率电平、电缆长度和天线增益之后即可计算从天线发射出去的实际功率电平，通常将该功率称为有效全向辐射功率（Effective Isotropic Radiated Power，EIRP），以 dBm 为单位。

EIRP 是一个非常重要的参数，大多数国家的政府机构都要监管该参数。EIRP 反映了设备辐射信号的强度，接收设备收到的信号强度与这个指标有密切关系。一般的无线电认证法规都规定 EIRP 的限值，而不是发射功率的限值。

在这样的情况下，系统将无法发射功率高于最大可允许 EIRP 的信号。EIRP 的计算方法很简单，只要将发射器的功率电平加上天线增益，再减去电缆损耗即可，如图 2-61 所示。

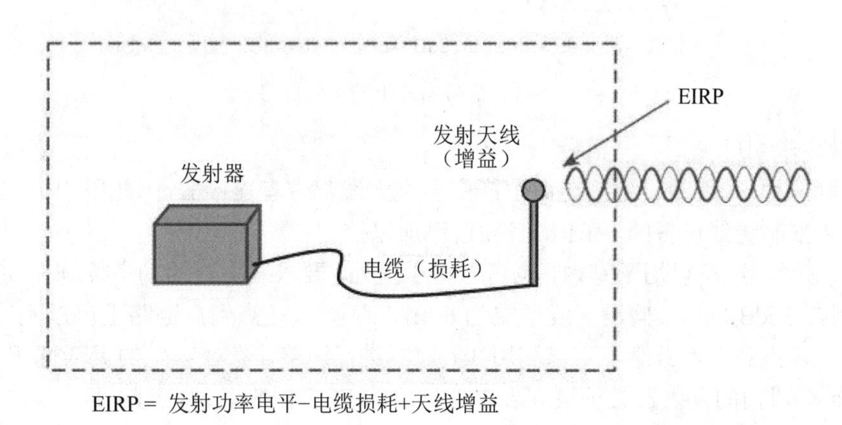

图 2-61　EIRP 的度量

假设发射器配置的功率电平为10dBm（10mW），天线增益为8dBi，连接发射器与天线的电缆的损耗是 5dB，那么该系统的 EIRP=10dBm-5dB+8dBi=13dBm。由此推出其计算公式为：EIRP=P（设备发射功率）+ G（发射天线增益）- A（线路损耗）。

4. dBi与dBd之间的关系

可以看出，EIRP 是由 dBm、dBi（相对于各向同性天线的 dB）和 dB 组合而成的，虽然这些功率单位看起来各不相同，但其实这些单位都属于 dB 领域，完全可以直接运算。唯一例外的是，如果天线增益的度量单位是 dBd，那么就表示基准天线是偶极天线，而不再是各向同性天线。偶极天线是一种简单的实际存在的天线，其增益为 2.17dBi。因此，如果天线的增益以 dBd 来表示，只要将该 dBd 值加上 2.17dBi 即可得到该天线增益的 dBi 值，即 dBi=dBd+2.17。显然，0dBd = 2.17dBi，所以 12dBi 等效于(12-2.17)dBd，如图 2-62 所示。

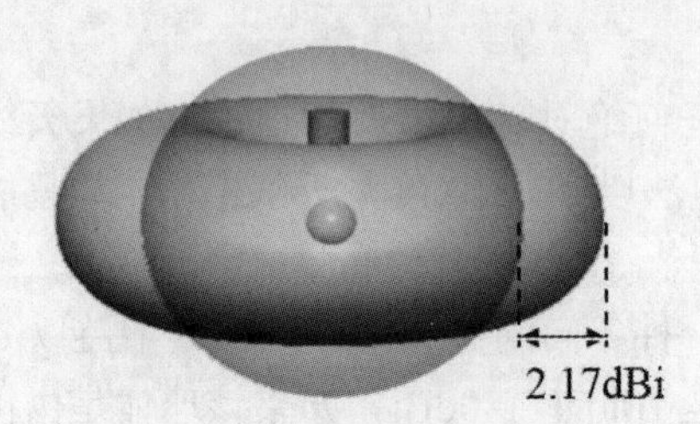

图2-62　dBi与dBd之间的关系

5. 链路预算

有关功率电平的认识不应该止步于 EIRP，还应该了解整个信号路径的功率情况，以确保所发射的信号能够以足够大的功率有效到达接收器并被接收器正确理解，这就是链路预算（Link Budget）。

可以将信号路径上所有分段的增益 dB 值与损耗 dB 值都加在一起，并以此确定接收器的功率电平，如图 2-63 所示。由图可知，发射器发射出来的信号功率为 20dBm，发射天线的 EIRP 为 22dBm（20dBm-2dB+4dBi），则信号到达接收器时的功率电平为-45dBm。

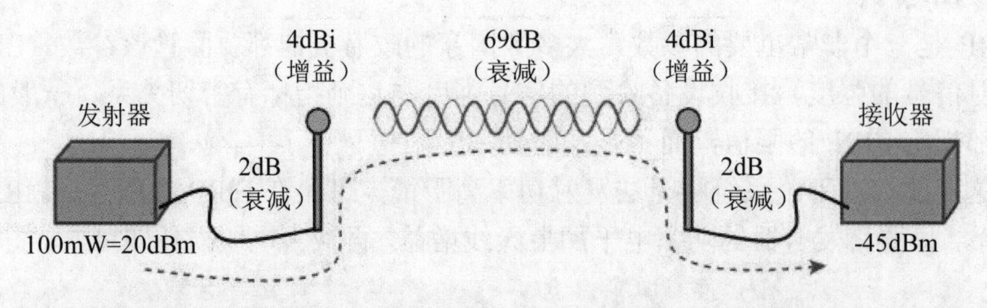

图2-63　信号路径上功率的度量

6. 功率限制规定

在实际应用中，度量设备制造商生产的各类天线都带有连接器，因此用户无法依赖 FCC 和连接器来限制无线设备的 EIRP，必须自己加以控制。

2.4GHz 频段既可以用于室内，也可以用于室外，要求发射器的功率控制在 30dB 以内，EIRP 控制在 36dB 以内（假设天线增益为 6dBi）。不过，在点到点链路上可以利用 1:1 规则进行调整，在点到多点链路上可以利用 3:1 规则进行调整，存在一定的灵活性。

5GHz 频段内的发射器必须遵守表 2-1 列出的 FCC 限制条件，对于每个 U-NII 频段来说可以利用 1:1 规则进行调整。

表 2-1　FCC 关于发射器和 EIRP 的限值

频段	适用范围	发射器最大值	EIRP 最大值
U-NII-1	仅室内	17dBm（50mW）	23dBm
U-NII-2	室内室外均可	24dBm（250mW）	30dBm
U-NII-2 扩展	室内室外均可	24dBm（250mW）	30dBm
U-NII-3	室内室外均可	30dBm（1W）	36dBm

ESTI 允许调整发射功率和天线增益，只要不超过最大的 EIRP 值即可，如表 2-2 所示。

表 2-2　ESTI 关于 EIRP 的限值

频段	适用范围	EIRP 最大值
2.4GHz ISM	室内室外均可	20dBm
U-NII-1	仅室内	23dBm
U-NII-2	仅室内	23dBm
U-NII-2 扩展	室内室外均可	30dBm
U-NII-3	授权的	N/A

2.8.3　接收端功率度量值

在使用 WLAN 设备时，离开发射天线的 EIRP 强度通常在 1～100mW 之间，也就是 0～20dB 之间，但是当信号到达接收器之后，其功率电平会大大减弱，大约在无限接近 0～1mW 之间，也就是接收信号的强度在-100～0dB（甚至更低）之间。在信号路径的接收端，接收器希望在预定频率上收到相应的信号，而且该信号应该拥有足够的功率以包含有用数据。

1. 接收灵敏度

接收灵敏度是指接收器可以成功接收所需要的射频信号功率的等级。接收器接收灵敏度越高，可以成功接收的功率水平越低。在 WLAN 设备中，接收灵敏度通常被定义为一个与网络速度相关的函数。Wi-Fi 供应商通常指定其产品的接收灵敏阈值为不同的数据速率，如表 2-3 所示。通常，数据速率越高对接收信号强度的要求越高。不同的速率使用不同的调制技术和编码方式，越高的数据速率使用的调制编码方式越容易使传输数据遭到破坏。

表 2-3　不同速率下的接收灵敏度

数据速率	接收信号灵敏度
54Mb/s	-50dBm
48Mb/s	-55dBm
36Mb/s	-61dBm
24Mb/s	-74dBm
18Mb/s	-70dBm
12Mb/s	-75dBm
9Mb/s	-80dBm
6Mb/s	-86dBm

2. 接收信号强度指示

在 802.11-2007 标准中，将接收信号强度指示（Received Signal Strength Indicator，RSSI）

定义为 802.11 射频模块测量信号强度的相关指标。RSSI 测量参数范围为 0～255。无线局域网硬件制造商用 RSSI 作为 802.11 接收模块射频信号强度的相对测量值。如表 2-4 所示，RSSI 指标通常被映射为接收敏感阈值（单位是 dBm）。例如某个供应商产品的 RSSI 等于 30，表示其接收信号强度为-30dBm。数值为 0 的 RSSI 指标代表-110dBm 的接收信号强度。另一个供应商产品的 RSSI 数值为 255 代表-30dBm 的接收信号强度，RSSI 数值为 0 代表-100dBm 的接收信号强度。

表 2-4 接收信号强度指示

RSSI	接收敏感阈值	信号强度	信噪比	信号质量
30	-30dBm	100%	70dB	100%
25	-41dBm	90%	60dB	100%
20	-52dBm	80%	43dB	90%
21	-52dBm	80%	40dB	80%
15	-63dBm	60%	33dB	50%
10	-75dBm	40%	25dB	35%
5	-89dBm	10%	10dB	5%
0	-110dBm	0%	0dB	0%

3. 接收灵敏度与接收信号强度指示之间的关系

假设发射器发射的信号以足够的功率到达接收器，那么 RSSI 值究竟多大才够呢？每台接收器都有一个灵敏度的级别或阈值来区分可识别/可用信号与不可识别信号。只要接收信号的功率电平大于该灵敏度级别，那么就有机会从接收信号中正确识别其所携带的数据。接收端信号强度随时间的变化情况如图 2-64 所示，其中接收器的灵敏度级别为-82dBm，低于此强度的信号即无法识别。

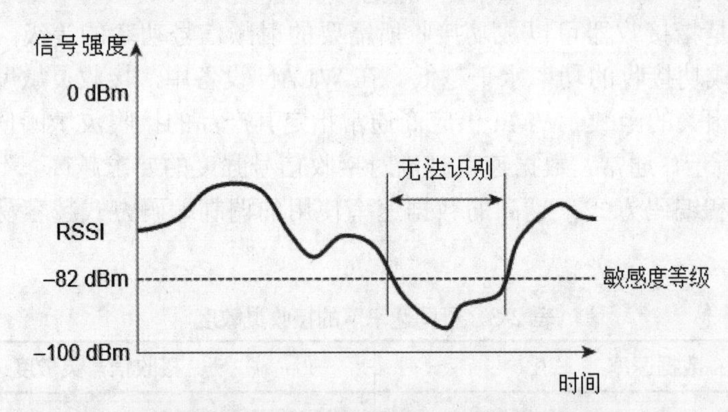

图 2-64 接收端信号强度随时间变化的情况

4. 接收信号强度指示与底噪的关系

RSSI 值仅关注期望信号，而不关心接收到的其他信号，在相同频率上接收到的其他非期望信号都被称为噪声，通常将噪声级别或噪声的信号强度称为底噪。

只要底噪强度大大低于所要侦听的信号强度，就能很容易地忽略这些噪声。例如，两个人可以在图书馆很轻松地进行轻声交谈，这是因为图书馆内基本没有任何噪声，但是如果要在嘈杂的体育馆内轻声交谈，那无疑是不可能的。

接收 RF 信号与此类似，只要接收信号的强度比底噪强度大得多，就能正确接收并理解期望信号。信号强度与噪声强度之差为信噪比（Signal-to-Noise Ratio，SNR），单位为 dB，SNR 越大越好。

接收信号强度与底噪之间的关系如图 2-65 所示。RSSI 大约在-54dBm 左右，图中左侧的底噪是-90dBm，SNR=-54dBm-(-90dBm)=36dB；图中右侧的底噪逐渐增大到了-65dBm，SNR 也随之下降至 11dB，由于信号与噪声强度非常接近，所以此时的信号基本不能使用。

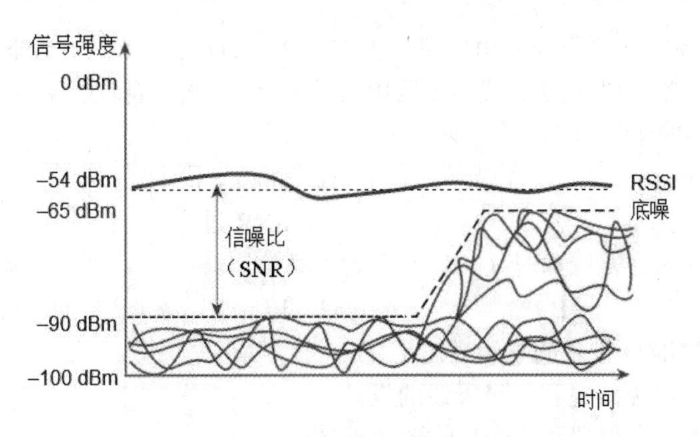

图 2-65　接收信号强度与底噪之间的关系

2.8.4　无线干扰信号测试

空气中的无线电信号可以通过无线网卡来捕获，利用信号测试工具（如 Wireless Mon）监控无线适配器状态，显示周边无线接入点实时信息，列出无线终端与无线接入点之间的信号强度，实时监测无线网络的传输速度等，如图 2-66 所示。

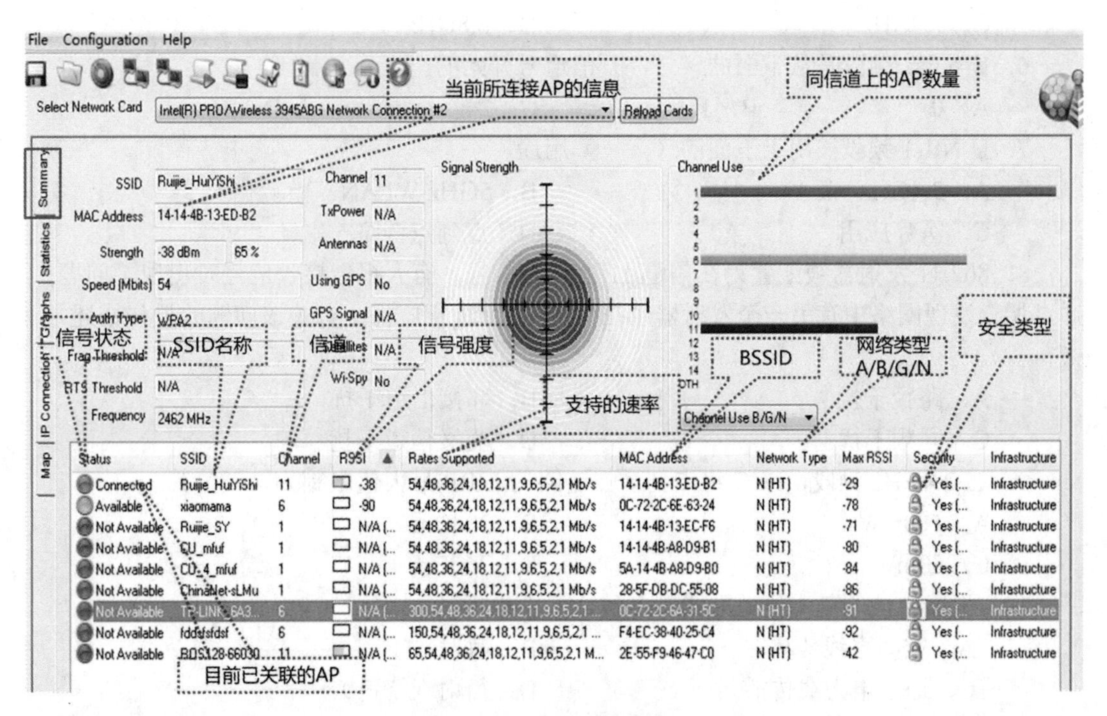

图 2-66　无线信号测试工具

请读者自行下载 Wireless Mon 工具，测试周围 Wi-Fi 信号的强度和工作信道，并分析是否对自己使用的无线局域网造成了干扰。

2.9 课后作业

一、选择题

1. 假设办公室有一台无线路由器甲，工作在2.4GHz信道1上，后来相邻办公室又安装了一台无线路由器乙，发现在无线路由器甲信道1上有信号，因而选择信道2。下面（　　）可能会对无线网络的运行造成不利影响。

A. 同频干扰　　B. 邻频干扰
C. 宽频干扰　　D. SNR过大

2. 在2.4GHz ISM范围内有（　　）个无重叠信道。

A. 9　　B. 3　　C. 17　　D. 13

3. 有关2×3MIMO设备的正确描述是（　　）。

A. 拥有两个无线电和三个天线的设备
B. 拥有两个发射器和三个接收器的设备
C. 拥有两个绑定信道和三个空间流的设备
D. 拥有两个接收器和三个发射器的设备

4. 造成自由空间路径损耗的主要原因是（　　）。

A. 传播　　B. 吸收
C. 湿度水平　　D. 磁场衰减

5. 以下（　　）是在美国使用的未经许可的频段。

A. 2.0MHz　　B. 2.4GHz
C. 7.0GHz　　D. 6.8GHz

6. U-NII-1频段是从下面的（　　）信道号开始的。

A. 0　　B. 1　　C. 24　　D. 36

7. U-NII-1频段被用于下面的（　　）用途。

A. 2.4GHz WLAN　　B. 5GHz WLAN
C. 医疗应用　　D. 点到点链路

8. 802.11发射器被配置为在信道11上发送信号，有人报告接收信号时出现了问题，通过调查发现网络中有另一个发射器也在信道11上进行广播。有关该问题的最佳描述是（　　）。

A. 路径干扰　　B. 邻接信道干扰
C. 同频干扰　　D. 交叉信道干扰

9. 在2.4GHz频段，FCC将点到多点链路的EIRP最大值限制为（　　）。

A. 100mW　　B. 20dBm
C. 50mW　　D. 36dBm

10. 无线电波的基本传播方式有多种，但不包括（　　）。

A. 空间直线传播　　B. 散射
C. 通过电力线传播　　D. 衍射（绕射）

11. 使用STA DRS且以11Mb/s接入速率工作的便携式计算机远离一个AP时，会发生（　　）情况。

A. 这台计算机漫游到另一个AP　　B. 这台计算机失去连接
C. 该速率动态转移为5.5Mb/s　　D. 该速率增加，提供更高的吞吐量

12．每个 2.4GHz 信道频段宽度是（　　）。

A．22MHz　　B．26MHz

C．24MHz　　D．28MHz

13．我国使用 2.4GHz 频段的信道数量是（　　）。

A．11　　B．12

C．13　　D．14

14．OFDM 支持的最高数据速率是 54Mb/s，而 DSSS 支持的数据速率则要低得多。与 DSSS 相比，OFDM 采用（　　）技术来实现更高的数据速率。

A．更高的频带　　B．更宽的 20MHz 信道带宽

C．每个信道 48 子载波　　D．更快的码片速率

15．假设某 AP 被配置为向客户端提供如下数据速率（Mb/s）：2、5.5、6、9、11、12、18、24、36 和 48，那么应该采取（　　）策略来减小该 AP 的小区规模。

A．启用 1Mb/s 数据速率　　B．启用 54Mb/s 数据速率

C．禁用 36、48Mb/s 数据速率　　D．禁用 2Mb/s 数据速率

16．下面（　　）规定了 2.4GHz 频段中用于 DSSS 的正确的非交叠信道列表。

A．1、2、3　　B．1、5、10

C．1、6、11　　D．1、7、14

17．下面（　　）监管机构将 2.4～2.5GHz 频带分配给了工业、科研和医疗领域使用。

A．IEEE　　B．ETSI

C．ITU-R　　D．FCC

18．RF 信号受到建筑物内的物体反射时，对接收器造成的可能影响是（　　）。

A．菲涅尔损耗　　B．多径

C．交叉信道衰落　　D．自由空间路径损耗

19．下面（　　）是避免 2.4GHz 频段中邻频干扰的最佳策略。

A．使用任何可用的信道号

B．利用 802.11n 的 40GHz 聚合信道

C．从信道 1 开始，仅使用间隔 4 个信道号的信道

D．从信道 1 开始，仅使用间隔 5 个信道号的信道

20．下面（　　）调制方式可以支持 1Mb/s、2Mb/s、5.5Mb/s 和 11Mb/s 等几种典型数据速率。

A．OFDM　　B．FHSS

C．DSSS　　D．QAM

21．假设某接收器收到远程发射器发送来的 RF 信号，那么下面（　　）选项表示接收到的信号质量最佳。所有示例值均列在括号中。

A．低 SNR（10dBm），低 RSSI（-75）

B．高 SNR（30dBm），低 RSSI（-75）

C．低 SNR（10dBm），高 RSSI（-35）

D．高 SNR（30dBm），低 RSSI（-30）

22．考虑发射器和接收器相隔一定距离的应用场景，发射器的绝对功率电平为 20dBm，用一条电缆将发射器连接到天线上，接收器也通过一条电缆与天线相连，假设每条电缆的损耗为 2dB，发射天线与接收天线的增益为 5dBi，那么 EIRP 为（　　）。

A．20dBm　　B．23dBm

C．26dBm　　D．34dBm

23．RF 信号穿越建筑物墙壁时会出现（　　）现象。

A．反射　　B．折射

C．衍射　　D．吸收

24．下列（　　）不是无线通信中信号强度的单位。

A．瓦（W）　　B．毫瓦（mW）

C．dBm（分贝毫瓦）　　D．dB（分贝）

25．下列（　　）不是 WLAN 使用的调制技术。

A．OFDM　　B．MIMO

C．FM　　D．DSSS

26．以下（　　）是不会产生 2.4GHz 电磁波的设备。

A．蓝牙手机　　B．微波炉

C．传统固定电话　　D．AP

二、填空题

1．IEEE 802.11 标准使用的传输技术主要有________、________、________。

2．干扰发生的时候可以采用调整________的方式来降低干扰。

3．RF 频段分为有许可证和无许可证，WLAN 标准中使用的两个 RF 频段是________许可证频段。

4．ISM 5GHz 频段有________个独立信道。

5．无线局域网利用________技术取代双绞铜线所构成的局域网络。

6．OFDM 的中文全称为________，是一种无线环境下的高速传输技术。

7．中国 5.8GHz 无线局域网的工作频率范围是 5.725～5.850GHz，它可以提供________个互不干扰的通信信道，每个信道的带宽为________。

8．为了保证相邻 AP 的覆盖不产生干扰，要求它们的信道间隔至少为 25MHz，互不干扰的信道有________个。

三、判断题

1．无线信号能够通过空气进行传播。（　　）

2．电磁波的频段通常是指一个频率范围。（　　）

3．正在使用的微波炉可能会对 WLAN 信号产生干扰。（　　）

4．DSSS 是直接扩频序列的缩写。（　　）

5．中国 WLAN 采用 2.4～2.4835GHz 频段。（　　）

6．WLAN 设备只能工作在 2.4GHz 频段中。（　　）

7．微波传播方式有反射、折射、绕射、散射以及它们的合成。（　　）

8．当同一区域使用多个 AP 时，通常使用 1、6、11 信道。（　　）

9．人们把具有远距离传输能力的高频电磁波称为射频（RF），范围是 300kHz～30GHz。（　　）

四、设计题

为保证信道之间不相互干扰，2.4GHz 频段要求两个频道的中心频率间隔不能低于 22 MHz，推荐 1、6、11 这 3 个信道交错使用，请设计图 2-67 所示的 2.4GHz 蜂窝的频率规划，并将信道编号填写在圆圈内。

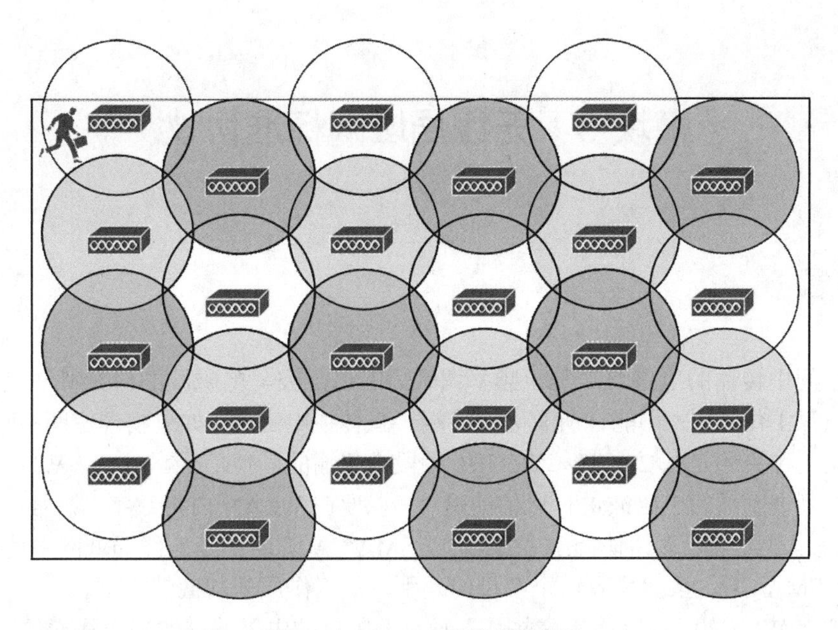

图 2-67　2.4GHz 频带信道设计

模块 3　无线局域网标准协议

学习情景

物理空间中传输的电磁波是基于频率调制后的电磁波。电磁波的自身特性决定了它总是采用半双工工作方式；不能让所有无线终端一直传播电磁波；如果物理空间中噪声很高，很难确定这是冲突还是在 2.4GHz 或 5GHz 频段内传输的其他信号。由此，WLAN 中确实需要一种控制调制后的电磁波进行通信的机制，以便在 WLAN 内将数字信息插入其中。在 WLAN 中使用载波侦听多路访问/冲突避免（CSMA/CA），而不是有线局域网中使用的介质访问控制 CSMA/CD，虽然只有一个字母的差别，但工作原理却截然不同。

为了能在 WLAN 中规范使用这些基于频率调制后的电磁波来实现无线通信，并充分考虑和兼顾 WLAN 产品的互联互通，IEEE 的 802.11 系列标准、ETSI 的 HiperLAN1/HiperLAN2 标准提供了这一技术支持。其中，IEEE 802.11 系列标准是无线局域网的主流标准，先后定义了一系列设备之间通过无线方式进行通信的相关机制，包括 RF 信号、调制、编码、频带、信道、数据速率等要素。大家在购买 WLAN 设备时，常常会在产品的规范列表中发现 802.11a/b/g/n/ac 等修订版本名称，这些标准的持续改进使得 WLAN 的性能越来越强，如图 3-1 所示。

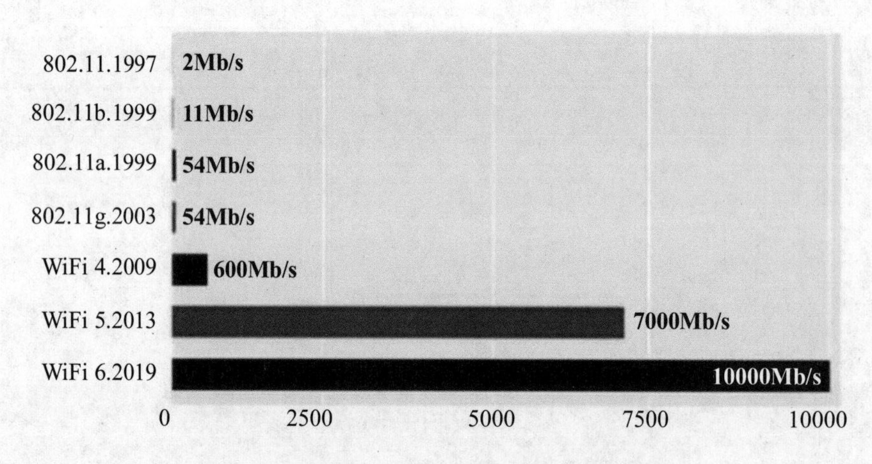

图 3-1　IEEE 802.11 系列标准通信速率的演进

IEEE 802.11-2007 修订版标准中同时定义了无线局域网的基本组成元素：基本服务集（BSS）、独立基本服务集（IBSS）、扩展服务集（ESS）等。由于 WLAN 使用无线媒介，必须通过一定手段使终端设备感知它的存在；同时，无线媒介是开放的，所有在其覆盖范围之内的用户都能监听到信号，因此需要加强 WLAN 的安全与保密性。为此，IEEE 802.11 协议规定了站点（STA）与接入点（AP）间的接入、认证和关联过程。

知识技能目标

通过对本模块的学习，读者应达到如下要求：

- 了解 802.11a/b/g 协议的特点。

- 掌握 802.11n/ac 协议提高无线传输性能的技术措施。
- 掌握 WLAN 的基本组成元素。
- 了解 WLAN 的介质访问控制方法和 MAC 帧格式。
- 掌握接入 WLAN 的工作过程。
- 能够根据 WLAN 应用场景规划合适的 802.11 协议。

3.1　无线局域网传输协议

最早的 IEEE 802.11 标准是在 1997 年发布的，后来又增加了很多修订内容。这些修订内容涉及 WLAN 的方方面面，包括 QoS、安全、射频度量、无线管理、更有效的移动性和大幅提升吞吐量等内容。

截至目前，大部分修订内容都已经融入到整体的 802.11 标准中。即便如此，这些修订版本依然存在，其原始的工作组名称仍然得到行业的广泛认可。例如，1999 年批准的 802.11b 修订版本早已在 2007 年就融入到 802.11 整体标准中。大家在购买 WLAN 设备时，常常会在产品的规范列表中发现 802.11a/b/g/n/ac 等修订版本名称。

3.1.1　802.11 系列标准

802.11 标准定义了设备之间通过无线方式进行通信的相关机制，包括 RF 信号、调制、编码、频带、信道、数据速率等要素。

这些标准的持续改进使得 WLAN 的性能越来越强，下面将依次介绍这些 802.11 修订版本，如表 3-1 所示。为了区别这些标准，将沿用它们的原始修订版本名称。

表 3-1　802.11 系列标准

标准名称	802.11b	802.11a	I802.11g	802.11n	802.11ac weave1	802.11ac weave2
标准发布时间	1999.9	1999.9	2003.6	2009.9	2013.12	2016
可用频宽	83.5MHz	300MHz	83.5MHz	83.5MHz 300MHz	300MHz	300MHz
非重叠信道	3	5	3	3+5	5	5
信道带宽	22MHz	20MHz	22MHz	20MHz/40MHz	20/40/80/MHz	20/40/80/160/80+80MHz
最高速率	11Mb/s	54Mb/s	54Mb/s	600Mb/s	1.3Gb/s	6.933Gb/s
受干扰概率	高	低	高	低	低	低
编码方式	CCK/DSSS	OFDM	CCK/OFDM	OFDM	OFDM	OFDM
编码效率	—	1/2、2/3、3/4	1/2、2/3、3/4	1/2、2/3、3/4、5/6	1/2、2/3、3/4、5/6	1/2、2/3、3/4、5/6
天线结构	1×1 SISO	1×1 SISO	1×1 SISO	4×4 MIMO	3×3 MIMO	8×8 MU-MIMO
兼容性	与 11g 产品可互通	与 11b/g 不能互通	与 11b 产品可互通	向下兼容 802.11a/b/g	向下兼容 802.11a/n	向下兼容 802.11a/n

1. IEEE 802.11a

1999 年，IEEE 802.11a 标准制定完成，该标准规定无线局域网工作频段为 5.15～5.825GHz，数据传输速率达到 54Mb/s。

2. IEEE 802.11b

1999 年 9 月，IEEE 802.11b 被正式批准，该标准规定无线局域网工作频段为 2.4～2.4835GHz，数据传输速率达到 11Mb/s。

3. IEEE 802.11g

IEEE 802.11g 标准是对 802.11b 的提速（速度从 802.11b 的 11Mb/s 提高到 54Mb/s）。

4. IEEE 802.11n

IEEE 802.11n 使用 2.4GHz 频段和 5GHz 频段，1IEEE 802.11n 标准的核心是 MIMO 和 OFDM 技术，传输速率为 300Mb/s，最高可达 600Mb/s。

5. IEEE 802.11ac

IEEE 802.11ac 的核心技术主要基于 IEEE 802.11a 和 IEEE 802.11n 标准，继续工作在 5GHz 频段。为了支持更高等级的数据速率，IEEE 802.11ac 物理层引入了更多关键技术，如更大的信道带宽、更高阶的调制编码方式和更多的空间流。

3.1.2 802.11a/b/g 之间的兼容性问题

一般情况下，时间靠后开发的产品性能要优于时间靠前的产品性能，但是从上面的介绍中不难发现高性能的 802.11a 出现的时间要早于低性能的 802.11b，这与产品开发逻辑是相背离的。产生这一问题的主要原因是，让所有 WLAN 产品都支持 802.11a 和 5GHz 频段需要投资新的硬件，这对用户来说是极其不利的，所以会出现一个过渡的 802.11b 协议标准。另外 802.11g 的吞吐量也明显优于 802.11b，选用 802.11g 可以实现更高的数据传输速率，但有时却无法做到，主要原因与协议之间的兼容性有关。

802.11a 设备（在 5GHz 频段上使用 OFDM 扩频技术）无法与 802.11b 和 802.11g 设备（在 2.4GHz 频段上使用 DSSS/OFDM 扩频技术）相互通信，但它们可以共存于同一物理空间，如图 3-2 所示。

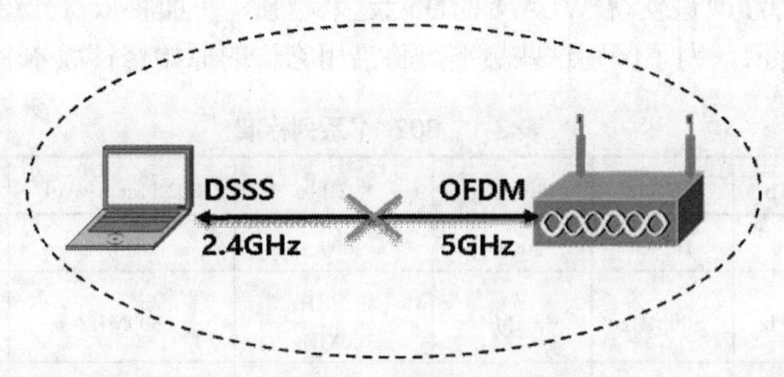

图 3-2　DSSS 与 OFDM 不能直接通信

从前面的学习内容中已经知道，DSSS 扩频技术使用 22MHz 的信道带宽，OFDM 扩频技术使用 20MHz 的信道带宽，所以 802.11a 和 802.11g 使用 20MHz 的信道带宽。2001 年，美国 FCC 允许在 2.4GHz 频段上使用 OFDM，因此 802.11 工作组在 2003 年制定了 802.11g 增强标准，定义了两种强制的物理层规范：ERP-DSSS/CCK 和 ERP-OFDM，由于 802.11g 增强标准是对 802.11b 的增强，故 802.11g 与 802.11b 都使用相同的信道带宽 22MHz。

所以从技术角度看，制定 802.11g 增强标准的主要目的是提高数据传输速率，仍然保持与 802.11b 的向后兼容性，即使用 802.11g 和 OFDM 的设备能够降级并理解 802.11b DSSS 消息。反之则不成立，802.11b 只能使用 DSSS，无法理解任何 OFDM 数据。换句话说，这两种技术可以共存，但不能直接互通。鉴于此，802.11g 增强标准也定义了保护机制，防止 802.11b 和 802.11g 设备同时传输数据，以确保两种技术不会相互干扰。

3.1.3 无线设备兼容性优化技术

如前所述，802.11a 和 802.11b 工作在不同的频段，采用不同的调制方式，当一个采用了 802.11b 的无线终端进入一个 802.11a 的覆盖区域时将无法和无线接入点建立连接。这种不同物理层标准导致的网络兼容性问题可以通过双频多模技术解决，如图 3-3 所示。

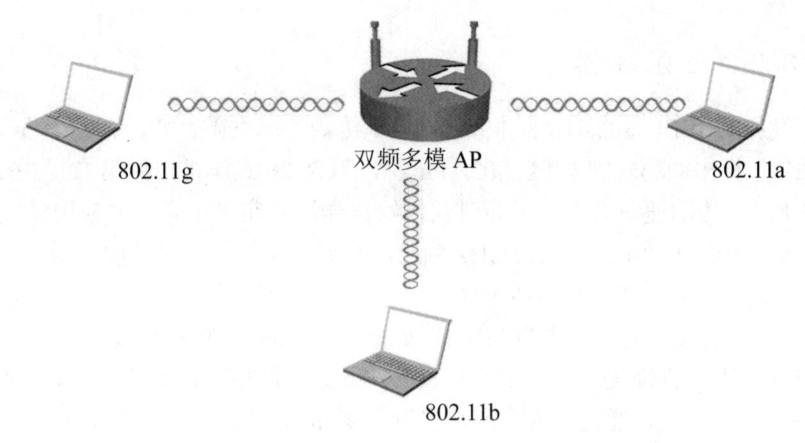

图 3-3 双频多模 WLAN 结构示意

双频是指同时支持 2.4GHz 和 5.8GHz 频段，双模是指同时支持 802.11b 和 802.11a 两种模式；三模是指同时支持 802.11b、802.11a、802.11g 这 3 种模式，即 AP 运行在两个频段，同时支持 802.11a/b/g 标准的 WLAN 自适应技术，就好像有线网络的“10/100M 自适应”一样。

3.1.4 802.11n 协议标准

802.11n 标准具有高达 600Mb/s 的速率，能够提供对带宽敏感应用的支持。为了达到更高的速率，802.11n 结合了多种技术，包括 MIMO、20MHz 和 40MHz 信道聚合、支持双频段（2.4GHz 和 5GHz）等。其中，MIMO 技术能够在不增加带宽的情况下成倍提高通信系统的容量和频谱利用率，是无线移动通信领域智能天线技术的重大突破。MIMO 系统可以创造多个并行空间信道，解决带宽共享的问题。

802.11n 天线数量可以支持到 3×3 个，比 802.11g 的天线数量增加了 3 倍。802.11n 产品能够在包含 802.11g 和 802.11b 产品的混合模式下运行，并且具有向下的兼容性。在一个 802.11n 无线网络中，接入用户可以包括 802.11b、802.11g 和 802.11n 的用户，所有用户都用自己的标准同时与无线接入点进行通信。也就是说，在连接过程中，所有类型的传输可以实现共存，从而能够更好地保障用户的投资。由此可见，802.11n 拥有比 802.11g 更好的兼容性。802.11n 标准具有以下特点：

（1）提升传输速率。802.11n 可以将 WLAN 的传输率提高至 108Mb/s，甚至高达 600Mb/s，即在理想状态下 802.11n 提供的传输速率要比 802.11g 高 10 倍。

（2）扩大覆盖范围。802.11n 采用智能天线技术，多组独立天线组成天线阵列系统，动态地调整波束的覆盖方向（也就是支持波束成形技术），可减少其他噪声信号的干扰，保证用户可以接收到稳定的信号，覆盖范围可扩大至数平方千米。这使得原来需要多台 802.11g 设备才能覆盖的地方，现在只需要一台 802.11n 产品即可，不仅大大增强了移动性，还减少了原来多台 802.11g 设备交叉覆盖出现的信号盲区。

（3）全面兼容各标准。802.11n 通过采用软件无线电技术，解决了不同标准采用不同的工作频段、不同的调制方式所造成的系统间难以互通、移动性差等问题。这样不仅保障了与以往的 802.11a、802.11b、802.11g 标准的兼容，还实现了与无线广域网的结合，极大地保护了用户的投资。软件无线电技术使得 WLAN 的兼容性得到极大改善，将根本改变网络结构，实现无线局域网与无线广域网的融合，同时还能容纳各种标准、协议，提供更为开放的接口，最终大大提高网络的灵活性。

3.1.5 802.11ac 协议标准

2009 年发布的 IEEE 802.11n 标准使 WLAN 传输速率突破百兆，强劲地推动了 WLAN 的发展。2013 年推出的第一波 IEEE 802.11ac 标准以及 2016 年推出的第二波 IEEE 802.11ac 标准使得 WLAN 传输速率进入了千兆时代，给终端用户带来了更佳的应用体验。802.11ac 的核心技术源于 802.11a，仅工作在 5GHz 频段，有更多的信道可以使用，减少了 WLAN 设备相互间的干扰，从而提高了 WLAN 的稳定性。

802.11ac 第一波技术通过提供 80MHz 带宽和 3 条空间流，物理传输速率达到了 1.3Gb/s，相对于 802.11n 产品，性能提升了 3 倍。而 802.11ac 第二波技术，在发送波束成形（Transmit Beamforming）的基础上，通过引入多用户多输入多输出（Multi-User Multiple Input Multiple Output，MU-MIMO）技术使采用该技术的产品能够同时与多个用户设备进行通信，从而提高了网络性能。

1. 支持多用户多输入多输出（MU-MIMO）

802.11n 包括 802.11ac wave 1 支持 SU-MIMO，也就是单用户多输入多输出，一个 AP 同一时刻只能和一个无线终端通信。而 802.11ac wave 2 的 AP 支持 MU-MIMO，也就是同一时刻能够和多个终端同时通信，提高了通信效率。

2. 支持 160MHz 信道带宽，提供更高的性能

802.11ac wave 1 最大支持 80MHz 信道带宽，802.11ac wave2 最大支持 160MHz 信道带宽（连续 160MHz，或者 2 个非连续的 80MHz 组成）。

3. 提供更高的空间流

通常空间流越多，独立处理数据的路数就越多，速率也越高。802.11ac wave 1 一般情况下最多支持 3 条空间流，而 802.11ac wave 2 最多可以支持 8 条空间流。802.11n 与 802.11ac 的区别如图 3-4 所示。

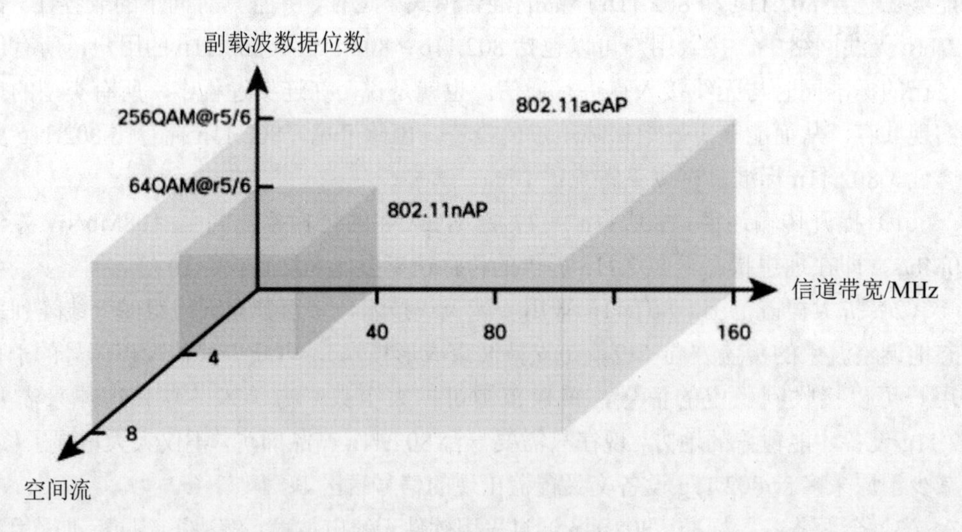

图 3-4 802.11n 与 802.11ac 的区别

3.1.6 波束成形技术的应用

波束成形（Beamforming）技术是一种通用信号处理技术，用于控制射频信号传播的方向和射频信号的接收，基本原理是，发射端对数据先加权再发送，形成窄的发射波束，将能量对准目标用户，从而提高目标用户的解调信噪比，如图 3-5 所示。

图 3-5　波束成形技术原理

波束成形技术是 WLAN 802.11n 标准的可选部分，思科的家用无线路由器提供了对这一技术的支持。应用波束成形技术，在速率提升方面有直接效果。下面介绍在 Packet Tracer 7.3 中如何使用这一技术。搭建如图 3-6 所示的网络拓扑，无需任何配置，客户端 PC 就能连上无线路由器，此时将光标移至 PC 上，就能看见 PC 连上无线路由器的最佳通信速率为 300Mb/s，如图 3-7 所示，速度是比较高的，还能不能进一步提升呢？

图 3-6　波束成形技术验证拓扑图

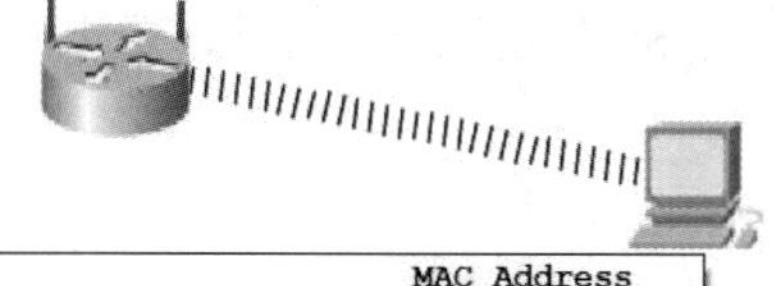

```
Port         Link    IP Address            IPv6 Address                          MAC Address
Wireless0    Up      192.168.0.100/24      <not set>                             0030.A34B.E98D
Bluetooth    Down    <not set>             <not set>                             0001.42D6.3AC5

Gateway: 192.168.0.1
DNS Server:  <not set>
Line Number:  <not set>

Wireless Best Data Rate: 1300 Mbps
Wireless Signal Strength: 80%

Custom Device Model: Wireless PC

Physical Location: Intercity, Home City, Corporate Office
```

图 3-7　默认情况下的通信速率

打开无线路由器配置界面，选择 GUI→Wireless（无线）→Advanced Wireless Settings（高级无线设置），将滚动条向下拉，选中 Beamforming（波束成形）中的 Enable 选项，最后将滚动条拉至最下端，单击“保存”按钮使配置生效。

再次将光标移至 PC 上，发现 PC 连上无线路由器的最佳通信速率为 900Mb/s，如图 3-8 所示，足足提高了 3 倍。由此可以看出，波束成形技术在提高通信速率方面效果非常明显，可以极大地提高无线用户的体验。

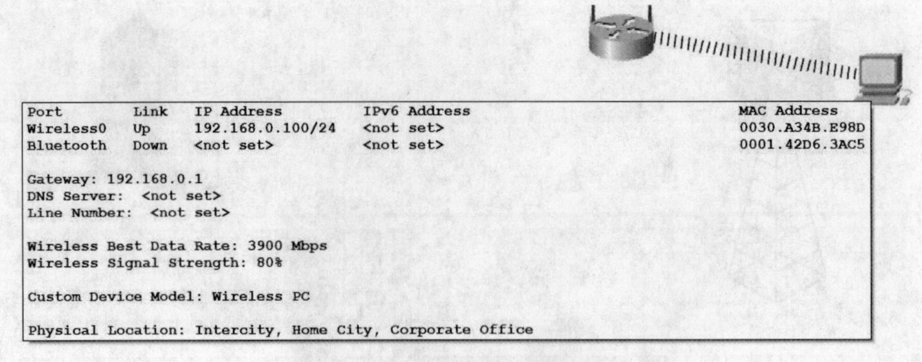

图 3-8 波束成形技术的应用效果

3.2 无线局域网组成元素

在本节的学习过程中会接触基本服务集、基本服务集标识、独立基本服务集、服务集识别码、扩展服务集、扩展服务集标识等术语，它们被称为 WLAN 的基本组成元素。理解和掌握这些概念对后续学习无线局域网的 MAC 子层管理、漫游等内容是极其重要的。

3.2.1 基本服务集

无线局域网的最小构成单位是基本服务集（Basic Service Set，BSS），相当于一个无线单元，如图 3-9 所示。BSS 所覆盖的地理范围称为基本服务区（Basic Service Area，BSA），在该覆盖区域内的成员站点之间可以保持相互通信，只要无线接口接收到的信号强度在 RSSI 阈值之上，就能确保站点在 BSA 内移动而不会失去与 BSS 的连接。由于周围的环境经常会发生变化，BSA 的尺寸和形状并不总是固定不变的。每个 BSS 都有一个基本服务集标识（Basic Service Set Identifier，BSSID），它是每个 BSS 的二层标识符，实际上就是 AP 无线射频卡的 MAC 地址，用来标识 AP 所管理的 BSS。BSSID 位于大多数 802.11 无线帧的帧头，用于 BSS 中的 802.11 无线帧转发。同时，BSSID 还在漫游过程中起着重要作用。一个 BSS 就是一个冲突域，属于同一 BSS 的设备共享一个无线信道。

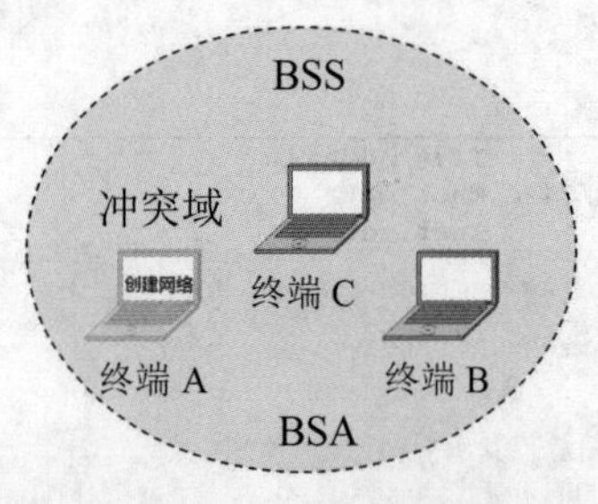

图 3-9 基本服务集

3.2.2 独立基本服务集

完全由工作站组成的 BSS 称为独立基本服务集（Independent BSS，IBSS），如图 3-10 所示，由两个站点组成的 IBSS 就是最简单的 802.11 网络。

通常情况下，IBSS 是由少数几个站点为了特定目的而组成的暂时性网络。例如，在会议开始时，参会人相互形成一个 IBSS 以便传输数据，当会议结束时 IBSS 随即瓦解。正因为持续时间不长，规模小而且目的特殊，IBSS 结构网络有时被称为 Ad-Hoc 网络。“Ad-hoc”是拉丁文，意为“为眼前的情况而不考虑更广泛的应用”。另外，由于 IBSS 中的通信过程具有点对点特性，因此也被称为点对点网络。

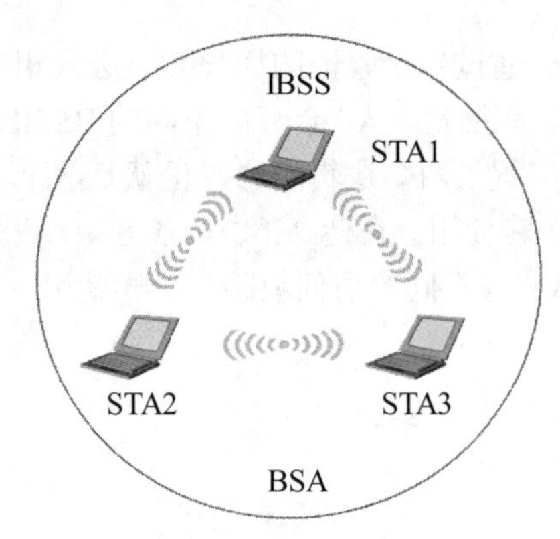

图 3-10　独立基本服务集

实际的 IBSS 是由一台终端创建、其他终端加入形成的。为确保 IBSS 通信成功，所有客户端必须使用同一信道收发数据，所有客户端必须共享同一个 BSSID。还需要注意的是，每个 IBSS 都会产生一个 BSSID 地址，前面介绍过，BSSID 定义为 AP 无线射频卡的 MAC 地址。那么对于不存在接入点的 IBSS 拓扑结构而言，如何确定它的 BSSID 呢？在这种情况下，第一个启动 IBSS 的客户端将以 MAC 地址的格式随机产生一个 BSSID，它是一种虚拟的二层 MAC 地址，用于标识 IBSS 的身份。

3.2.3　基础架构基本服务集

由于对工作在 ISM 频段的电磁波的能量有严格限制，因此从一个终端发射的电磁波的传播范围不可能很大，这就限制了 IBSS 的应用。为此，可以使用 AP 来扩展无线网络的覆盖范围，把 BSS 中包含单个 AP 及若干 STA 所构成的网络称为基础架构基本服务集（Infrastructure BSS），如图 3-11 所示。

在 Infrastructure BSS 内，STA 必须匹配 AP 的服务集识别码（Service Set ID，SSID）。SSID 是区别 WLAN 的一个标识，用来建立和维持连接，可供用户进行配置。SSID 由最多 32 个大小写敏感的字母、数字式字符组成，配置在所有 AP 及 STA 的无线网卡中，如图 3-12 所示。

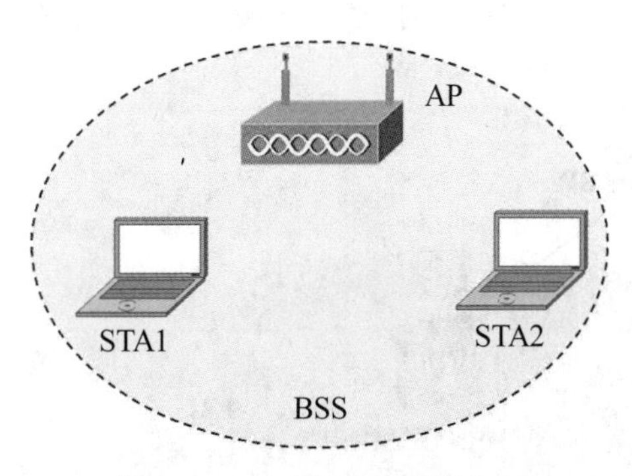

图 3-11　基础架构基本服务集

图 3-12　无线网络中的 SSID

需要注意的是，大部分 AP 具备隐藏 SSID 的能力，隐藏后的 SSID 只对合法终端用户可见。虽然 802.11-2007 标准并没有定义 SSID 隐藏，但许多管理员仍然将 SSID 隐藏来作为一种简单的安全手段使用。

另外，SSID 与 BSSID 是有区别的。SSID 是一个用户可配置的无线局域网逻辑名，而 BSSID 是硬件厂商提供给 AP 无线射频卡的 MAC 地址。早期的 802.11 芯片只能创建单一 BSS，即为用户提供一个逻辑网络。随着 WLAN 用户数目的增加，单一逻辑网络无法满足不同种类用户的需求。多 SSID 技术可以将一个无线局域网分为几个子网络，每个子网络都需要独立的身份验证，只有通过身份验证的用户才能进入相应的子网络，这样可以防止未被授权的用户进入本网络。相应地，AP 会分配不同的 BSSID 来对应这些 SSID。

如图 3-13 所示，AP 上配置了两个逻辑网络，也就是两个 SSID。其中，“Internal”供内部员工使用，“Guest”供访客使用。在此 AP 中，各 SSID 被分别关联至不同的虚拟局域网（VLAN），而不同的 VLAN 有不同的访问权限。这样就用一个 AP 实现了不同用户的无线接入。

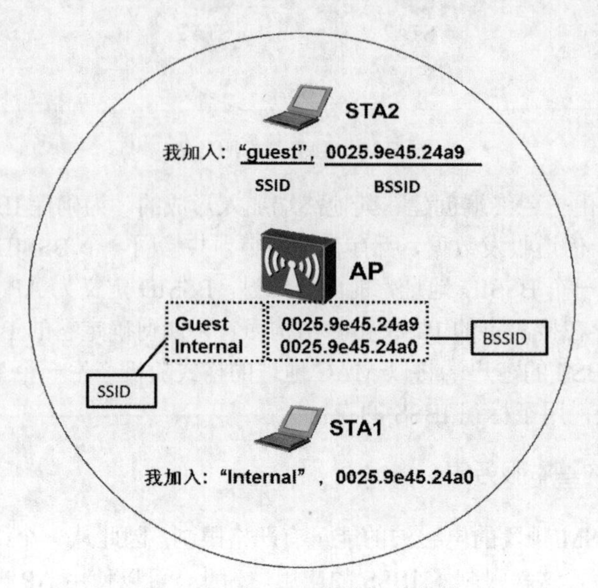

图 3-13　多 SSID 网络拓扑结构

3.2.4　扩展服务集

由单个 BSS 组成的 WLAN 的作用范围很小，为了扩大其覆盖范围，可以构建多个 BSS，并通过分布系统（DS），即骨干网络，将这些 BSS 连接在一起，构成扩展服务集（Extended Service Set，ESS）。

最常见的 ESS 由多个接入点构成，接入点的覆盖小区之间部分重叠，以实现客户端的无缝漫游。大部分厂商建议，小区之间的重叠面积至少应保持在 15%～25%，如图 3-14 所示。

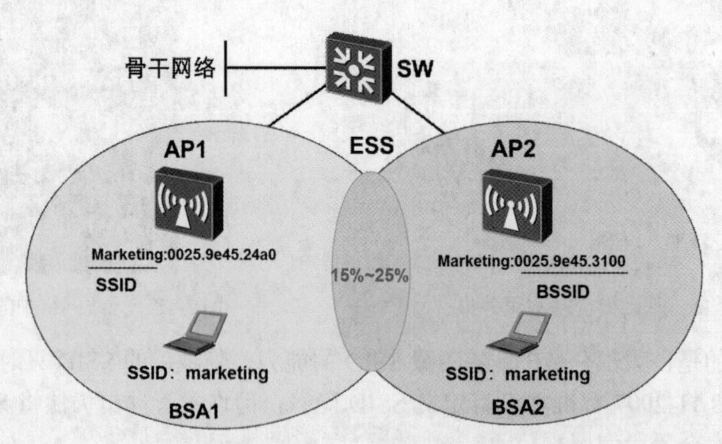

图 3-14　ESS（无线信号重叠）网络拓扑图

ESS 的第二种部署方式是，接入点的覆盖小区不存在任何重叠，如图 3-15 所示。在这种部署中，客户端离开第一个接入点所在的 BSA 时将暂时失去连接，并在进入第二个接入点的覆盖范围后重新建立连接。这种客户端在非重叠小区之间移动的方式称为游动漫游。

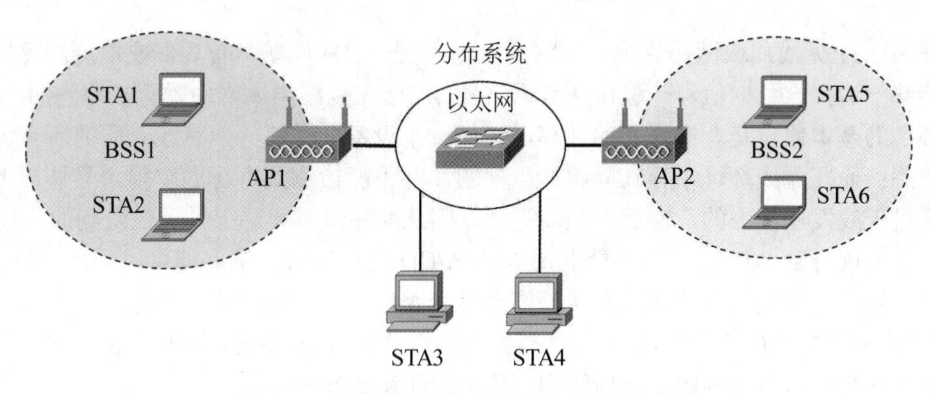

图 3-15　ESS（无线信号无重叠）网络拓扑图

ESS 部署的第三种情况是，多个接入点的覆盖小区完全重合，如图 3-16 所示，目的是增加覆盖区域的容量，但不同接入点必须配置在不同的信道上。

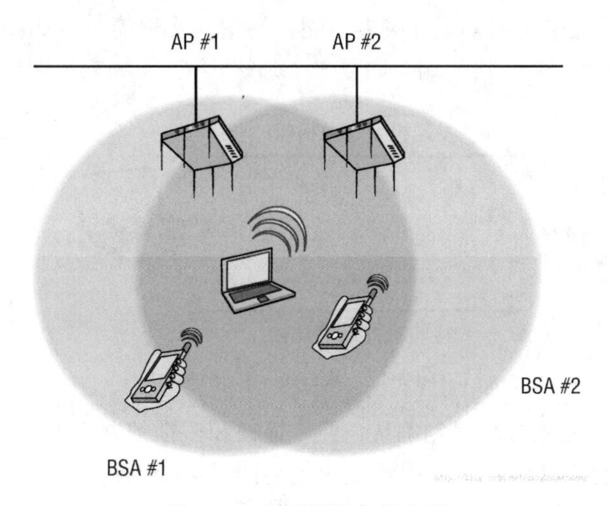

图 3-16　扩展服务集的应用

一般而言，ESS 是若干接入点和与之建立关联的站点的集合，ESS 内的每个 AP 都组成一个独立的 BSS，在大部分情况下所有 AP 共享同一个扩展服务区标识（Extended SSID，ESSID），ESSID 本质上就是 SSID。同一 ESS 中的多个 AP 可具有不同的 SSID，但如果要求 ESS 支持漫游，则 ESS 中的所有 AP 必须共享同一个 ESSID。

3.3　无线局域网介质访问控制

802.11 的数据链路层分为两个子层：逻辑链路控制（LLC）层和介质访问控制（MAC）层。使用与 802.2 完全相同的 LLC 层和 48 位 MAC 地址，使得无线和有线之间的桥接非常方便。MAC 层又分为 MAC 子层和 MAC 管理子层，它作为数据链路层的构建技术，决定了 802.11 的吞吐量、网络延时等特性。

MAC 是描述各种不同媒体访问方法的通用术语。早期的大型主机使用轮询方法，按顺序检查每一个终端是否有数据要处理，之后令牌传送和竞争的方法也被用于媒体访问。以太网中使用 CSMA/CD 媒体访问控制方法，该方法是否适合 WLAN 环境呢？下面就如何接入受控的无线传输媒体的问题进行讨论。

3.3.1　802.11 中不能使用 CSMA/CD

在以太网中所有的节点共享传输介质，采用 CSMA/CD 协议，检测和避免当两个或两个以上的网络设备同时需要进行数据传送时产生的冲突。

在 802.11 无线局域网协议中，冲突的检测存在一定的问题。首先，要检测冲突，设备必须能够一边接收数据信号一边传送数据信号，而这在无线局域网中是无法办到的。其次，有线环境的基本假设是介质真正的共享，任何一个设备发送信号，有线介质的所有设备都能侦听到；而在无线环境中存在隐藏站点问题，并不能检测到真正的空闲。另外，无线电波是通过天线发送出去的，自己无法监测到，因此冲突检测实际上是无法做到的。

以上原因导致 802.11 网络不能利用 CSMA/CD 进行冲突检测，但可以采用 CSMA/CA 进行冲突避免。载波侦听用来检测传输媒介是否繁忙，多路访问用来确保每一个无线终端可以进行公平的媒介访问（但每次只能有一个终端传输），冲突避免意味着在指定时间内只有一个无线终端可以得到媒介访问能力，希望借此避免冲突。

3.3.2 冲突检测

前面提到 802.11 无线终端由于无法同时发送和接收数据，因此无法检测冲突的发生。如果无法检测冲突，那么又如何知道冲突发生呢？答案其实很简单。如图 3-17 所示，802.11 无线终端每传输一个单播帧，接收端会回复一个确认（ACK）帧来证明该帧已经被正确接收。

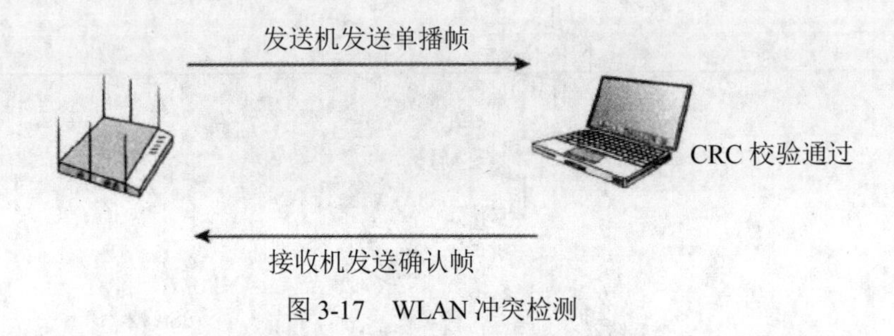

图 3-17 WLAN 冲突检测

大多数 802.11 单播帧必须得到确认，但广播帧和多播帧并不要求确认。如果单播帧遭到任何损坏，CRC 将会失败，无线接收端也不会回复 ACK 帧。如果发送端没有收到 ACK 帧，即单播帧未得到确认，该帧就不得不重传。

有的读者可能认为，这个过程并没有确定是否发生冲突。实际上，如果发送端没有收到 ACK 帧，就假设冲突发生了。此时，ACK 帧被认为是无线帧成功交付的证据，如果没有确认传输成功的证据，发送端就假定传输失败，然后重传。

3.3.3 CSMA/CA 工作过程

1. MAC 子层的主要功能

MAC 子层的主要功能是通过 MAC 帧来保障无线介质上数据的可靠传输，有两种访问控制机制来实现公平访问共享的无线介质。一种是分布协调功能（Distributed Coordination Function，DCF），在每一个节点使用 CSMA 的分布式接入算法，让各个无线站通过争用信道来获取发送权，向上提供争用服务；另一种是点协调功能（Point Coordination Function，PCF），使用集中控制的接入算法，向上提供无竞争的服务，用类似于探询的方法把发送数据权轮流交给各个无线站，从而避免冲突的发生，如图 3-18 所示。

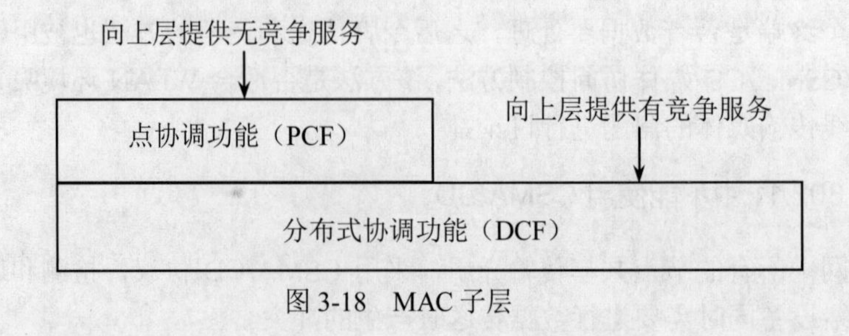

图 3-18 MAC 子层

2. 不同类型的帧间间隔

为了尽量避免冲突发生，不同类型的报文可以通过采用不同帧间间隔（IFS）的时长来区分访问介质的优先级，最终的效果是控制报文比数据报文优先获得介质发送权，接入点比主机优先获得介质发送权。各帧间间隔用途如下：

（1）SIFS（Short IFS）：用于优先级最高的时间敏感的控制报文（如请求发送 RTS，允许发送 CTS、ACK）。

（2）PIFS（PCF IFS）：用于接入点发送报文。

（3）DIFS（DCF IFS）：用于一般的主机发送报文。

它们之间时间间隔大小的关系为：SIFS<PIFS<DIFS。

3. CSMA/CA 的工作原理

为了能确保每次只有一个无线终端在传输而其他终端处于侦听状态，必须在节点上使用 CSMA/CA 机制。这种协议实际上是无线终端在发送数据之前对无线信道进行预约。下面以一个具体实例来说明基于 DCF 的数据传输过程。在图 3-19 所示的无线网络拓扑结构图中，假定终端 A 需要向终端 C 发送数据，终端 B 需要向 AP 发送数据。

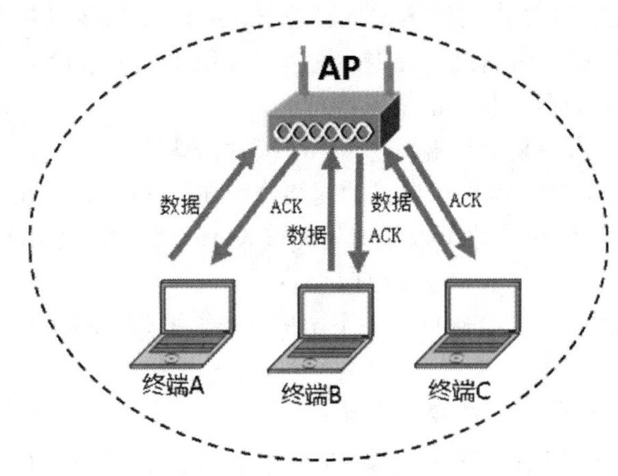

图 3-19　无线终端数据传输拓扑图

基于 DCF 的数据传输过程如图 3-20 所示。

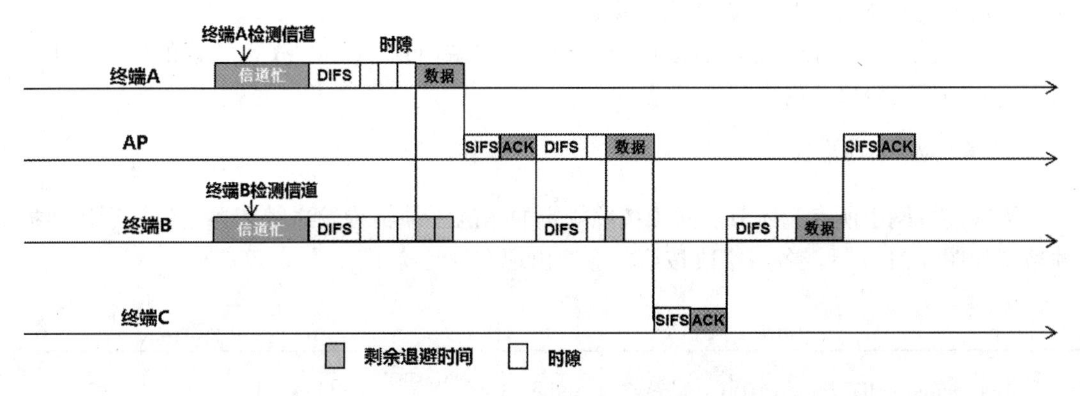

图 3-20　CSMA/CA 工作原理

（1）信道检测。终端 A 和终端 B 检测信道，若发现信道处于忙状态，则必须延迟发送，直到检测到一个长达 DIFS 的介质空闲期之后，启动随机访问退避规程，各自随机选择退避时间。终端 A 选择的退避时间为 3 个时隙，终端 B 选择的退避时间为 5 个时隙。

（2）源终端 A 向 AP 发送数据。在信道空闲并持续 DIFS 后，终端 A 和终端 B 开始进入退避时间。终端 A 先结束退避时间，由于终端 A 至终端 C 的传输路径是：终端 A→AP→终端 C，因此终端 A 在结束退避时间后，开始向 AP 发送数据帧，导致信道由空闲转变为忙，使终端 B 停止退避时间定时器，此时终端 B 还剩余 2 个时隙的退避时间。为了体现公平性，终端 B 在下一次争用信道的过程中将使用剩余的退避时间，而不再重新选择新的退避时间。

（3）AP 向目的终端 C 发送数据。AP 接收到终端 A 发送给它的数据帧，经过 SIFS（确保控制帧优先发送），向终端 A 发送确认应答 ACK。同时，AP 也同样需要经过信道争用过程，将终端 A 发送给它的数据帧发送给终端 C。因为 AP 不是第一次发送 MAC 帧，所以自动随机选择退避时间，并在信道持续空闲 DIFS 后，进入退避时间。假定 AP 选择的退避时间是 1 个时隙，由于终端 B 剩余的退避时间是 2 个时隙，因此 AP 先结束退避时间，向终端 C 发送数据。

终端 C 在接收到 AP 发送给它的数据帧后，经过 SIFS，向 AP 发送 ACK。终端 B 在信道持续空闲 DIFS 后，进入退避时间，并经过 1 个时隙的退避时间后，向 AP 发送数据帧。AP 接收到终端 B 发送给它的数据帧后，经过 SIFS，向终端 B 发送 ACK。

如果终端 A 和终端 B 选择的退避时间相等，假定都是 3 个时隙，则终端 A 和终端 B 同时发送数据。由于冲突发生，AP 接收不到正确的数据帧，不可能向终端 A 或终端 B 发送 ACK，因此终端 A 或终端 B 的重传定时器溢出。终端 A 和终端 B 分别增大争用窗口，并重新在增大后的争用窗口内随机选择退避时间。争用窗口分别增大一倍后，终端 A 和终端 B 随机选择的退避时间会以相等的概率降低。

在同一无线局域网内，某个终端发送 MAC 帧时，其他终端都侦听并接收该 MAC 帧，用该 MAC 帧的持续时间字段值更新自己的网络分配向量（NAV），但只有 MAC 地址和该 MAC 帧接收端地址相同的终端才可以继续处理该 MAC 帧，其他终端将丢弃该 MAC 帧。

4. CSMA/CD 与 CSMA/CA 的区别

CSMA/CD 与 CSMA/CA 虽然只有一个字母之差，但两者有本质的区别，具体体现在以下几个方面：

（1）CA 是冲突避免，CD 是冲突检测。

（2）载波检测方式不同：CSMA/CD 利用电压的变化来检测，CSMA/CA 采用能量检测、载波检测和能量载波混合检测 3 种方法。载波检测由物理载波检测和虚拟载波检测构成。物理载波检测在物理层对接收天线的有效信号进行检测，虚拟载波检测在 MAC 子层完成，这一过程体现在 NAV 的更新之中。

（3）对于传输距离、空旷程度的影响和隐藏终端问题，CSMA/CA 协议的信道利用率低于 CSMA/CD 协议的信道利用率。

3.3.4 MAC 帧格式

无线局域网中所有无线节点必须按照规定的 MAC 帧结构发送帧和接收帧。通用数据帧格式如图 3-21 所示，各个字段按给定顺序出现在帧结构中。

2	2	6	6	6	2	6	0～2312	4 B
Frame Control	Duration/ID	Address1	Address2	Address3	Sequence Control	Address4	Frame Body	FCS
帧控制域	持续时间/关联标识符	地址域			序列控制域	地址域	帧体	校验域
MAC 首部								

图 3-21 通用数据帧格式

帧通常由以下 3 个部分组成：

（1）MAC 首部：最大 34B（IEEE 802.11n 的 MAC 帧首部最大 36B），帧的复杂性主

要体现在帧的首部。

（2）帧体：也就是帧的数据部分，为可变长度，最大长度为 2312B（IEEE 802.11n 的帧主体最大长度为 7955B ）。

（3）校验域：是位于帧尾部的校验序列，共 4B，使用 32bit 的循环冗余检验方式。

需要注意的是，并不是所有类型的帧中都必须出现这些字段。

1. 帧控制域字段

帧控制域字段长 2B，由多个子字段组成，格式如表 3-2 所示。

表 3-2　帧控制域格式

协议版本	类型	子类型	To DS	From DS	多段标识	重传标识	功率管理	更多数据	WEP 标识	顺序
2bit	2bit	4bit	1bit	1bit	1bit	1bit	1bit	1bit	1bit	1bit

（1）协议版本。协议版本字段长度为 2 bit，目前已经发布的 IEEE 802.11 系列协议均相互兼容，因此版本字段被设置为“00”。仅当未来新修订版本与标准的原版本之间完全不兼容时才会修改此协议字段。

（2）类型和子类型字段。IEEE 802.11 MAC 帧按照功能的不同可分为数据帧（10）、控制帧（01）和管理帧（00）三大类。

- 数据帧。大部分 802.11 数据帧都携带来自高层协议的数据，常常出于数据保密的要求被加密。有些数据帧不携带任何数据，它们的存在是为了在基本服务集内进行特殊的媒介访问控制。数据帧子类型共有 15 种。
- 控制帧。控制帧是协助发送数据帧的控制报文，如 RTS、CTS、ACK 等报文，802.11 标准定义了 9 种控制帧子类型。
- 管理帧。802.11 管理帧负责站点和 AP 之间的交互、认证、关联等管理工作，如信标（Beacon）、探询（Probe）、认证（Authentication）、关联（Association）等。有线网络不需要管理帧，它可以通过物理连接电缆或断开网络电缆执行这项功能。而无线终端必须首先找到与其兼容的无线局域网（假设它们被允许连接），然后进行无线局域网认证，最后与无线局域网关联。802.11 标准和修订案中定义了 14 种管理帧子类型。

（3）To DS 和 From DS 字段。DS 代表分布式系统（即骨干网络系统），To DS 和 From DS 字段各占 1bit，组合起来共有 4 种含义，如表 3-3 所示。

表 3-3　To DS 和 From DS 字段

To DS	From DS	含义
0	0	在一个独立基本服务集中，从一个站点直接发往另一个站点的相关管理与控制帧
0	1	一个离开分布式系统或者由无线接入点中端口接入实体所发送的数据帧
1	0	一个发往分布式系统或者与无线接入点相关联的站点发往接入点中端口接入实体的数据帧
1	1	该帧从一个无线接入点发送到另一个无线接入点

（4）多段标识字段。多段标识字段长度为 1bit，其置为“1”时表示当前的这个帧属于一个帧的多个分片之一，但不是最后一个分片。

2. 持续时间/关联标识符字段

持续时间/关联标识符字段占 16bit。最高位为“0”时该字段表示持续期，这样除了最高位以外还有 15bit 来表示持续期，因此持续期不能超过 2^{15}-1=32767，单位为 ms，其被用于更新 NAV。

3. 顺序控制字段

序列控制字段用于解决接收端 MAC 帧重复接收的问题。

4. 地址域

IEEE 802.11 网络节点按照功能和位置可分为 4 类：源端、传输端、接收端和目的端。与之对应的 4 类地址分别为源地址（Source Address，SA）、发送端地址（Transmitter Address，TA）、接收端地址（Receiver Address，RA）和目的端地址（Destination Address，DA）。

IEEE 802.11 数据帧最特殊的地方就是有 4 个地址字段，这 4 个字段的内容可能为以下 MAC 地址：RA、TA、DA 和 SA。通常 802.11 帧只使用前 3 个地址字段，地址 4 字段仅用于无线分布系统（WDS）中。

4 个地址字段的含义与“To DS”和“From DS”两个字段有关（见表 3-3）。两个字段合起来有 4 种组合，用于定义 IEEE 802.11 帧中几个地址字段的含义，如表 3-4 所示。其中，地址 1 总是预定接收端的地址，地址 2 总是发送帧的发送端地址。如果 RA 不是最终的接收端，那么地址 3 字段将包含最终目的地的地址。同样，如果 TA 不是源端，那么地址 3 字段将包含原始的源地址。

表 3-4 数据帧地址格式

场景	To DS	From DS	地址 1	地址 2	地址 3	地址 4
IBSS (Ad-Hoc)	0	0	RA=DA	TA=SA	BSSID	（N/A）
AP→STA	0	1	RA=DA	TA=BSSID	SA	（N/A）
STA→AP	1	0	RA=BSSID	TA=SA	DA	（N/A）
WDS	1	1	RA	TA	DA	SA

下面结合具体应用场景来举例说明表 3-4 中各个地址的含义。

（1）IBSS 中两个终端通信。如图 3-22 所示，STA1 是源终端和发送端，STA2 是目的终端和接收端，地址 1 字段是目的终端的 MAC 地址，地址 2 字段是源终端的 MAC 地址，地址 3 字段为 BSSID，是创建 IBSS 时产生的 48 位随机数，用于唯一标识该 IBSS，并过滤非此 IBSS 的帧。To DS 和 From DS 两个控制位均置为 0。

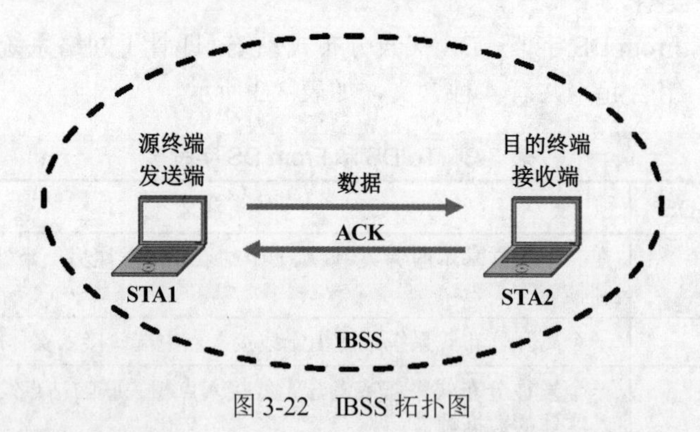

图 3-22 IBSS 拓扑图

（2）BSS 中两个终端通信。

1）源终端 A→AP。如图 3-23 所示，源终端和发送端都是终端 A，接收端是 AP，信号从无线链路向 AP 发送，所以 To DS 和 From DS 控制位分别置为 1 和 0，发送的目的端为与 AP 相连的终端 B。地址 1 字段是 AP 的 MAC 地址，地址 2 字段是源终端 A 地址，地址 3 字段是目的终端 B 地址。

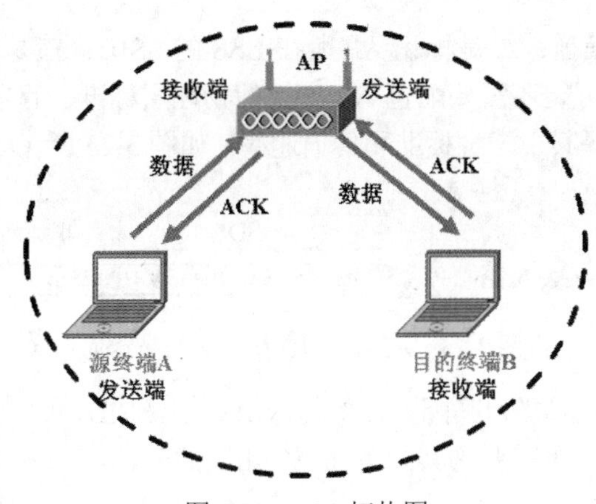

图 3-23 BSS 拓扑图

2）AP→目的终端 B。此时，源终端是终端 A，发送端是 AP，信号从 AP 向无线链路发送，所以 To DS 和 From DS 控制位分别置为 0 和 1，目的端和接收端为与 AP 相连的终端 B。地址 1 字段是目的终端 B 的 MAC 地址，地址 2 字段是 AP 的 MAC 地址，地址 3 字段是源终端 A 地址。

（3）WDS 中两个终端通信。在如图 3-24 所示的场景中，既有无线链路向 AP 发送信号，又有 AP 向无线链路发送信号，4 个地址都被使用，To DS 和 From DS 两个控制位都置为 1。地址 1 字段是接收端地址，即无线网桥 2 的 MAC 地址；地址 2 字段是发送端地址，即无线网桥 1 的 MAC 地址；地址 3 字段是目的终端地址，即终端 F 的 MAC 地址；地址 4 字段是源终端地址，即终端 A 的 MAC 地址。

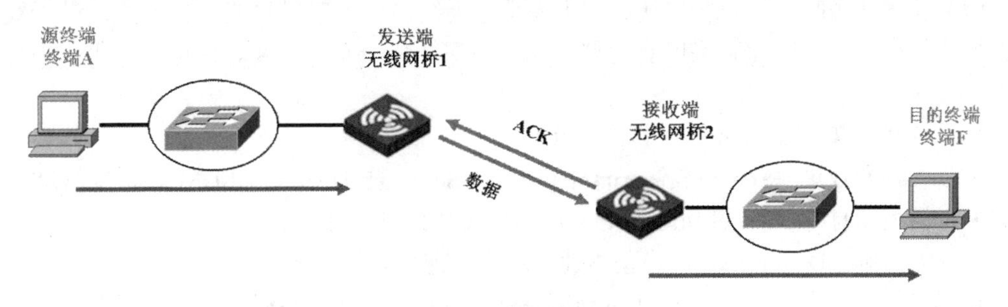

图 3-24 无线分布式系统

5. 帧体字段

帧体字段包含的信息根据帧的类型不同而不同，主要封装的是上层的数据单元，长度为 0～2312B，可以推出 802.11 帧的最大长度为 2346B。

6. 校验域字段

校验域字段包含 32 位循环冗余码。

3.4 无线局域网的接入控制

相对于有线网络，WLAN 存在以下特点：使用无线媒介，必须通过一定手段使无线终端感知它的存在，无线媒介是开放的，所有在其覆盖范围之内的无线终端都能监听到信号，需要加强安全与保密性。因此，IEEE 802.11 协议规定了 STA 与 AP 间的接入和认证过程。

3.4.1 BSS 的配置信息

在执行 STA 与 AP 的接入和认证之前，需要完成相关配置。配置某个 AP，需要配置三组信息，一是用于和终端通信的信道，一般在 1、6 和 11 信道中自动选择一个有效通信区域内其他 AP 没有使用的信道；二是标识 AP 所在 BSS 的 SSID；三是用于鉴别接入终端的密钥。当然，有些情况下可能还需要配置 AP 支持的物理层标准。目前，AP 能够根据终端网卡的物理层标准自动选择其中一种标准和传输速率，如图 3-25 所示。

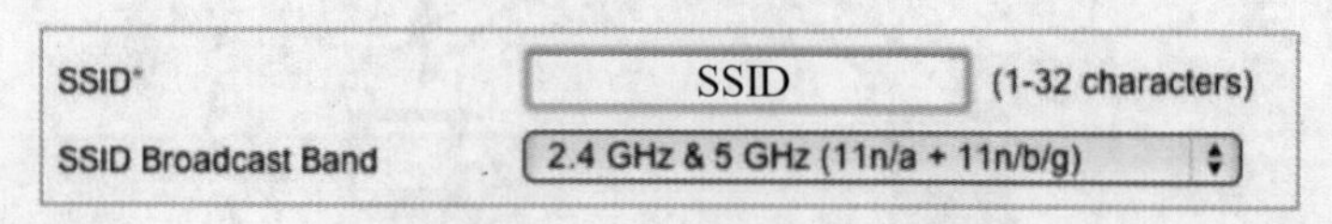

图 3-25 AP 中 SSID 和信道配置界面

配置某个授权终端，需要为其配置需要加入 BSS 的 SSID，如果 AP 需要通过密钥来确认终端是否为授权终端，还需要为其配置和 AP 相同的密钥，如图 3-26 所示。

图 3-26 无线局域网认证密钥配置界面

3.4.2 信标管理帧

信标管理帧是最重要的无线帧类型之一，通常也称为信标，可以将其看作无线网络的心跳。BSS 中无线 AP 发送信标，客户端侦听信标。客户端只会在加入 IBSS 时才发送信标，每个信标包含一个时间戳，客户端用它来保持与无线 AP 的时钟同步。由于成功的无线通信大多依赖于时序，因此确保所有通信终端之间保持同步非常必要。信标帧的主体中包含了如下一些内容：

- 时间戳（Time Stamp）：携带同步信息。
- 扩频参数集（Spread Spectrum Parameter Set）：指 DSSS、OFDM 等特定信息。
- 信道信息（Channel Information）：AP 或 IBSS 使用的信道。
- 数据率（Data Rates）：指基本速率和支持速率。
- 服务集能力（Service Set Capabilities）：额外 BSS 或 IBSS 参数。
- 服务集标识（SSID）：逻辑无线局域网名称。
- 健壮安全网络能力（Robust Security Network Capabilities，RSN）：临时密钥完整性协议（TKIP）或计数器模式+密码块链认证码协议（CCMP）等加密信息与认证方法。

信标帧包含了客户端加入 BSS 之前需要了解的所有必要信息。信标帧大约每秒传输 10 次左右，在某些 AP 上可以配置它的发送间隔，但不能禁用它。

3.4.3 同步过程

同步过程的首要任务是建立扫描报告。扫描报告中包含搜索到的 AP 使用的信道、AP 和终端配置的 SSID、AP 和终端支持的物理层标准、传输速率及其他有关 AP 的性能参数，如接收到的电磁波能量。终端可以通过被动扫描和主动扫描两种方式来完成扫描报告建立过程。

1. *被动扫描*

当用户需要节省电量时，可以使用被动扫描。被动扫描是指 STA 逐个信道搜索其附近 AP 周期性广播的信标帧，目的是获取接入该 BSS 所需要的参数。AP 通过选定信道周期性地发送信标帧，信标帧中包含有关该 BSS 的一些信息，如支持的物理层标准和传输速率等，如图 3-27 所示。

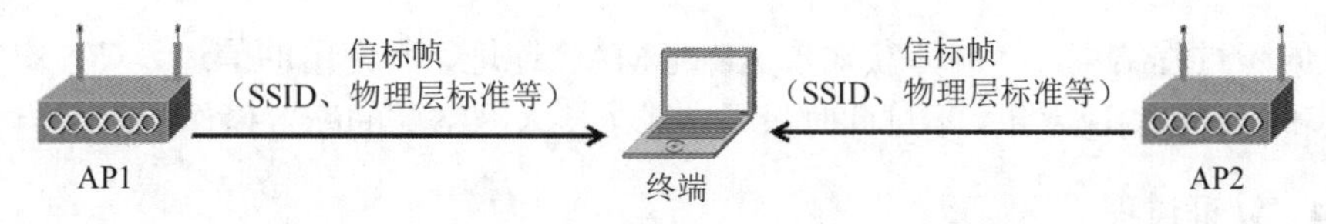

图 3-27　被动扫描过程

2. 主动扫描

13 个信道全部侦听一遍所需要的时间较长，AP 发送信标帧的间隔较长，使得被动扫描过程需要较长时间才能完成。终端为了加快信道同步过程，往往采用主动扫描。在主动扫描过程中，终端根据配置的信道列表逐个信道发送探测请求帧，然后等待 AP 回送探测响应帧，如果经过了规定时间还没有接收到来自 AP 的探测响应帧，则探测下一个信道，AP 接收到探测请求帧后，如果探测请求帧给出的 SSID 和自己的匹配（相同或都是广播 SSID），则回送探测响应帧，如图 3-28 所示。

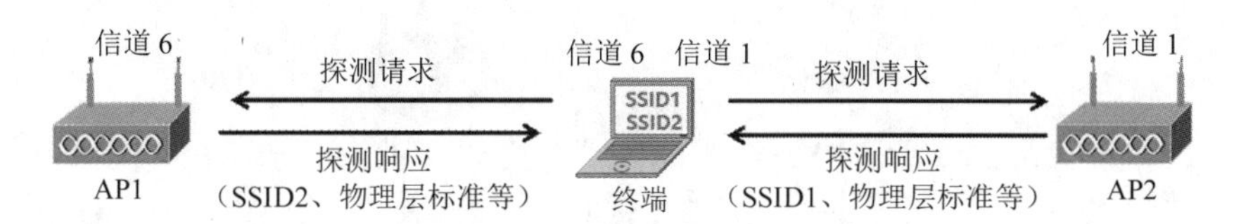

图 3-28　主动扫描过程

为了保证 AP 能够接收到探测请求帧，终端以最低数据传输速率发送探测请求帧，AP 也以相同的传输速率发送探测响应帧。

3. 无线终端与 AP 同步

与无线终端同步的 AP 必须满足两个条件：一是该 AP 上配置有无线终端选定的 SSID，二是无线终端支持的数据传输速率和物理层标准必须与 AP 支持的数据传输速率和物理层标准存在交集。

终端与 AP 的同步过程如下：

（1）无线终端选择一个 SSID，该 SSID 可以事先配置，也可以在扫描到的 SSID 列表中人工选择，如图 3-29 所示。

图 3-29　选择同步的 SSID

（2）在该扫描报告中选择一个 AP 进行同步。如果存在多个满足上述条件的 AP，则选择与信号最强的 AP 进行同步。

一旦同步过程结束，终端即获知了 AP 的 MAC 地址、所使用的信道、双方均支持的物理层标准和数据传输速率集。不过此时只是完成了接入网络前的配置操作，还不能访问网络。

3.4.4 认证过程

无线终端找到一个 AP 之后，便试图利用 MAC 认证帧来建立连接。这个 MAC 认证帧包含的内容有用于认证算法、认证处理编号、认证成功或失败的信息。802.11 支持两种认证方式：开放系统认证和共享密钥认证。

开放系统认证实际上是不需要认证的，因为 STA 向 AP 发送认证请求帧，AP 向 STA 回送认证响应帧，这个过程中 AP 并没有进行任何认证操作。也就是说，如果 AP 配置成开放系统认证方式，那么所有 STA 都能得到 AP 的确认。开放系统认证过程如图 3-30 所示。

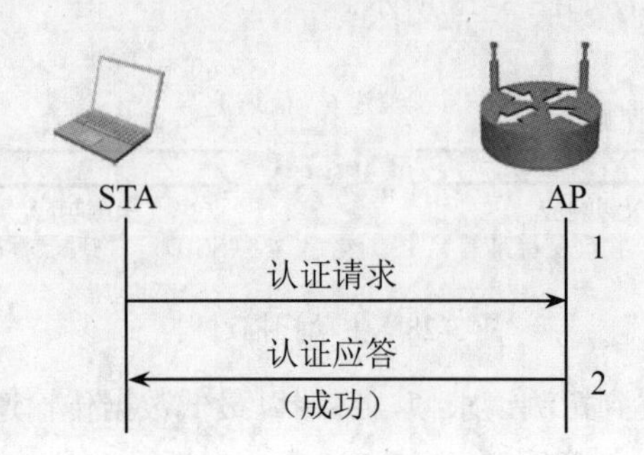

图 3-30 开放系统认证过程

共享密钥认证过程是确定 STA 是否拥有和 AP 相同密钥的过程，如图 3-31 所示，STA 向 AP 发送采用了共享密钥认证方法的认证请求帧，AP 回送明文字符串，STA 将 AP 发送给它的明文字符串用密钥加密后再发送给 AP，AP 用密钥对 STA 发送给它的密文进行解密，如果解密后的明文字符串和 AP 发送给终端的明文字符串相同，表示认证成功，AP 向 STA 发送认证成功的认证响应帧，否则向 STA 发送认证失败的认证响应帧。

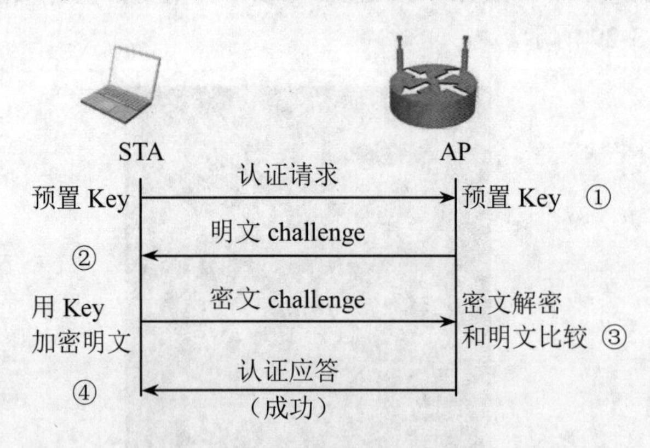

图 3-31 共享密钥认证过程

802.11 身份认证的目的是确保 STA 和 AP 之间建立一条初始连接，以及认证两台设备都是有效的 802.11 设备，就好比有线网卡通过以太电缆连接到有线网口。

3.4.5 关联过程

无线客户端通过 AP 认证后，下一步就要与 AP 进行关联。建立关联的过程就像在总线以太网中将终端连接到总线上。成功关联意味着终端成为 BSS 中的一个成员，可以通过 AP 将数据发送到分布式系统媒介。终端和 AP 建立关联的过程如图 3-32 所示。

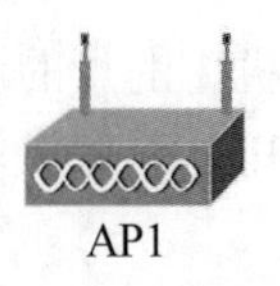

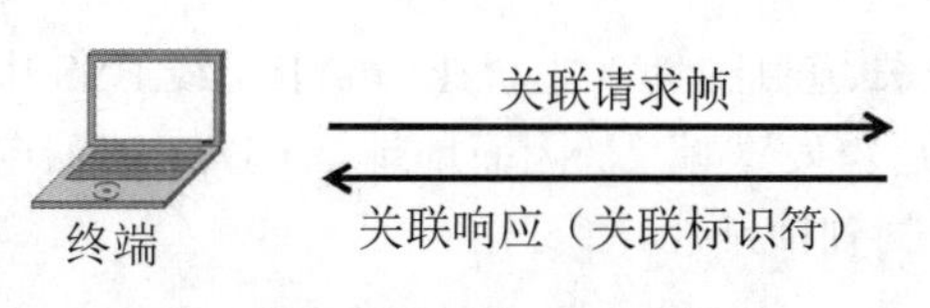

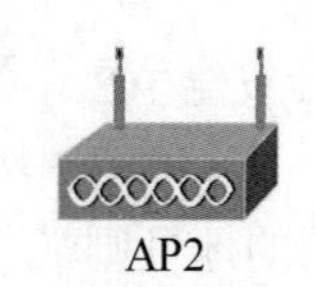

图 3-32　无线终端与 AP 建立关联的过程

无线终端向 AP 发送关联请求帧，其中给出无线终端的一些功能特性，如是否支持查询、是否进入 AP 的查询列表、无线终端的 SSID 和无线终端支持的传输速率等。AP 对这些信息进行分析，确定是否和该无线终端建立关联。如果 AP 确定和该无线终端建立关联，则向该无线终端回送一个表示成功建立关联的关联响应帧，其中包含关联标识符，否则向终端发送分离帧。

需要注意的是，和某个终端建立关联后，要在关联表中添加一项内容，其中包含终端的 MAC 地址、鉴别方式、是否支持查询、支持的物理层标准、数据传输速率和关联寿命等。就像总线型以太网中只有连接到总线上的终端才能进行数据传输一样，BSS 中只有 MAC 地址包含在关联表中的终端才能和 AP 交换数据。

3.4.6　MAC 帧的传输过程

那么，MAC 帧是否会停在 AP 处？AP 是否将该 MAC 帧中继到更远的地方或者中继来自远端的 MAC 帧？需要记住的是，地址 1 字段和地址 2 字段始终是接收端和发送端的地址，地址 3 字段则是额外下一跳的地址（如果需要的话）。下面以两个 MAC 帧和地址字段的示例进行说明。

如图 3-33 所示，帧 1 从主机 1 去往主机 2，帧 2 则从主机 2 去往主机 1。为简单起见，图中使用的都是虚构的 MAC 地址。

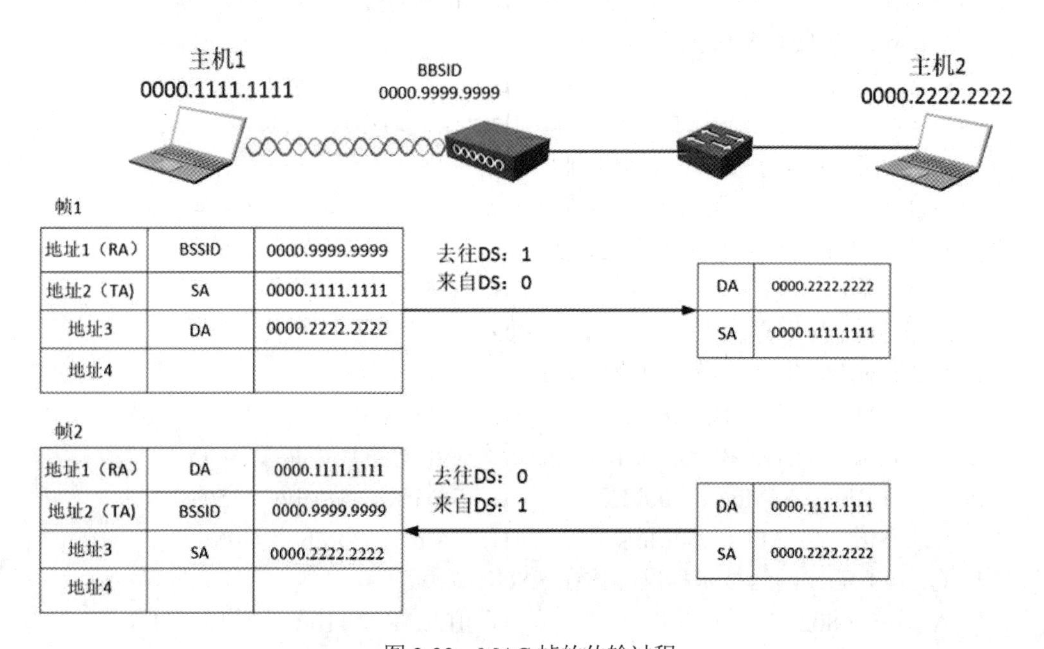

图 3-33　MAC 帧的传输过程

由于帧 1 是从主机 1 通过 AP 向 DS 发送，因而地址 1（RA）字段包含的是 BSSID 0000.9999.9999。由于帧 1 是由主机发送出来的，因而地址 2（TA）字段包含的是主机的 MAC 地址 0000.1111.1111。由于帧 1 必须经过 AP，因而主机 1 以主机 2 的目的地址 0000.2222.2222 作为地址 3。AP 收到帧 1 之后，发现主机 2 位于 DS 上，因而将该无线帧转换为 802.3 有线帧，原始的源地址和目的地址均被复制到新的有线帧中，从而能够转发给主机 2。

对于返程来说，主机 2 以 802.3 帧格式填充帧 2 的源地址和目的地址，然后交换机将帧 2 转发给 AP。AP 知道目的地（主机 1）位于无线 BSS 中，因而将主机 1 的目的地址作为地址 1（RA），然后再发送帧 2，因而地址 2（TA）字段包含的是 BSSID，原始源端（主机 2）的地址则被复制到地址 3 字段。

3.5 课后作业

一、选择题

1．（　　）标准定义了 WLAN 的运行和操作。

A．802.1　　B．802.2　　C．802.3　　D．802.11

2．802.11 帧中的地址 1 字段总是包括（　　）信息。

A．DCF　　B．BSSID

C．AP 的基础无线 MAC 地址　　D．接收器地址（Receiver Address，RA）

3．每个 802.11 帧都包含两个标志比特，以指明该数据帧是否去往或来自（　　）。

A．AP　　B．DS　　C．BSS　　D．ESS

4．（　　）标准可以使用发射器和接收器上的多个空间流。

A．802.11n　　B．802.11b　　C．802.11g　　D．802.11a

5．802.11n 设备通过聚合信道机制能够实现的最大带宽是（　　）。

A．5MHz　　B．20MHz　　C．40MHz　　D．80MHz

6．通过监听一个信标来连接的客户端使用（　　）扫描。

A．被动　　B．经典

C．主动　　D．快速

7．使用 WLAN 的设备必须工作在（　　）模式下。

A．轮询访问　　B．半双工

C．全双工　　D．以上均不对

8．802.11 帧头定义了（　　）个地址段。

A．1　　B．2　　C．3　　D．4

9．802.11n 使用（　　）技术来支持多天线。

A．MIMO　　B．MAO

C．多重扫描天线输出　　D．空间编码

10．802.11g 协议支持的最大数据速率是（　　）。

A．22Mb/s　　B．48Mb/s　　C．54Mb/s　　D．90Mb/s

11．802.11b、802.11a 和 802.11n 标准的最大理论数据速率依次为（　　）。

A．11Mb/s、54Mb/s、600Mb/s　　B．54Mb/s、54Mb/s、150Mb/s

C．1Mb/s、11Mb/s、54Mb/s　　D．1Mb/s、20Mb/s、40Mb/s

12．（　　）无线网络技术标准工作在 5.8GHz 频段。

A．IEEE 802.11i　　B．IEEE 802.11b

C．IEEE 802.11g　　D．IEEE 802.11n

13．（　　）不是 802.11 MAC 层报文。

A．管理帧　　B．监控帧　　C．控制帧　　D．数据帧

14．以下属于管理帧的是（　　）。

A．Beacon　　B．Probe　　C．Authentication　　D．Association

15．以下采用 OFDM 调制技术的 802.11 协议是（　　）。

A．802.11g　　B．802.11i　　C．802.11e　　D．802.11b

16．下列关于 802.11g WLAN 设备的描述中正确的是（　　）。

A．802.11g 设备兼容 802.11a 设备

B．802.11g 设备兼容 802.11n 设备

C．802.11g 54Mb/s 与 802.11a 54Mb/s 的调制方式相同，都采用 OFDM 技术

D．802.11g 提供的最高速率与 802.11b 相同

17．（　　）技术不是 802.11n 所使用的关键技术。

A．OFDM　　B．信道捆绑　　C．MU-MIMO　　D．Short Gi

18．（　　）不是 802.11 MAC 的主要功能。

A．扫描　　B．认证　　C．协商　　D．漫游和同步

19．（　　）条件使 802.11g 比 802.11a 应用广泛。

A．802.11a 的缺点在于范围比 802.11g 窄

B．2.4 GHz 频段不像 5GHz 频段那么拥挤

C．802.11a 更易受常见商用设备的 RF 干扰

D．802.11a 所用的调制技术比 802.11g 的昂贵

20．在 WLAN 技术中，BSS 表示（　　）。

A．基本服务信号　　B．基本服务分离

C．基本服务集　　D．基本信号服务器

21．如果一个 AP 未在无线网络中使用，则称这种情况为（　　）。

A．独立基本服务集　　B．孤立服务集

C．单一模式集　　D．基本个体服务集

22．当一个以上的 AP 连接到一个公共分布式网络时，该网络被称为（　　）。

A．扩展的服务区　　B．基本服务区

C．本地服务区　　D．WMAN

23．客户端连接到（　　）以通过一个无线 AP 接入 LAN。

A．SSID　　B．SCUD　　C．BSID　　D．BSA

二、填空题

1．IEEE 802.11 的 MAC 帧中有________个地址域，有________种地址类型。

2．无线设备加入无线局域网服务时，第一步要做的工作是________。

3．802.11 定义了 WLAN 的物理层和________。

4．802.11b 协议能提供的最大物理接入速率为________，802.11g 协议能提供的最大物理接入速率为________，802.11n（2×2）协议能提供的最大物理接入速率为________。

5．在无线网络中，由于冲突检测比较困难，媒体访问控制（MAC）层采用________协议，而不是冲突检测________，但也只能减少冲突。

6．802.11b/g 每信道占用的频宽为________MHz，802.11n 每信道占用的频宽为________MHz。

7．802.11n 标准使用________和________调制技术达到 600Mb/s 的速率。

8．IEEE 802.11 标准中规定的无线局域网连接过程包括 4 个步骤：扫描、________、________和________。

9．802.11 定义了 3 种帧类型，分别为________、________、________。

10．在 WLAN 中，802.11 是由 IEEE 提出的协议簇，包括________、________、________、________、________。

11．IEEE 802.11 MAC 层具有多种功能，其中________功能采用的是 CSMA/CA 协议，用于支持突发式通信。

12．IEEE 802.11 MAC帧的帧间间隔类型主要有________、________、________3种，它们之间时间间隔大小的关系为________<________<________。

13．IEEE 802.11g与IEEE 802.11________兼容。

14．802.11a 标准采用了与原始标准相同的核心协议，工作频率为________，使用________个正交频分多路复用副载波，最大原始数据传输速率为________。

15．802.11系列标准仅仅局限于________层与________层的描述。

三、判断题

1．无线网络协议802.11是一个二层协议。（ ）

2．在无线网络中检测冲突很困难，故媒体访问控制（MAC）层采用CD协议。（ ）

3．为了避免冲突，无线技术使用CSMA/CA介质标准。（ ）

4．发送解除关联消息的客户端当其回到小区时必须重新认证。（ ）

四、简答题

1．IEEE 802.11a和IEEE 802.11g使用了相同的速率和调制技术，但为什么这两种标准不兼容？它们可以共存吗？

2．IEEE 802.11b和IEEE 802.11g能够兼容的原因是什么？两者兼容的缺点是什么？

3．为什么需要将多个AP连接到同一个局域网？

4．在WDS的应用模式中，多AP模式和中继模式有哪些区别？

5．与Ad-Hoc模式相比，Infrastructure有哪些优点？

6．简述STA与AP建立连接的过程。

7．画出WLAN MAC帧的结构，并注明每个字段的长度。

8．BSSID与ESSID有哪些区别？

五、综合题

采用必要的组件，构建一个能满足40名学生同时使用的无线局域网，请画出你设计的网络拓扑图。采用Infrastructure模式构建该网络，若数据传输速率要求不是太高，无线路由器的数量为1～2个。

模块 4　小型无线局域网组建

学习情景

无线局域网既可以独立存在，也可以和有线网络共同使用。802.11 标准定义的无线局域网拓扑结构可以覆盖极小的区域，也可以覆盖很大的区域，能够满足特定的无线组网需要。长期以来，厂商还生产了采用非标准拓扑结构的 802.11 硬件设备，包括无线网卡、站点、无线路由器、无线接入点（AP）、无线控制器（WLC 或 AC 等）和天线等。需要注意的是，小型组织的无线需求与大型组织的无线需求不同，大型无线部署需要附加无线硬件，以简化无线网络的安装和管理。

在小型的无线网络架构中，无线客户端通过使用无线网卡发布 SSID 来发现附近的 AP，如图 4-1 所示。用户是 WLAN 的端点，会利用运行所需应用程序的计算机设备，IEEE 802.11 将无线客户端称为站点（STA）。无线网卡是通过空中介质进行通信的关键组件，没有无线网卡，将无法访问无线网络。WLAN 的部署需要具有无线网卡的终端设备，如无线路由器。无线路由器可用作无线接入点，向用户提供 WLAN 基础结构以及连接到诸如以太网之类的分布式系统（DS）。

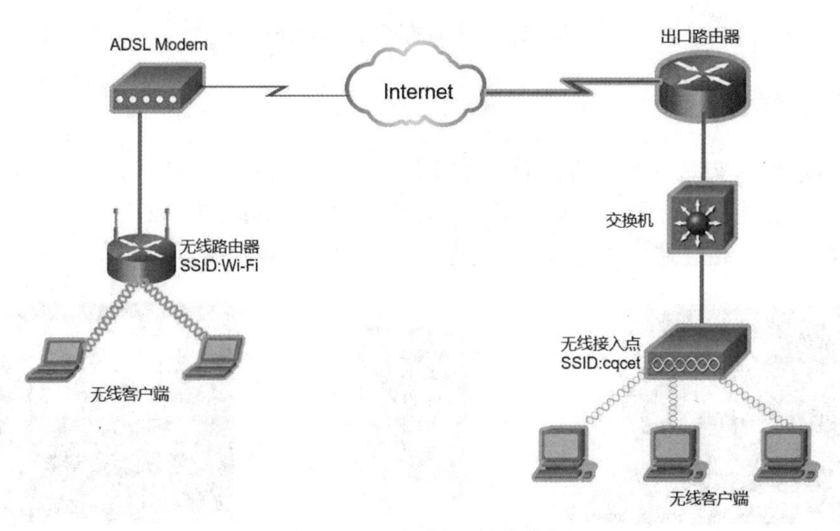

图 4-1　小型无线网络拓扑图

天线是能量置换设备，属于无源器件，主要作用是辐射或接收无线电波。辐射时将高频电流转换为电磁波，将电能转换为电磁能；接收时将电磁波转换为高频电流，将电磁能转换为电能。天线在无线网络布局工作中有很大的作用，其性能质量直接影响移动通信覆盖范围和服务质量；不同的地理环境、不同的服务要求要选用不同类型、不同规格的天线。

知识技能目标

通过对本模块的学习，读者应达到如下要求：

- 了解 WLAN 的硬件组成。
- 掌握无线路由器的功能和配置方法。
- 了解天线的作用与分类。

- 掌握天线的电气性能指标。
- 能够组建 Ad-Hoc 无线局域网。
- 能够组建基础设施结构无线局域网。
- 能够构建 WDS 无线局域网。

4.1 无线局域网的硬件组成

无线局域网可以独立存在，也可以与有线局域网共同存在并进行互连。无线局域网主要由无线站、无线网卡、无线路由器、分布式系统、无线接入点和无线控制器等组成，如图 4-2 所示。本模块只介绍前 4 个组件，后两个组件将在模块五中介绍。

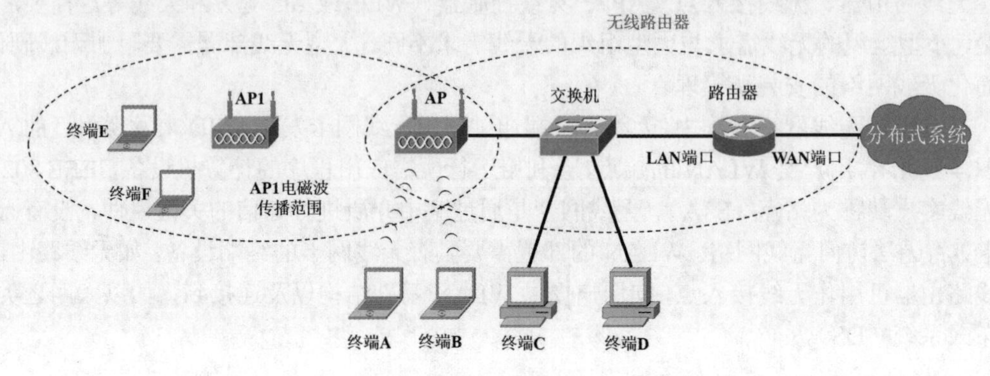

图 4-2 无线局域网的基本组成

4.1.1 无线站

无线站是配置支持 802.11 协议的无线网卡终端，也称为工作站（STA），如图 4-3 中的笔记本电脑、智能手机、平板电脑等都可以称为 STA。最简单的 WLAN 仅由 STA 组成，STA 之间能够直接相互通信或通过 AP 进行通信，如图 4-4 和图 4-5 所示。

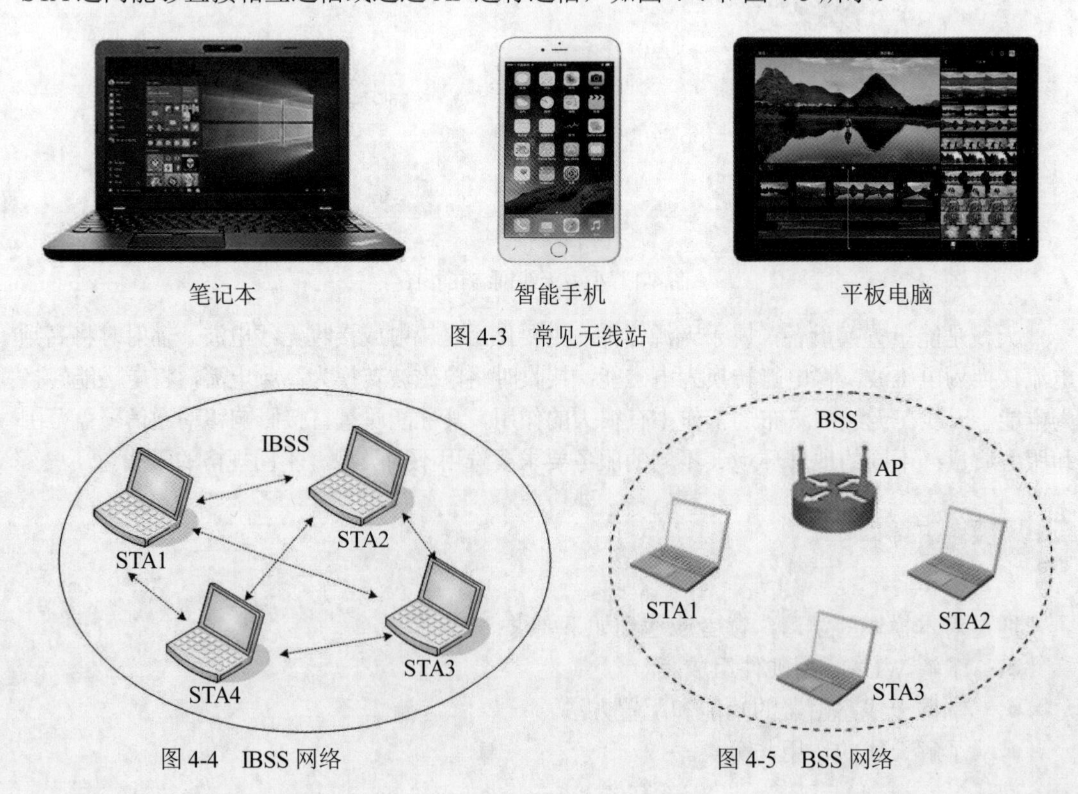

图 4-3 常见无线站

图 4-4 IBSS 网络

图 4-5 BSS 网络

STA 之间的通信距离会因天线辐射能力和应用环境而受到很大的限制。WLAN 覆盖的区域范围称为服务区（Service Area，SA），由移动站的无线收发信机及地理环境确定的通信覆盖区域称为基本服务区（Basic Service Area，BSA）或无线蜂窝（Wireless Cell），这是网络的最小单元。一个 BSA 内相互联系、相互通信的一组主机组成了基本服务集（BSS），并且 STA 只能和同一个 BSS 通信。

4.1.2　无线网卡

无线网卡能收发无线信号，作为工作站的接口实现与无线网络的连接，其网络作用类似于有线网络中的以太网网卡。不同接口的无线网卡如图 4-6 所示。

USB 接口

PCMCIA 接口

PCI 接口

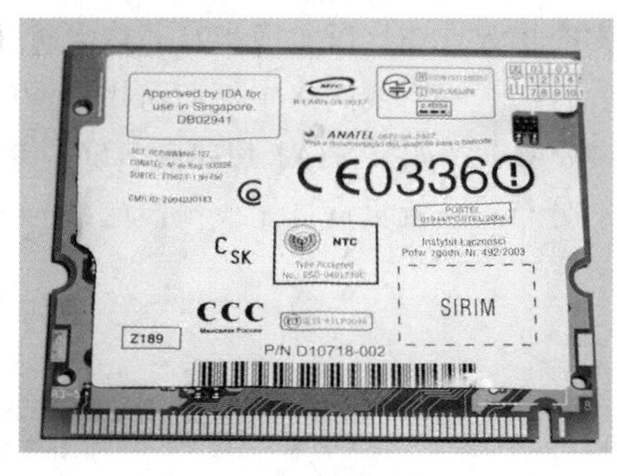

Mini PCI 接口

图 4-6　不同接口的无线网卡

按无线标准可以分为 IEEE 802.11b、IEEE 802.11a、IEEE 802.11g、IEEE 802.11n 和 IEEE 802.11ac 无线网卡等；按接口类型可以分为 PCMCIA、USB 和 PCI 无线网卡。PCMCIA 接口无线网卡主要用在具有 PCMCIA 接口盒的笔记本电脑上；PCI 接口无线网卡用于台式机，固定安装在主板上，需要拆开主机机箱并安装驱动程序；Mini PCI 接口的无线网卡安装在笔记本电脑内的主板接口上；USB 接口无线网卡可用在有 USB 接口的台式机或笔记本电脑上，安装方便，但信号接收面窄，可能会影响性能。

4.1.3　无线路由器

无线路由器是好比将单纯性 AP 和宽带路由器合二为一的一种扩展型产品。它不仅具备单纯性 AP 的所有功能，如支持 DHCP 客户端、支持 VPN、支持防火墙、支持 WEP 加密等，还具备网络地址转换（NAT）功能。

无线路由器的内部结构如图 4-7 所示，一是存在一个多端口交换机，终端可以通过网线连接到这些交换机端口；二是存在 AP，无线终端可以通过无线信道连接到 AP 上；三是存在路由器，该路由器有一个 WAN 口连接 Internet 和一个 LAN 口连接局域网，WAN 口是外部可见的，LAN 口是外部不可见的。

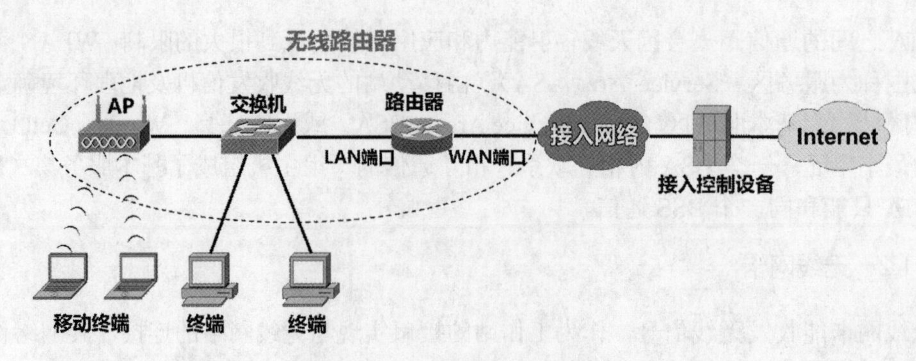

图 4-7 无线路由器的内部结构

如使用无线路由器来实现家庭局域网用户的网络连接共享，AP 则实现了家庭局域网中无线局域网和以太网的互连，因此家庭局域网中的终端和移动终端之间可以相互通信。路由器实现了家庭局域网与 Internet 的互连，因此家庭局域网中的移动终端和终端可以通过路由器访问 Internet。值得注意的是，无线局域网中的路由器与普通的实现多种不同类型网络互连的路由器相比，无论性能还是功能都是有区别的。

4.1.4 分布式系统

物理层覆盖范围的限制决定了站点与站点之间的直接通信距离。为扩大覆盖范围，可将多个接入点连接以实现相互通信。通过连接多个接入点实现站点接入 Internet、文件服务器、打印机等有线网络中任何可用资源的逻辑组件称为分布式系统，也称为骨干网络。如图 4-8 所示，如果 STA1 想要向 STA3 传输数据，STA1 通常先将无线帧传给 AP1，AP1 连接的分布式系统负责将无线帧传送给与 STA3 关联的 AP2，再由 AP2 将帧传送给 STA3。

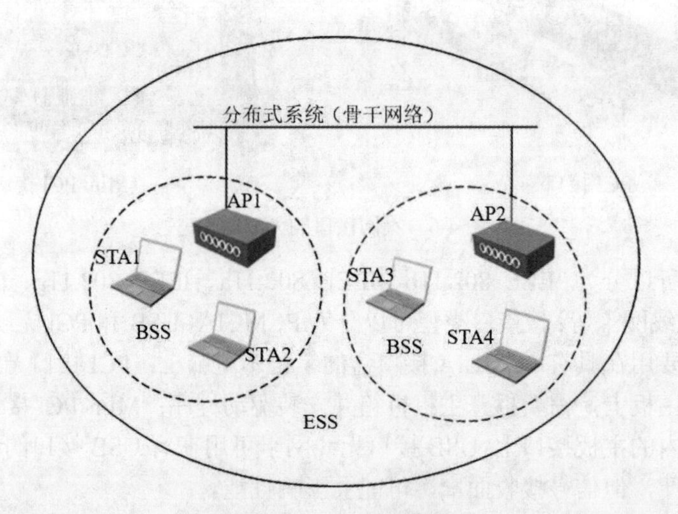

图 4-8 分布式系统拓扑图

分布式系统的介质可以是有线介质，也可以是无线介质，这样在组织 WLAN 时就有足够的灵活性。在多数情况下，有线分布式系统采用有线局域网（如 IEEE 802.3），而无线分布式系统（WDS）可通过接入点间的无线通信（通常为无线网桥）取代有线电缆来实现不同 BSS 的连接。有关 WDS 的配置模式将在后面进行阐述。

4.1.5 Ad-Hoc 网络组建实践

Ad-Hoc 模式无线网络是一种省去了无线接入点搭建起的对等网络结构，只要安装了无线网卡，计算机彼此之间即可实现无线互连。由于省去了无线接入点，Ad-Hoc 模式无线网络的架设过程较为简单，但是传输距离相当有限，因此该种模式比较适合满足临时性的计算机无线互连需求。

本例采用如图 4-9 所示的网络拓扑图，PC1 和 PC2 是安装有 Windows 7 操作系统和无线网卡的计算机，现需要临时构建一个无线网络，实现 PC1 与 PC2 之间的无线连通，具体操作步骤如下：

（1）在 PC1 中，右击桌面上的“网络”并选择“属性”，然后在左侧单击“管理无线网络”。

（2）在弹出界面的下方单击“添加”按钮，弹出“手动连接到无线网络”界面，单击“创建临时网络”。

（3）在弹出的“设置无线临时网络”界面中单击“下一步”按钮。

（4）在弹出的界面中，将网络名设置为 cqcet，安全类型为“WPA2-个人”，安全密钥为 20181001，然后单击“下一步”按钮。

（5）等待设置完成后单击“关闭”按钮。

（6）设置无线适配器的 IP 地址为 192.168.10.1，掩码为 255.255.255.0。

（7）在 PC2 上完成同样的配置，将 IP 地址更改为同网段即可，这里不再赘述。

（8）配置结果验证。单击计算机桌面右下角的“无线连接”图标，在弹出的界面中选择 cqcet 无线网络，单击“连接”，输入网络安全密钥 20181001。认证通过后，PC1 与 PC2 之间建立起无线连接，一个临时性的无线网络构建成功，PC1 与 PC2 之间可以传输数据。

图 4-9　Ad-Hoc 无线网络拓扑图

4.2　天线的性能及分类

在无线通信系统中，天线是收发信机与外界传播介质之间的接口。同一副天线既可以辐射也可以接收无线电波，如图 4-10 所示。一般情况下，通过考虑链路预算或发射机和接收机之间的净信号强度增益，可以确保信号能够以良好的状态达到目的端，虽然天线增益是计算公式中的重要因素，但也不能全面描述天线的结构与性能。

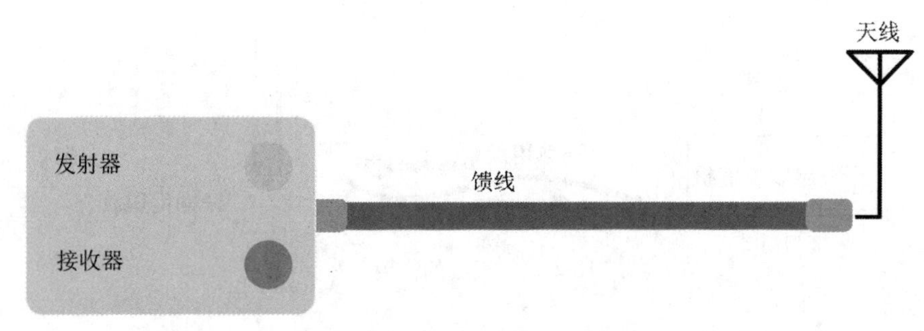

图 4-10　无线网络中的天线

4.2.1　电磁波的辐射

当一根长直导线载有交变电流时，就可以形成连续电磁波辐射，辐射的能力与导线的长度和形状有关，导线长度太短会导致辐射效应很微弱，当导线的长度增大到可与发射波长相比拟时就能形成较强的辐射，如图 4-11 所示。

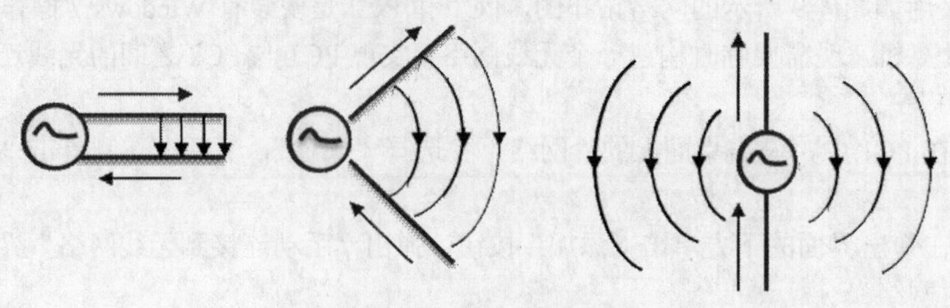

图 4-11 电磁波的辐射

如果两导线的距离很近，则两导线所产生的感应电动势几乎可以抵消（这就是平时见到的大部分导线都以双绞线形式存在的原因），因而辐射很微弱。如果将两导线张开一定角度，两导线的电流在垂直方向上分量相叠加，由此产生的感应电动势方向相同，因而辐射较强。

能产生显著辐射的直导线称为振子，其中两臂长度相等的振子叫作对称振子，每臂长度为四分之一波长、两臂长度之和等于 1/2 波长的振子称为对称半波振子，如图 4-12 所示。

波长越长，天线半波振子越大。单个对称半波振子可作为抛物面天线的馈源独立使用，也可采用多个对称半波振子组成天线矩阵，如图 4-13 所示。

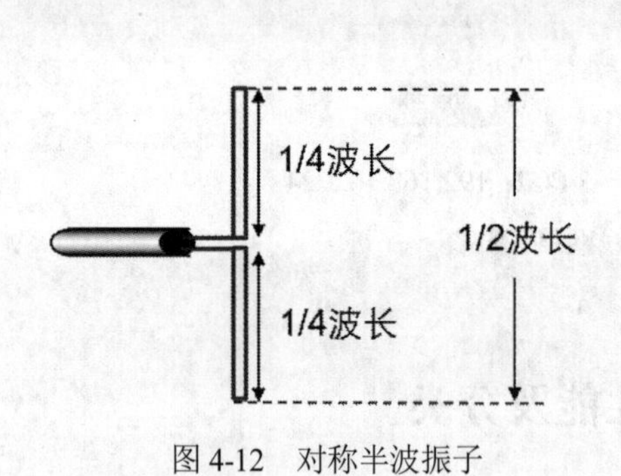

图 4-12 对称半波振子

图 4-13 天线矩阵

4.2.2 天线的定义及作用

天线是能够有效向空间某特定方向辐射电磁波，或能够有效接收空间中某特定方向电磁波的装置，如图 4-14 所示，它是无线电设备中用来发射和接收电磁波的换能部件。

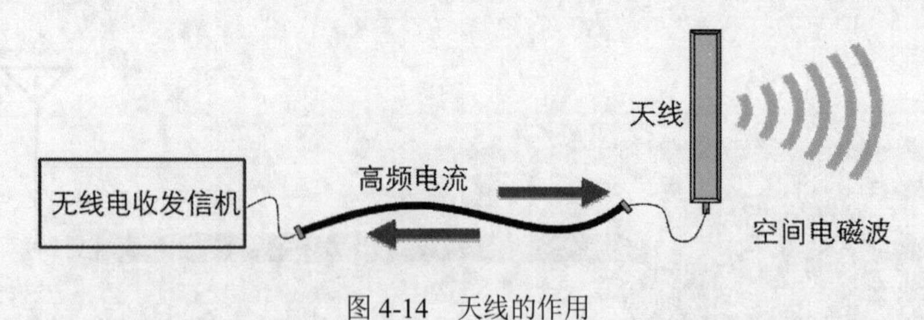

图 4-14 天线的作用

4.2.3 无线电波的极化

天线接通交流电之后就会产生电磁波。电磁波包括电场波和磁场波，其中电场波部分始终以一定的方向离开天线。例如，大多数思科天线产品在自由空间传播时都会在垂直方向产生一种上下振荡的波，有些天线可能会在水平方向产生前后振荡的波，而某些天线则可能会产生以三维螺旋运动方式扭曲的波。

波的方向（电场矢量在空间运动的轨迹）称为天线极化，产生垂直振荡波的天线被称为垂直极化天线，产生水平振荡波的天线被称为水平极化天线。天线极化方式如图 4-15 所示。

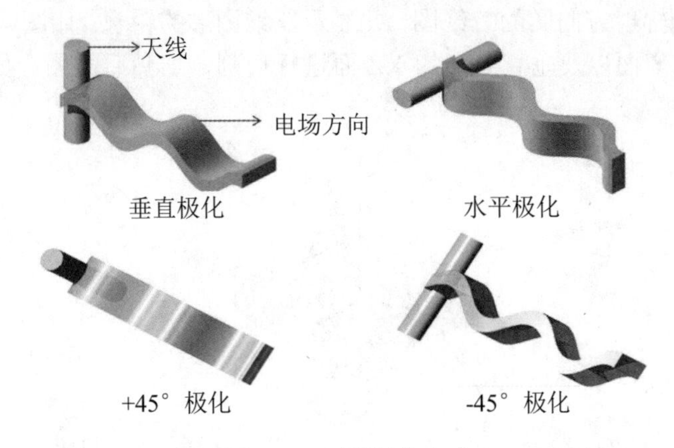

图 4-15　天线极化方式

虽然天线的极化方式并不是很重要，但发射器的天线极化方式必须与接收器的极化方式相匹配，否则接收到的信号将会出现严重劣化。如图 4-16 所示，上半部分的发射器与接收器使用的都是垂直极化方式，因而收到的信号质量很好；下半部分的发射器与接收器使用的极化方式不同，因而收到的信号质量很差。

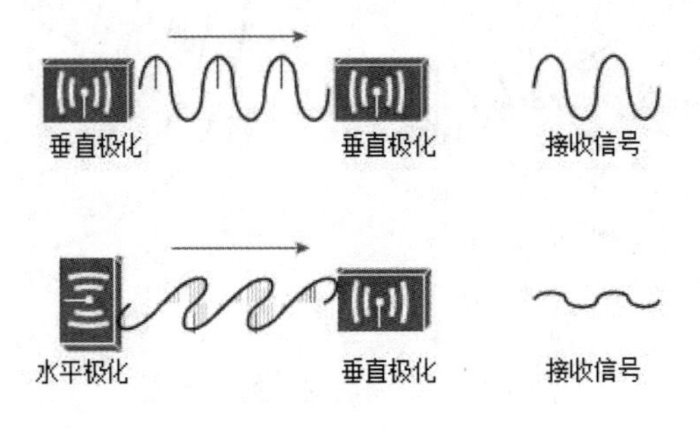

图 4-16　天线极化方式选择影响信号的接收

4.2.4　天线的性能参数

1. 辐射方向图

为了描述各向同性天线的性能，可以按图 4-17 所示的方式绘制球体，球体半径与信号强度成正比。在对数刻度上绘制球体，这样就可以将非常大的数和非常小的数画在同一个线性图上。通常将这种可以显示天线周围相对信号强度的图称为辐射方向图。方向图说明天线在空间各个方向上所具有的发射或接收电磁波的能力。

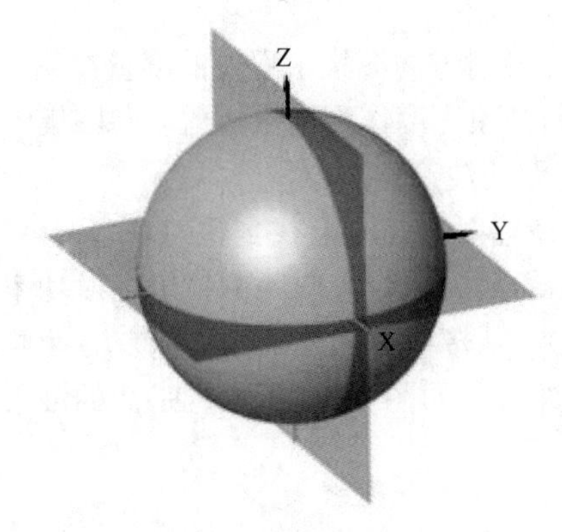

图 4-17　辐射方向图

一般很难在二维文件中显示三维图形，特别是非常复杂或很不规则的形状。绝大多数天线都不是理想天线，即它们的辐射方向图都不是简单的球体。一般情况下，以两个正交的平面来切割辐射方向图的三维图，并显示三维图形的轮廓。如图 4-17 所示的球体，采用水平方向的 XY 面以及垂直方向的 XZ 面进行切割，切割后的图形如图 4-18 所示。

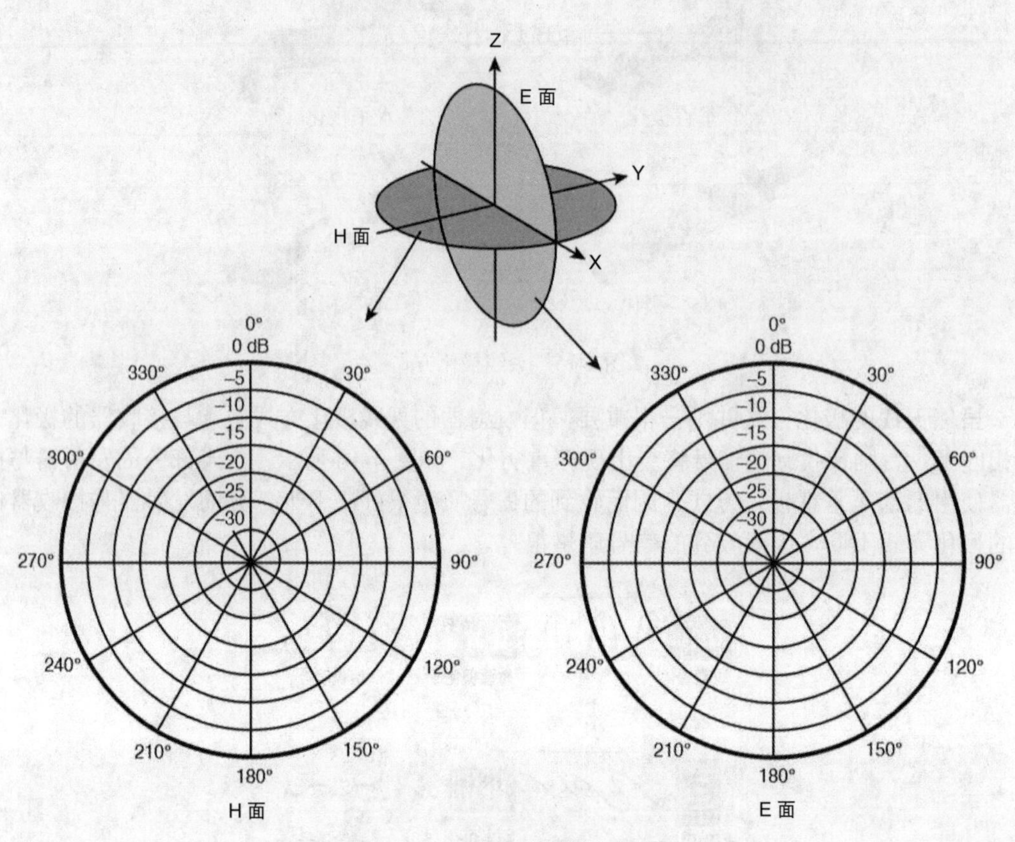

图 4-18 切割后的辐射方向图

图 4-18 中，左侧的平面称为 H 面，是以天线为中心的自上而下的辐射方向图的俯视图；右侧的平面称为 E 面，是该辐射方向图的侧视图。

可以将每个图的轮廓线都绘制到极坐标图上，如图 4-18 中的粗黑线所示。极坐标图中的各个同心圆表示信号强度（与天线保持恒定距离的位置进行测量）的相对变化情况。最外侧同心圆表示最强的信号强度，而内同心圆则表示较弱的信号强度。这些圆圈上表示了 0、-5、-10、15 等数字，但这些数字并不代表任何绝对的 dB 值，而是相对于外圈最大值的度量值。如果外圈显示的是最大值，那么由于其他信号强度均小于该最大值，因而都位于内圈。

2. 波束宽度

虽然可以将天线增益视为辐射方向图集中程度的度量参数，但是天线增益更适合链路预算，因而许多天线制造商都将波束宽度作为衡量辐射方向图集中程度的度量。通常以度（°）为单位，同时列出 H 面和 E 面的波束宽度。

确定波束宽度时，首先在辐射方向图上找到辐射功率最强的点（通常位于外圈上的某个位置），然后在辐射方向图的最大辐射方向两侧找出辐射功率下降 3dB 的位置（此处的信号强度是最强功率的一半），从辐射方向图的中心到左右两侧 3dB 点各画一条直线，并测量这两条直线之间的夹角即可。如图 4-19 所示，H 面的波束宽度是 30°，E 面的波束宽度是 55°。

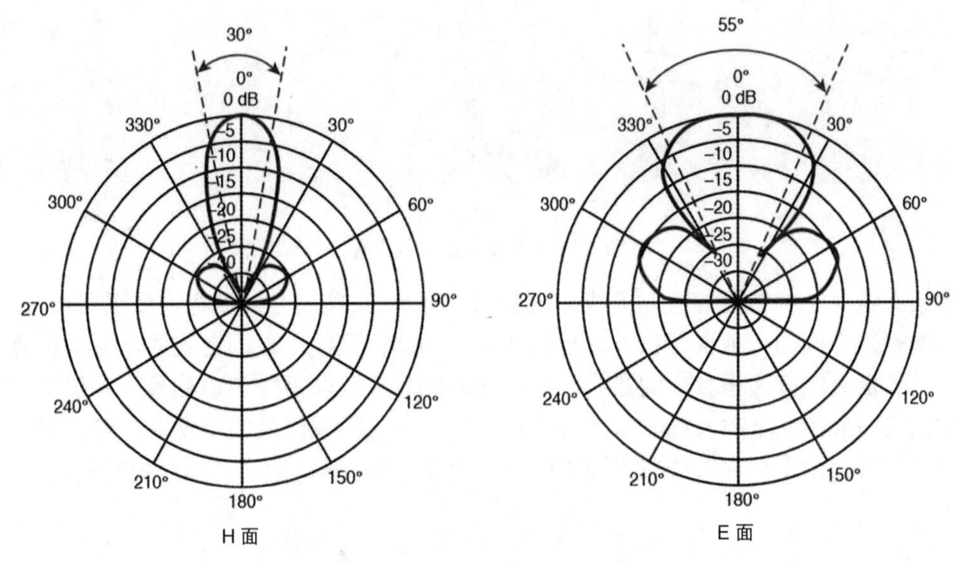

图 4-19　天线的波束宽度

4.2.5　天线的类型

如果 WLAN 的天线都是一样的，那么 WLAN 会变得很简单。为了在建筑物内以及室外区域或两个地点之间实现 WLAN 的良好覆盖，需要面对大量的不确定因素。例如，办公区有可能会被分成许多开放的格子间，也可能会沿着长廊分隔为许多封闭的小房间。有时可能需要覆盖很大的空旷的大堂、大型教室、拥挤的体育场馆、医院楼顶椭圆形的直升机停机坪、室外公园的大面积区域，以及老百姓可以安全行走的城市街道等。

换句话说，如果只有一种天线，那么将无法满足所有应用场景，因而天线的大小、形状各异，每种天线都有自己的增益值和应用场合。

1. 全向天线

全向天线通常为薄壁圆筒形，并且在所有方向上都均匀地向远离圆筒的方向（而不是沿圆筒的长度方向）辐射信号。请注意，H 面的延展程度大于 E 面，因而形成“面包圈”形状的辐射方向图，如图 4-20 所示。

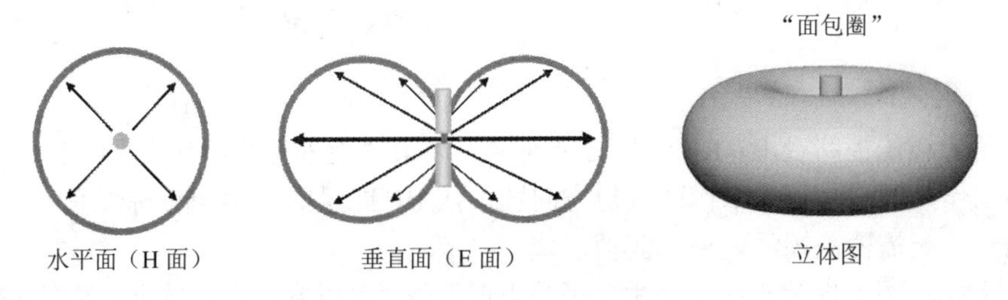

图 4-20　全向天线的辐射方向图

下面举个简单的例子来理解全向天线的辐射方向图。将食指竖起（代表天线），并把一个面包圈套在食指上（表示射频信号）。如果将面包圈沿水平方向切开以便在上面涂抹黄油，那么面包圈的剖面就代表全向天线的方向图（或 H 面）。如果将面包圈沿垂直方向切开，那么面包圈的剖面就代表全向天线的正视图（或 E 面）。

天线可以聚焦或对准所辐射的信号。需要注意的是，天线的 dBi 值或 dBd 值越高，它聚焦信号的能力越强。在提到全向天线时，人们往往想知道它是如何将辐射到各个方向的信号能量集中在一起的。全向天线的增益越高，信号在水平方向上拉伸得越厉害，即垂直方向上的信号功率越低，水平方向上的信号功率越高，如图 4-21 所示。

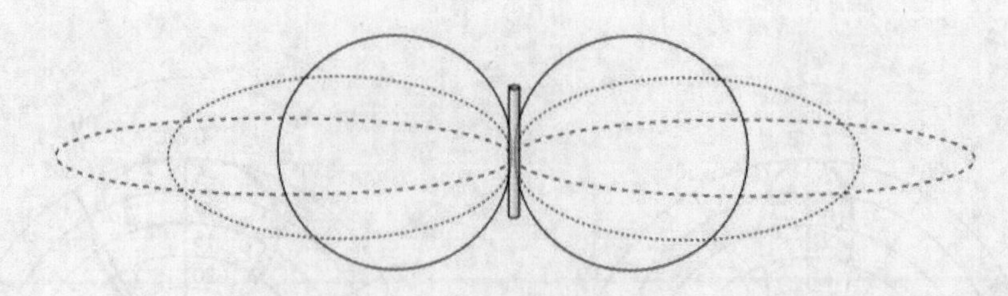

图 4-21　天线聚焦无线信号

偶极天线是一种常见的全向天线，如图 4-22 所示。某些型号的偶极天线采用铰接形式，可以根据安装方向向上或向下折叠，而其他型号的偶极天线则是固定式的，无法折叠。顾名思义，偶极天线有两根独立的导线，接通交流电之后可以辐射 RF 信号。偶极天线的增益通常为 2～5dBi。全向天线非常适合于对大房子或大面积区域的广覆盖，可以将天线放置在中心位置。由于全向天线在大面积区域内分发 RF 能量，因而其增益相对较低。

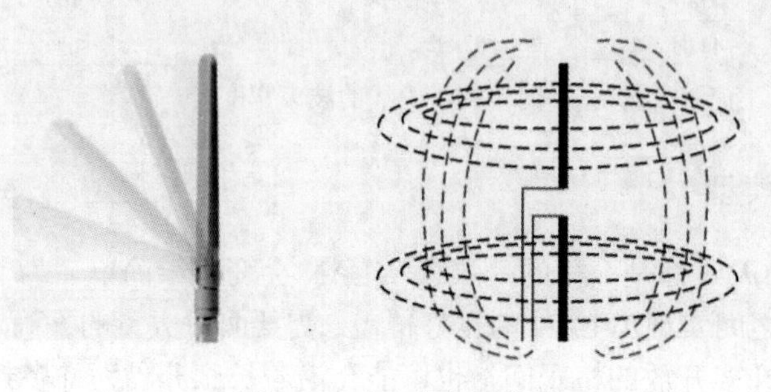

图 4-22　全向偶极天线

2. 定向天线

定向天线是指在某一个或某几个特定方向上发射及接收电磁波的能力特别强，而在其他方向上发射及接收电磁波的能力极小或为零的一种天线，其原理如图 4-23 所示。采用定向天线的目的是提高辐射功率的有效利用率，增加保密性；采用定向接收天线的主要目的是增强信号强度和提高抗干扰能力。

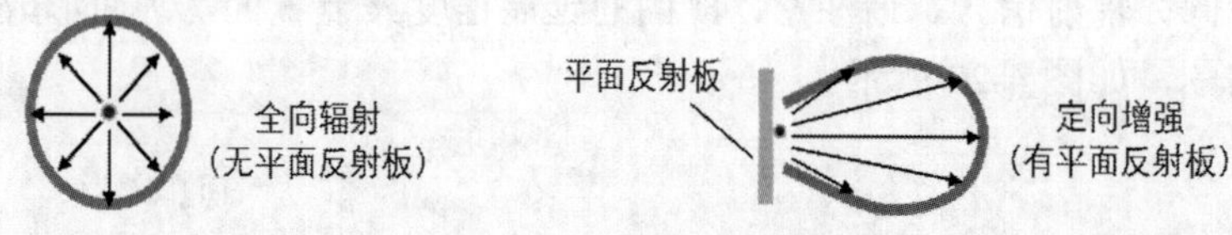

图 4-23　定向天线原理

在视距无线传播路径上，RF 信号必须使用窄波束才能进行长距传播。虽然定向天线专门用于该工作，但它是沿着窄椭圆辐射方向图聚焦 RF 能量的。由于目标仅有一个接收器，因而定向天线无需覆盖视线之外的其他区域。

（1）贴片天线。贴片天线是一种扁平的矩形天线，可以安装在墙壁上，如图 4-24 所示。

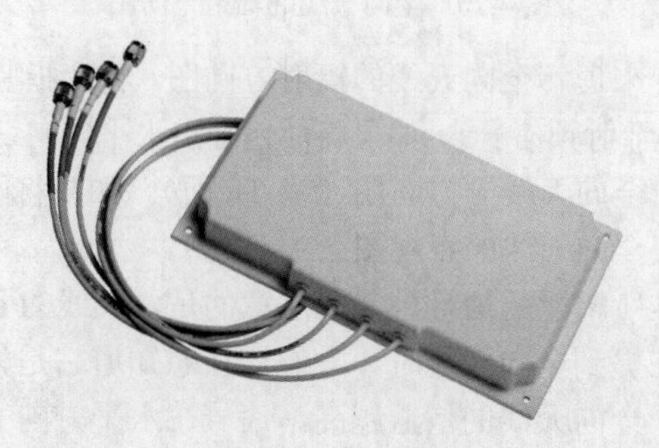

图 4-24　贴片天线

贴片天线产生的辐射方向图呈宽大的蛋形，沿扁平的贴片天线表面向外延伸，其E面和H面辐射方向图如图4-25所示。贴片天线的增益通常为6～8dBi（2.4GHz频段）和7～10dBi（5GHz频段）。

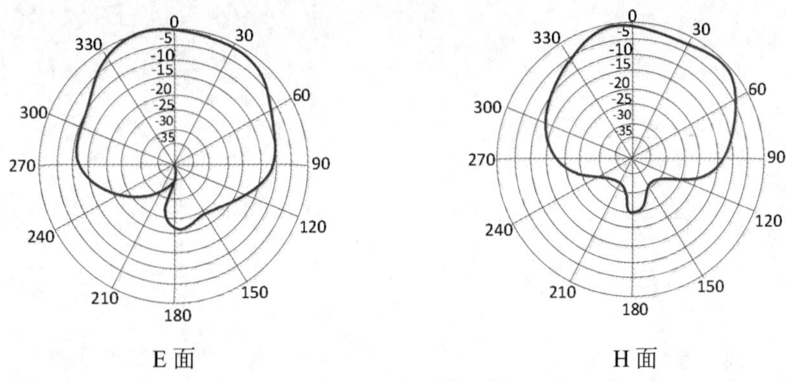

图4-25　贴片天线辐射方向图

（2）八木天线。八木天线的外表类似于一个厚圆柱体，是由长度逐渐递增的几个并行单元组成的，如图4-26所示。

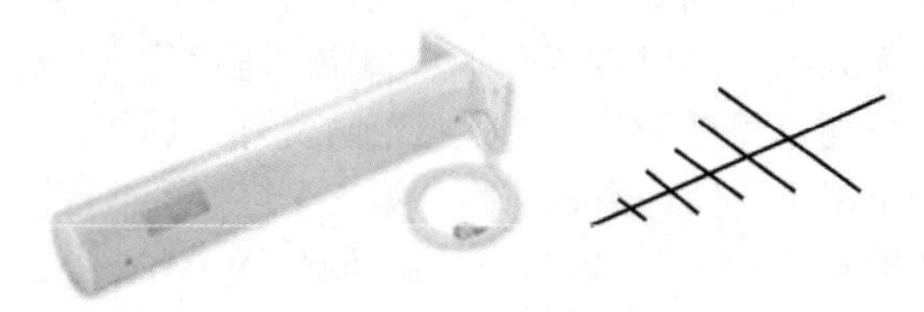

图4-26　八木天线

八木天线的E面和H面辐射方向图如图4-27所示。可以看出，沿着八木天线长度方向向外延伸，生成了更加聚焦的蛋形辐射方向图。八木天线在2.4GHz频段的增益为10～14dBi。

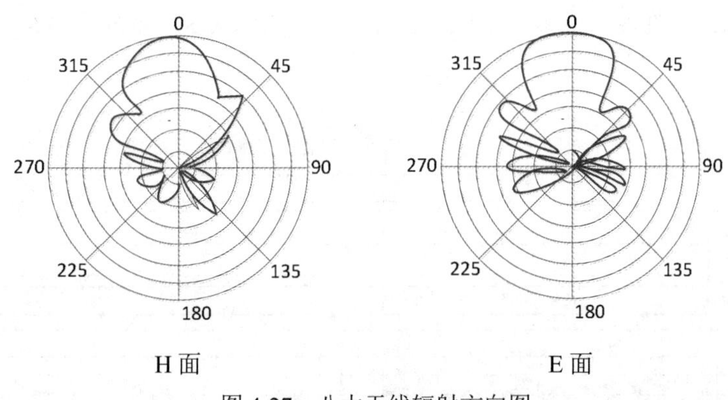

图4-27　八木天线辐射方向图

（3）抛物面天线。抛物面天线使用抛物面将接收到的信号聚焦到位于中心位置的天线上，如图4-28所示。由于来自视距路径上的电波都会被反射到面向抛物面天线的中心天线单元上，因而抛物面的形状非常重要。发射电波则与此相反，发射电波正对着抛物面天线并且被反射，因而可以沿着视距路径向远离抛物面天线的方向进行传播。

抛物面天线的E面和H面辐射方向图如图4-29所示。请注意，抛物面天线的方向图是狭长形的，并沿着远离抛物面天线的方向向外延伸。抛物面天线具有很好的聚焦能力，其天线增益能达到20～30dBi，是所有WLAN天线中增益最大的天线类型。

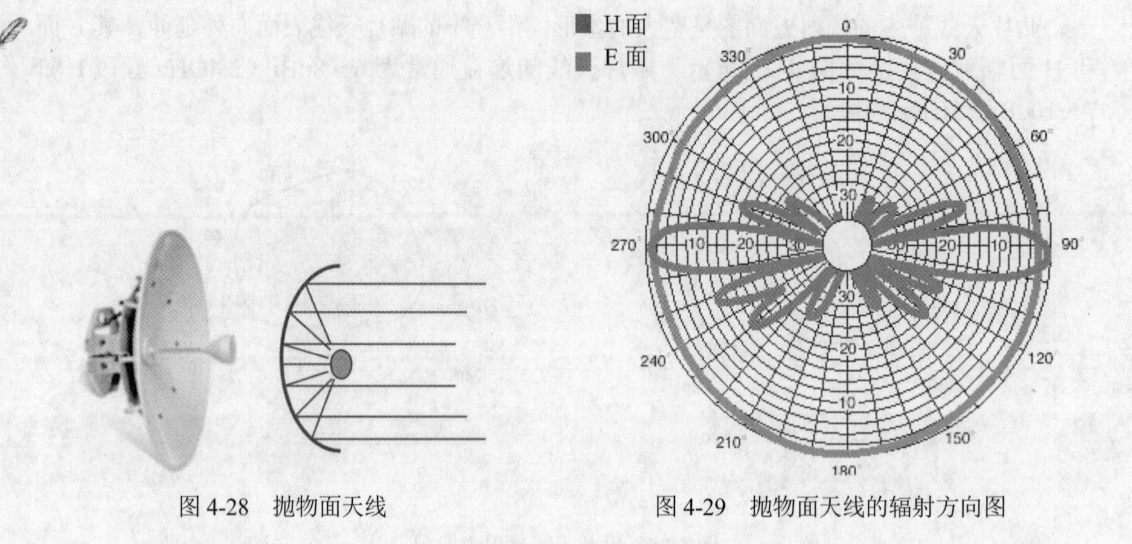

图4-28 抛物面天线

图4-29 抛物面天线的辐射方向图

4.3 无线客户端实用程序

用户可以通过一个软件配置界面，即客户端实用程序来配置客户端无线网卡。就像驱动程序是有线网卡与操作系统的接口，Wi-Fi 客户端实用程序实际上是无线网卡与软件之间的接口。客户端实用程序通常可以创建多个连接配置文件，例如，一个配置文件可以用于连接到工作网络，另一个用于连接到家庭网络，第三个连接到热点网络。

客户端实用程序的配置通常包括 SSID、传输功率、WPA/WPA2 安全设置、QoS 和电源管理等，还可以配置客户端网络处于 Infrastructure 或 Ad-Hoc 模式。大多数优秀的客户端实用程序通常还会附带具有某种形式的统计信息显示工具和接收信号强度指标测量工具。下面介绍客户端实用程序的 3 种类型。

1. 操作系统集成的客户端实用程序

不同操作系统的客户端实用程序有所不同。例如，Windows 7 的无线客户端实用程序就比 Windows XP 的改善了很多。某些操作系统（如 Mac OS）提供了 Wi-Fi 诊断工具，如图 4-30 所示。

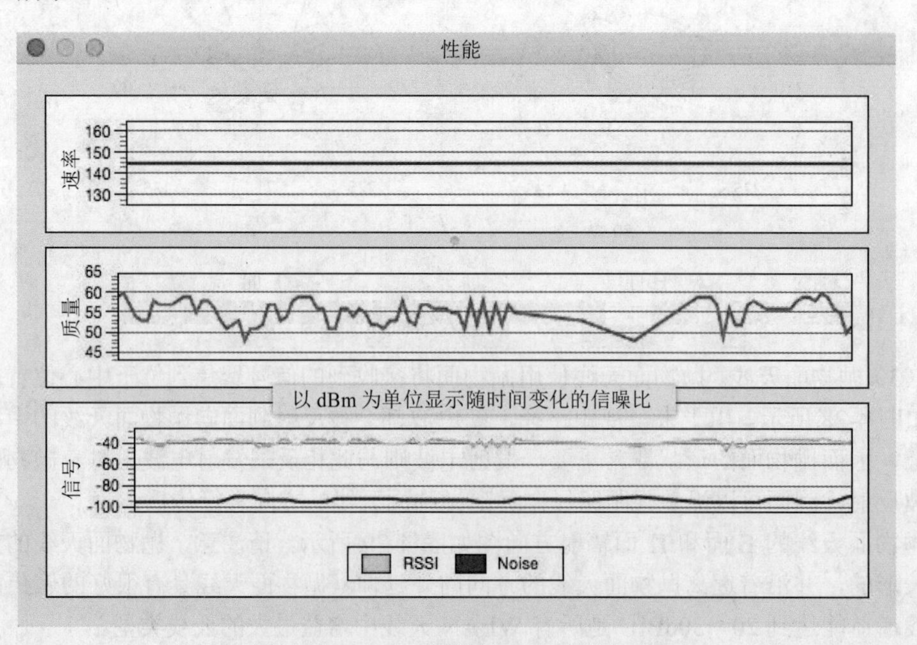

图 4-30 Mac OS 提供的 Wi-Fi 诊断工具

2. 厂商客户端实用程序

厂商有时会提供特定的客户端实用程序，通常用于外置无线网卡。近些年来，厂商特定的客户端程序也随着外置无线设备的减少而减少。企业级客户端实用程序为更加昂贵的企业级网卡提供了软件配置界面。通常情况下，企业级客户端实用程序支持更多的配置功能，并具有更好的统计功能。英特尔 PROSet 无线客户端配置界面如图 4-31 所示。

图 4-31　英特尔无线客户端配置界面

3. 第三方客户端实用程序

最后一种 802.11 无线网卡的软件配置界面是第三方客户端实用程序，如 Juniper 公司的 Odyssey Access Client，如图 4-32 所示。与集成在操作系统中的客户端实用程序相同，第三方客户端实用程序也可以支持不同厂商的无线网卡，管理更加简便。此外，第三方客户端实用程序还支持多种 EAP 类型，可以提供更广泛的安全选择，主要缺点是通常需要付费。

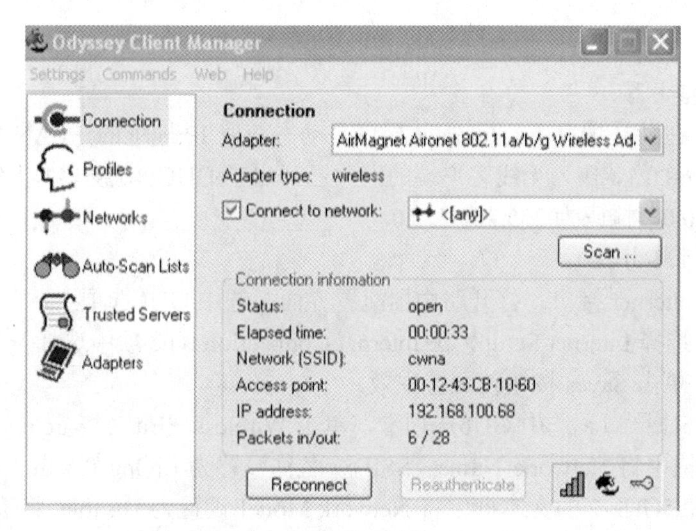

图 4-32　Juniper 公司的无线客户端配置界面

4.4 动手实践

4.4.1 使用无线路由器扩展网络

住宅开发商一般把家庭接入网络的入口安装在入户花园墙上的一个箱体内，用户在装修的时候，信息网络线缆从此处分别铺设到客厅、书房、卧室。这样的布置使得ADSL调制解调器只能安装在入户花园墙体上的一个箱体内，虽然无线路由器可以安装在某个房间内，如客厅，但是受房屋结构、使用材质的影响，无线信号很难完全覆盖各个房间，导致用户无线上网体验差。

本例使用图4-33所示的网络拓扑，将一台主无线路由器安装在入户花园墙上的箱体内，在需要部署网络的房间各安装一台无线路由器，将主路由器的Internet接口连接ADSL调制解调器的以太网接口，主路由器的LAN接口连接各个房间无线路由器的Internet接口，这样就形成了一个桥接网络。考虑到ISP网络不由用户操控，因此只需要将用户侧的网络连通即可，本场景中只实现了智能手机连上客厅无线路由器的步骤，其他房间无线路由器的配置请读者自行完成。

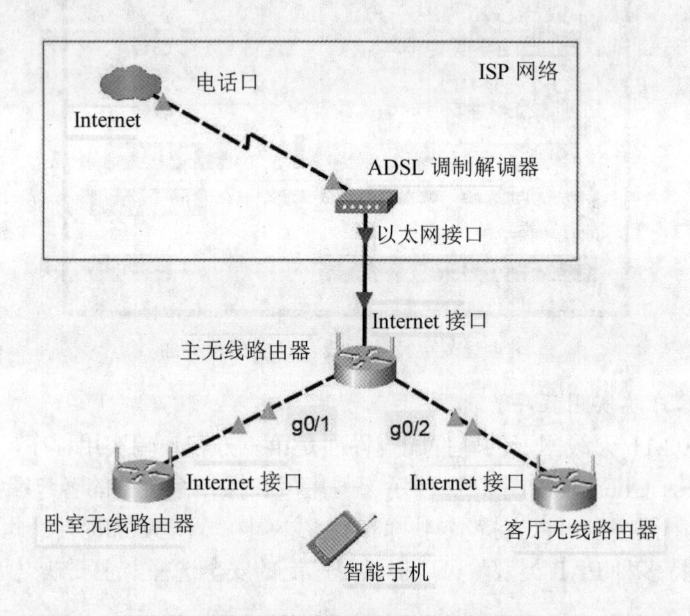

图4-33 无线路由器扩展网络拓扑图

1. 设置主路由器

无需配置。在默认情况下，Internet接口是动态获取IP地址的，LAN口上已自动配置了IP地址192.168.0.1，作为无线客户端的网关已开启了DHCP服务，为无线客户端分配的网段为192.168.0.0，掩码为255.255.255.0。

2. 设置客厅路由器

（1）设置Internet接口。打开路由器配置界面，选中GUI选项卡，单击Setup菜单，在左侧窗格中，选择Internet Setup，在Internet Connection type项中选择Wireless AP。将滚动条拉至最后，单击Saves按钮使配置生效。

（2）禁用5G接口。选中GUI选项卡，单击Wireless→Basic Wireless Settings命令，在2.4GHz文本框中将Network Name（SSID）名称设置为Living-Room，其他采用默认设置。在5GHz-1和5GHz-2的文本框中将Network Model设置为Disable，将滚动条拉至最后，单击Saves按钮使配置生效。

（3）设置 Wi-Fi 密码。选择 Wireless Security→2.4GHz→WPA2Personal，在右侧的 Passphrase 中输入密码 12345678，其他采用默认设置，同样将滚动条拉至最后，单击 Saves 按钮使配置生效。

3. 设置智能手机

打开智能手机配置界面，单击 Wireless0，在 Port Status 的 SSID 文本框中输入 Living-Room，在 Authentication 中选择 WPA2-PSK，输入密码 12345678，这时发现智能手机已经连上客厅无线路由器了。

4.4.2 使用无线路由器提供的多媒体服务

随着 Internet 的快速发展，语音、实时视频传输等新应用对交付的无线网络质量提出了更高的期望，这就需要无线网络能够针对不同的网络流量类型分配不同的带宽资源来保障用户的体验。目前，ISP 推出基于专用多 VLAN 的服务，即将数据、语音、视频封装在不同的 VLAN 中传输。

本例采用图 4-34 所示的网络拓扑、VLAN 和 IP 地址规划，通过无线路由器构建的无线网络与 ISP 网络之间进行联动，实现数据、语音、视频流的独立传输。

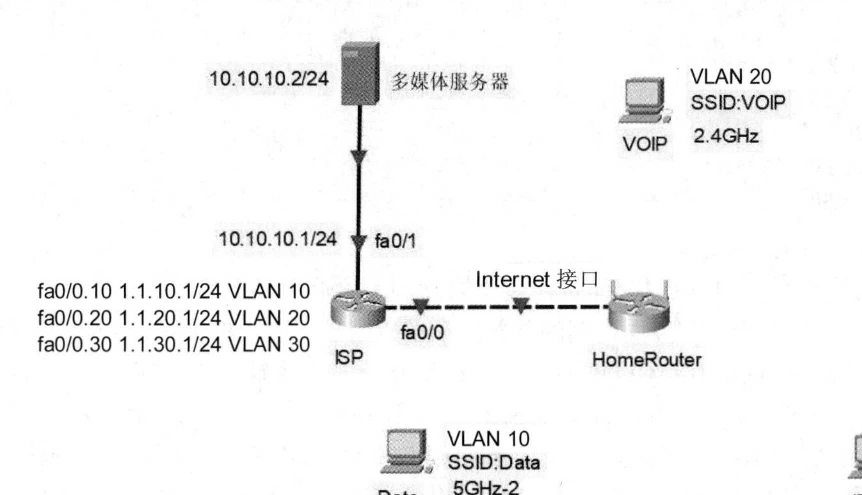

图 4-34　无线路由器提供多媒体服务网络拓扑图

1. 配置多媒体服务器的 IP 地址

打开服务器配置界面，单击桌面上的 IP 配置应用程序，设置 IP 地址为 10.10.10.2，掩码为 255.255.255.0，默认网关为 10.10.10.1。

2. 配置 ISP 路由器

（1）配置接口 IP。需要注意的是，由于在 fa0/0 接口上要传多个 VLAN 的流量，因此需要按照拓扑图激活物理接口，把该接口划分成 3 个子接口并封装相应的 VLAN 信息后再配置 IP 地址。

```
Int fa0/1                                  //进入 1 号端口
Ip add 10.10.10.1 255.255.255.0            //配置 IP 地址
no shutdown                                //激活端口
Int fa0/0                                  //进入 0 号端口
no shutdown                                //激活端口
Int fa0/0.10                               //进入子接口 0.10
encapsulation dot1q   10                   //封装 VLAN10
ip add 1.1.10.1 255.255.255.0              //配置 IP 地址
no shutdown                                //激活端口
```

```
Int fa0/0.20                                  //进入子接口 0.20
encapsulation dot1q  20                       //封装 VLAN20
ip add 1.1.20.1 255.255.255.0                 //配置 IP 地址
no shutdown                                   //激活端口
Int fa0/0.30                                  //进入子接口 0.30
encapsulation dot1q  30                       //封装 VLAN30
Ip add 1.1.30.1 255.255.255.0                 //配置 IP 地址
no shutdown                                   //激活端口
```

（2）配置 DHCP 服务。由于需要为 Data、VOIP、IPTV 客户端动态分配 IP 地址，因此需要建立 3 个地址池，分别定义为 inet、voip、iptv。在地址池中指定需要宣告的网段和默认网关，根据 IP 地址规划，inet 地址池宣告的网段是 1.1.10.0/24，默认网关为 1.1.10.1；voip 地址池宣告的网段是 1.1.20.0/24，默认网关为 1.1.20.1；iptv 地址池宣告的网段是 1.1.30.0/24，默认网关为 1.1.30.1。

```
serv dhcp                                     //开启 DHCP 服务
ip dhcp pool inet                             //建立地址池，名为 inet
net work1.1.10.0 255.255.255.0                //宣告分配的网段
default-router 1.1.10.1                       //宣告网关
ip dhcp pool voip                             //建立地址池，名为 voip
network 1.1.20.0 255.255.255.0                //宣告分配的网段
default-router 1.1.20.1                       //宣告网关
ip dhcp pool iptv                             //建立地址池，名为 iptv
network 1.1.30.0 255.255.255.0                //宣告分配的网段
default-router 1.1.30.1                       //宣告网关
```

3. 配置 HomeRouter 无线路由器

（1）打开配置界面，LAN 口和 Internet 接口的 IP 地址采用默认配置。

（2）选中 GUI 选项卡，将界面右侧的下拉滚动条拉到最下方，在 ISP Vlans 中选择 Enable，在 Vlan IDS 的 Internet 文本框中输入 10，在 voip 文本框中输入 20，在 iptv 文本框中输入 30；然后在 Port Vlans 项中将 port1～port4 绑定到 Internet 接口，将 2.4GHz 无线接口绑定到 voip 应用，将 5GHz-1 无线接口绑定到 iptv 应用，将 5GHz-2 无线接口绑定到 Internet 应用。这样操作后，2.4GHz 无线接口就与 VLAN 20 建立了关联，该接口传输的就是 VLAN 20 的信息，5GHz-1 无线接口传输的就是 VLAN 30 的信息，5GHz-2 无线接口传输的就是 VLAN 10 的信息。完成以上配置后，单击 Saves 按钮使配置生效。

（3）开通无线路由器的无线功能。单击 Wireless→Basic Wireless Settings 命令，依次将 2.4GHz、5GHz-2、5GHz-1 的 Network Name（SSID）设置为 VOIP、Data、IPTV，然后单击 Saves 按钮使配置生效。为了测试方便，未设置 Wi-Fi 密码。

（4）设置无线终端。这里以 Data 客户端为例，打开配置界面，选中 Physical 菜单，在弹出界面中，首先单击主机红色按钮关闭电源，然后移除主机上的有线网卡，再选择左侧窗格中的 WMP300N 无线网卡模块，将其拖拽到有线网卡位置，再打开主机电源。选中 Config 菜单，在左侧窗格中单击 Wireless，在右侧弹出的无线接口相关配置界面中的 SSID 文本框中输入 Data。参照以上步骤，请同学们自行完成 VOIP、IPTV 无线客户端的配置，这里不再赘述。

4. 验证配置结果

（1）验证 Data 客户端获取 IP 地址情况：正确获取到 192.168.0.0 网段的 IP 地址。由于无线路由器内部实现了 LAN 口、5GHz-2 无线接口与 Internet 接口的映射关系，这相当于无线路由器在默认情况下的配置，因此 5GHz-2 无线接口连上的无线终端将获取到 192.168.0.0/24 网段的 IP 地址信息，而不是 1.1.10.0/24 网段的 IP 地址信息。

（2）验证 VOIP 客户端获取 IP 地址情况：正确获取到 1.1.20.0 网段的 IP 地址信息。

（3）验证 IPTV 客户端获取 IP 地址情况：正确获取到 1.1.30.0 网段的 IP 地址信息。

（4）验证无线路由器 Internet 接口获取 IP 地址情况：正确获取到 1.1.10.0 网段的地址信息。无线路由器的 Internet 接口也采用动态获取方式，只不过是由 Internet 网络中的 DHCP 服务器来提供，在这里由 ISP 路由器来提供，因此无线路由器的 Internet 接口（与 VLAN 10 绑定在一起的）获取到的 IP 地址为 1.1.10.0/24 网段，而不是 ISP 路由器上 DHCP 服务器指定的其他网段。

（5）测试客户端与 Internet 的网络连通性。这里以 Data 客户端为例，打开浏览器，在地址栏中输入 10.10.10.2，发现能打开 Web 页面。

4.4.3 使用无线媒体桥模式扩展网络

使用无线媒体桥模式扩展网络

有时处于异地的两个有线局域网由于地理条件特殊无法通过有线网络接入 Internet，也无法通过有线连接起来，可以采用无线媒体进行连接。

本例使用图 4-35 所示的无线媒体桥模式来扩展网络。其中，主无线路由器（选择企业级路由器）可以接入 Internet 网络；处于异地的两个局域网 A 和 B 各部署了一台无线路由器 A 和 B（家用路由器），使用主无线路由器的无线媒体桥接功能将局域网 A 与局域网 B 连接起来，不但可以实现相互通信，还能接入 Internet。

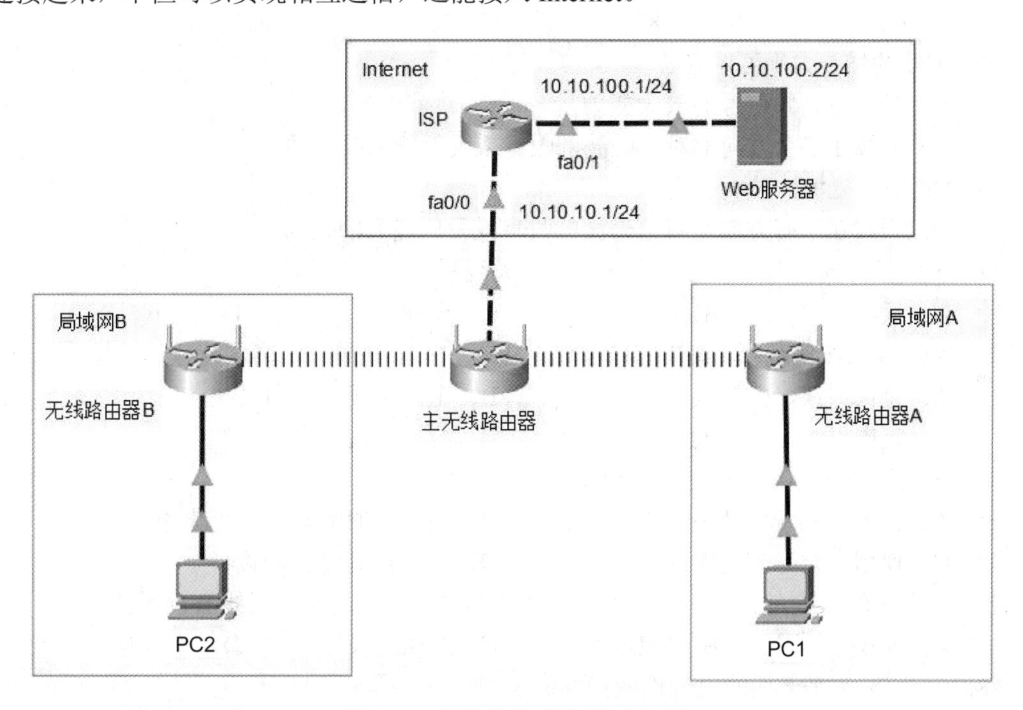

图 4-35 无线媒体桥模式扩展网络

1. 设置主无线路由器

无需配置。默认情况下 Internet 接口动态获取 IP 地址，LAN 口上已自动配置了 IP 地址 192.168.0.1。

2. 配置无线路由器 A 为无线媒体桥模式

打开无线路由器 A 的配置界面，选中 GUI 选项卡，单击 Setup 菜单，在左侧窗格中，单击 Internet Setup，在下方的 Internet Connection type 中选择 Wireless Media Bridge，然后单击 Saves 按钮，主无线路由器与无线路由器 A 之间便通过无线建立了连接。

3. 配置无线路由器 A 的无线功能

选中 GUI 选项卡，单击 Wireless→Basic Wireless Settings 命令，发现无线路由器的 AP

功能已关闭，客户端只能通过有线连接无线路由器。

4. 配置无线路由器B的桥模式和无线功能

用同样的方法配置无线路由器B，这里不再赘述。

5. 配置结果验证测试

首先，将PC1、PC2获取IP地址的方式设置为动态获取，发现它们均能正确获取到IP地址；然后，在PC1的命令行界面中执行ping PC2 IP地址的命令，如果能够相互ping通，说明局域网A与局域网B之间可以相互通信。至于能否访问Internet，则取决于ISP网络的设置，也不属于用户操控的范围，这里就不做配置验证了。

4.5 课后作业

一、选择题

1. 下列（　　）不是描述天线的参数。

A. 频段　　B. 增益　　C. 极化　　D. 功率

2. 全向天线在水平方向图上表现为（　　）。

A. 90°　　B. 180°　　C. 360°　　D. 0°

3. 天线的增益大小可以说明（　　）。

A. 天线对高频信号的放大能力

B. 天线在某个方向上对电磁波的收集或发射能力的强弱

C. 对电磁波的放大能力

D. 天线在所有方向上对电磁波的收集或发射能力的强弱

4. 天线按方向性分类，可分为（　　）天线和（　　）天线。

A. 板状　　B. 抛物面　　C. 全向　　D. 定向

5. WLAN天线的选择，狭长区域建议选择（　　），开阔短距离区域建议选择（　　）。

A. 全向天线，全向天线　　B. 全向天线，定向天线

C. 定向天线，全向天线　　D. 定向天线，定向天线

6. 天线通过（　　）的方式获得增益。

A. 在天线系统中使用功率放大器　　B. 使天线的辐射变得更集中

C. 使用高效率的天馈线　　D. 使用低驻波比的设备

7. 天线A的增益为11dBi，天线B的增益为8dBi，则天线A比天线B的增益大（　　）。

A. 3dB　　B. 3dBi　　C. 3dBd　　D. 不确定

8.（　　）不是天线的电气性能指标。

A. 增益　　B. 频段　　C. 功率大小　　D. 极化方式

9. 对于电磁波的极化，以下描述中错误的是（　　）。

A. 天线向周围空间辐射电磁波，其电场方向是按一定的规律变化的

B. 天线的极化是指天线辐射时形成的磁场强度方向

C. 如果电波的电场方向垂直于地面，则称它为垂直极化波

D. 若发射天线是水平极化的，则接收天线也是水平极化的

10. 某发射器连接了一根偶极天线，现在希望利用该天线的定向特性。根据偶极天线的辐射方向图，如果让该天线的柱面直接指向远端发射器，那么结果是（　　）。

A. 接收器将收到更强的信号

B. 接收器将收到更弱的信号

C．由于偶极天线是全向天线，因而不可能出现定向情况

D．这么做没有任何意义，除非接收器的偶极天线也直接指向发射器

11．Cisco 偶极天线安装后垂直指向上方，且辐射方向图水平向外延伸，那么下面关于该天线极化方式的描述中正确的是（　　）。

A．水平极化　　B．垂直极化　　C．双极化　　D．椭圆极化

二、判断题

1．天线不能提高发射信号的功率。（　　）

2．天线的功率增益用 dBi 作单位。（　　）

3．天线的增益值越大，辐射的 RF 能量越集中。（　　）

4．发射天线和接收天线必须为同样的极化方式，否则将导致信号不能正常接收。（　　）

5．描述天线增益常用的两个单位是 dBi 和 dBd，它们之间的关系是：dBi=dBd+2.17。（　　）

6．无线路由器就是无线接入点。（　　）

三、简答题

1．简述无线路由器的基本功能。

2．简述分布式系统的分类及功能。

3．简要说明天线的作用及其电气性能指标。

4．简述各类天线的特点。

模块 5　企业无线局域网组建

学习情景

在组建一个企业无线网络时，应根据网络的规模和投入的资金合理选择和部署无线网络设备。出于成本的考虑，组建小型企业网通常不会购买专业性较强的无线控制器（Wireless Laser Communication，WLC）或 AC 和轻量级无线接入点（LAP，也称为“瘦”AP），而是采用自主式 AP（“胖”AP）部署无线网络，但是需要对自主式 AP 逐个进行配置。随着网络规模的扩大，使用自主式 AP 的数量会增多，配置的工作量和难度是很大的。因此，在大中型无线局域网中通常采用 WLC 对无线局域网内的 LAP 进行统一管理和配置，从而降低无线网络的配置工作量和管理难度。用户一旦接入无线网络，便期望在一个位置开始无线传输连接后移动至网络覆盖的任意位置都不会中断连接，这就需要无线漫游功能来发挥作用。

某中等规模企业的网络拓扑图如图 5-1 所示，其中重庆分公司网络规模小，采用自主式 AP 来构建无线网络；公司总部网络规模较大，采用 LAP+WLC 方式来构建无线局域网。

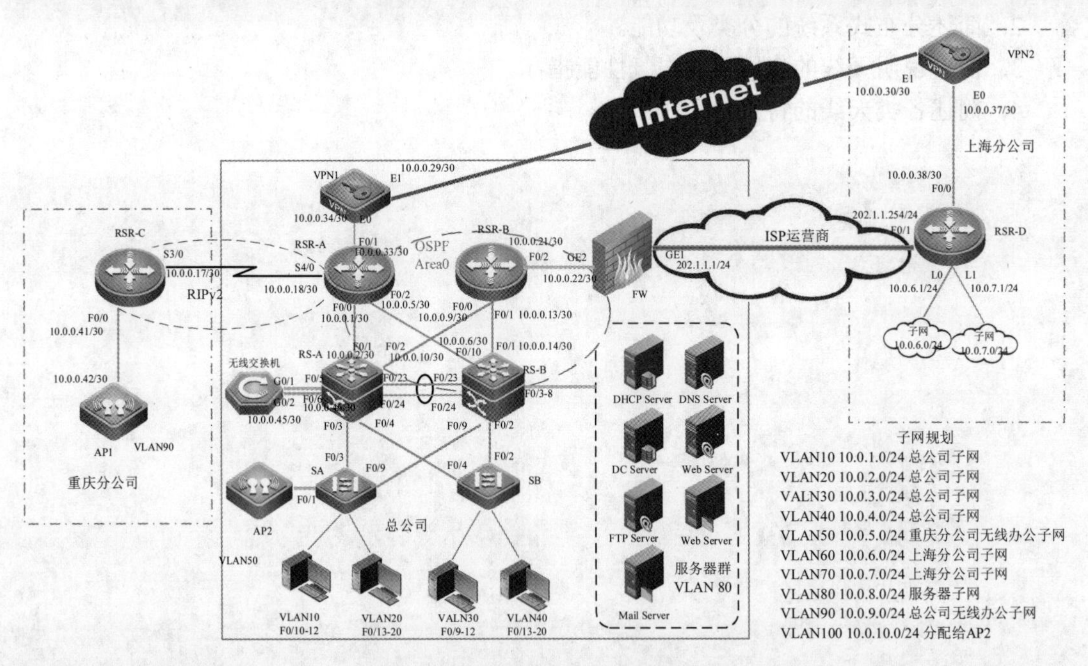

图 5-1　某中型企业网络实施拓扑图

知识技能目标

通过对本模块的学习，读者应达到如下要求：

- 了解 AP 的功能及分类。
- 掌握 AP 的配置模式和工作过程。
- 掌握 LAP+WLC 无线网络架构。
- 了解无线接入点的控制和配置协议（CAPWAP）。
- 掌握 LAP 注册到 WLC 的过程。
- 掌握集中式 WLAN 的数据转发模式和组网模式。

- 了解 WLAN 漫游的概念和信道规划方法。
- 能根据用户的需求选择合适的无线网络组件。
- 会正确安装和调试网桥、自主式 AP 和 WLC 等无线局域网设备。

5.1　使用无线接入点构建无线局域网

无线接入点（AP）是无线网和有线网之间沟通的桥梁，主要用来提供无线工作站对有线局域网工作站的访问，以及在接入点覆盖范围内无线工作站之间的通信，如图 5-2 所示。在无线网络中，AP 相当于有线网络的集线器，它能够把各个无线客户端连接起来。

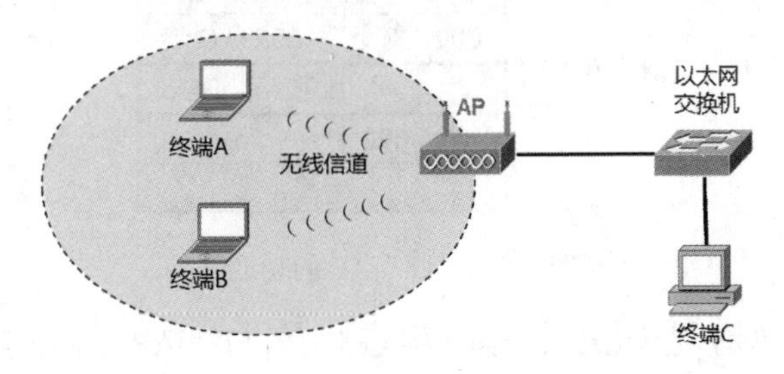

图 5-2　无线接入点在网络中的位置

5.1.1　无线接入点概述

在逻辑上，AP 是一个无线单元的中心点，该单元内的所有无线信号都要通过它才能进行交换。但 AP 没有控制作用，不能直接和 ADSL、Modem 相连，在使用时必须再添加一台交换机。随着 WLAN 技术的愈加成熟，WLAN 由以“胖”AP 为主的传统架构演变为了“瘦”AP+无线控制器的集中式架构。

1. AP 的分类

在如图 5-3 所示的无线局域网结构中，AP 有“胖”和“瘦”之分。传统的无线局域网结构中，每个 AP 都是独立的，不依赖于集中控制装置，为将其同更高级的模式区别开来，称工作于这种模式的 AP 为“胖”AP，如图 5-3 中的 AP3。在如今的 WLAN 部署中，AP 仅保留基本的射频通信功能，依赖于无线控制器的集中控制功能，这使得 AP 的管理更加趋于智能化和自动化，减少了人工的投入，相应地也可使总成本下降，称工作于这种模式的 AP 为“瘦”AP，如图 5-3 中的 AP1 和 AP2。

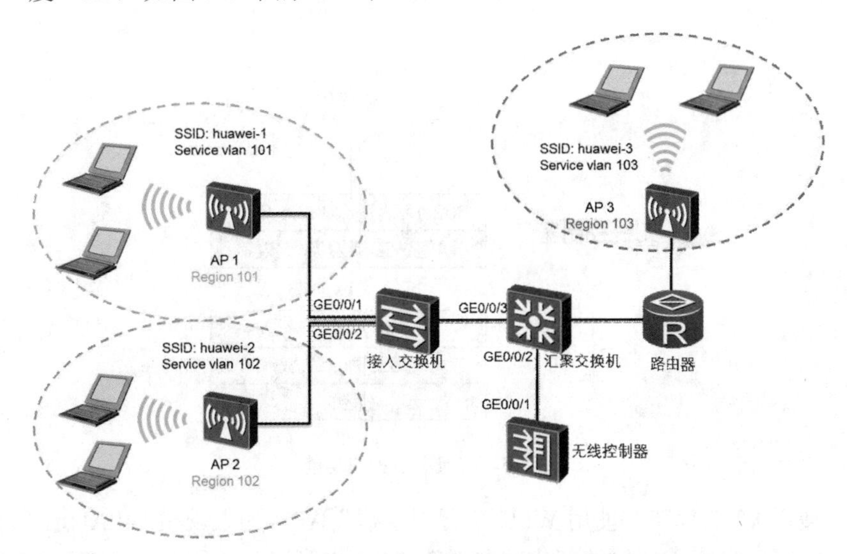

图 5-3　无线接入点在无线网络中的部署

2. “胖”AP

（1）“胖”AP的主要功能。“胖”AP是第一代AP，出现于1999年IEEE 802.11b标准出台后，其结构特点是将WLAN的天线、加密、认证、QoS、网络管理、漫游技术等功能集于一身，因此它的功能全面但结构复杂，如图5-4所示。

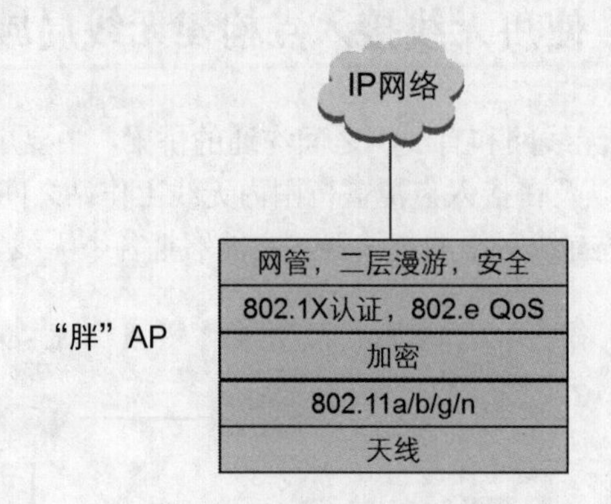

图5-4 “胖”AP的功能

“胖”AP的典型例子是无线路由器。无线路由器与纯AP不同，除无线接入功能外一般具有WAN口和LAN口两个接口，支持DHCP服务、DNS服务和MAC地址克隆，以及VPN接入和防火墙等功能。

（2）“胖”AP的不足。随着无线网络的发展，需要部署AP的地方越来越多，“胖”AP的弊端也越来越明显。“胖”AP通常建立在功能强大的硬件基础上，需要复杂的软件，这使得设备的安装和维护成本很高。另外，“胖”AP的可扩展性也存在问题，因为管理众多“胖”AP的RF运行方式是极其困难的。例如，需要负责选择和配置AP信道，检测并确定可能带来干扰的恶意AP，管理AP的输出功率，确保覆盖范围足够大，同时要求无线信号重叠区域不能太大且不存在未被覆盖的地方，即使某个“胖”AP出现故障。

3. “瘦”AP

（1）“瘦”AP的主要功能。为了实现WLAN的快速部署、网络设备的集中管理、精细化的用户管理，相当于“胖”AP方式，企业用户以及运营商更倾向于采用集中控制方式（“瘦”AP+WLC）的组网模式，实现WLAN系统的可运维、可管理。

“瘦”AP+WLC架构中的WLC负责无线终端的接入认证、AP的管理、二层漫游、安全控制等，“瘦”AP负责802.11报文的加密、无线信号的发送与接收等功能，如图5-5所示。

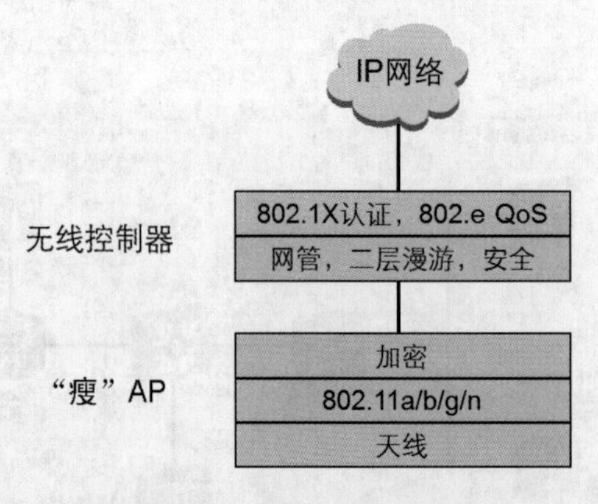

图5-5 “瘦”AP的功能

（2）“瘦”AP的优势。使用WLC来管理“瘦”AP，为大规模WLAN应用提供了很多有利条件，既可以随着环境的变化动态更新AP，也可以允许所有的“瘦”AP共享一个通用的配置，从而提高无线网络的一致性。“瘦”AP 的优点如表 5-1 所示。

表 5-1 “瘦”AP 的优点

优点	描述
低成本	“瘦”AP 经过优化，可高效地完成无线通信功能，降低了最初的硬件成本以及未来的维护和升级成本
简化接入管理	“瘦”AP 配置，包括安全功能都采用集中式，简化了网络管理任务
改善漫游性能	比传统 AP 的漫游切换速度要快得多
简化网络升级	集中式的命令和控制能力使得为适应 WLAN 标准对网络进行升级变得更加简单，因为升级只需在交换层上进行，而不是每个“瘦”AP 上

4. “胖”AP 与“瘦”AP 的比较

“胖”AP 与“瘦”AP 组网对比如表 5-2 所示。在大规模组网部署应用的情况下，“瘦”AP+WLC 架构比“胖”AP 架构具有方便集中管理、三层漫游、基于用户下发权限等优势。因此，“瘦”AP+WLC 更适合 WLAN 发展趋势。

表 5-2 “胖”AP 和“瘦”AP 的比较

比较项目	“胖”AP	“瘦”AP
安全性	传统加密、认证方式，普通安全性	基于用户、用户位置等安全策略，安全性高
网络管理	对每个 AP 进行配置	AP 零配置，WLC 上统一配置
用户管理	根据 AP 接入的有线端口区分权限	根据用户名区分权限
WLAN 组网规模	L2 漫游，适合小规模组网，成本较低	L2、L3 漫游，适合大规模组网，成本较高
信道自动调整	不支持	支持
发射功率自动调整	不支持	支持

5.1.2 无线接入点的工作过程

“胖”AP 对于远程站点、小型办公室和家庭来说非常有用，因为这些场合不需要集中式管理。尽管“胖”AP 属于全功能型独立设备，但是它的安装与配置都非常简单。

下面介绍将 SSID 桥接到 VLAN 的过程。

可以将 AP 想象为翻译网桥，负责翻译来自两种不同介质的帧并桥接到二层网络。简单来说，AP 负责将 SSID 映射为 VLAN；或者以 802.11 的术语来说，AP 将 BSS 映射为 DS。如图 5-6 所示，AP 将 SSID 为 Marketing 的无线客户端 PC 连接到 VLAN 10 的有线网络。在有线侧，该 AP 的以太网端口连接到一个被配置为接入模式且被映射到 VLAN 10 的交换机端口上。

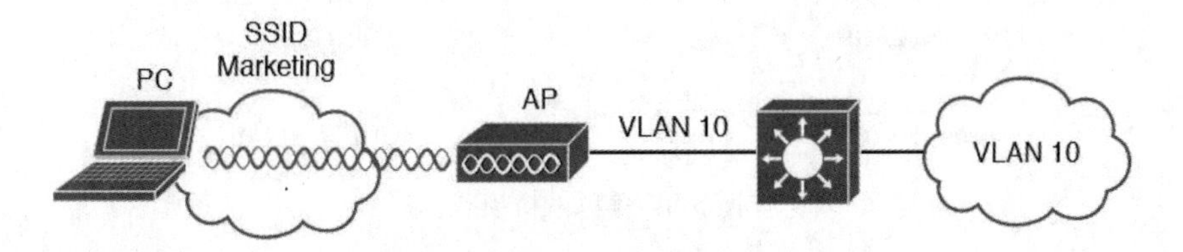

图 5-6 AP 将 SSID 映射为 VLAN

可以进一步扩展这个概念，将多个 VLAN 映射到多个 SSID。为此，AP 必须通过承载这些 VLAN 的中继链路来连接到交换机上，如图 5-7 所示。图中的 VLAN 10 和 VLAN 20 都被中继到 AP 上，该 AP 使用 802.1q 标签将 VLAN 号映射为 SSID。例如，VLAN 10 被映射为 SSID Marketing，VLAN 20 被映射为 SSID Engineering。

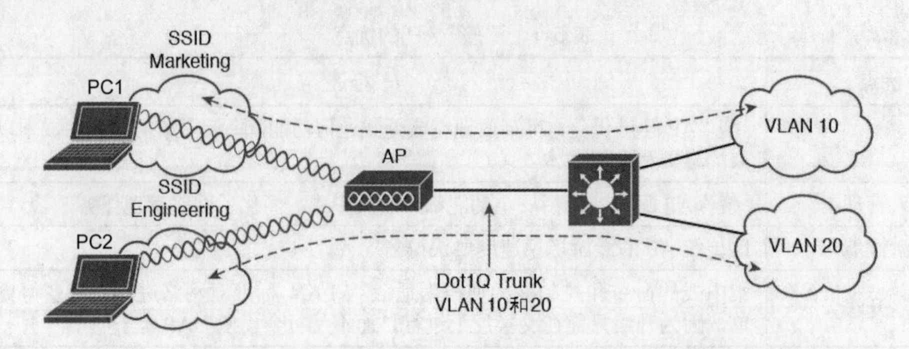

图 5-7 AP 将多个 SSID 映射为多个 VLAN 的应用场景

事实上，“胖” AP 在使用多个 SSID 的时候，就是将 VLAN 通过无线电中继到无线客户端。在 802.11 环境下，VLAN 的标签被 SSID 所替代，此时的“胖” AP 就相当于接入层交换机的延伸，因为“胖” AP 就是在接入层桥接 SSID 和 VLAN 的。

5.1.3 无线接入点的配置模式

唯一符合 802.11 标准的 AP 配置模式称为根模式（Root Mode），当然并不是所有的无线厂商对这种模式有相同的叫法，如许多厂商称之为 AP Mode 而不是 Root Mode。根模式是 AP 的默认配置模式，在这种模式中，AP 主要作为接入分布式系统的入口设备来使用，在分布系统与 802.11 无线介质之间传输数据。配置为根模式的 AP 可在 BSS 中使用。此外，AP 也可以被配置为其他非标准模式。

1. 网桥模式

AP 被转换为无线网桥，每台设备可以通过配置的 MAC 地址建立两个相距很远的 LAN 之间的无线链路。需要注意的是，无线式分布系统既可以采用单频 802.11 AP，也可以采用双频 802.11 AP。单频网桥模式如图 5-8 所示，两个 802.11 AP 都只有一个无线接口。AP 的无线接口不仅能提供无线客户端的接入，也可以作为无线分布式系统与其他 AP 直接通信。这种解决方案的弊端在于介质的半双工特性会影响吞吐量，对只有一个无线接口的 AP 而言更是一个问题，因为 AP 无法与无线客户端和其他 AP 同时通信，网络的吞吐量将因此降低。

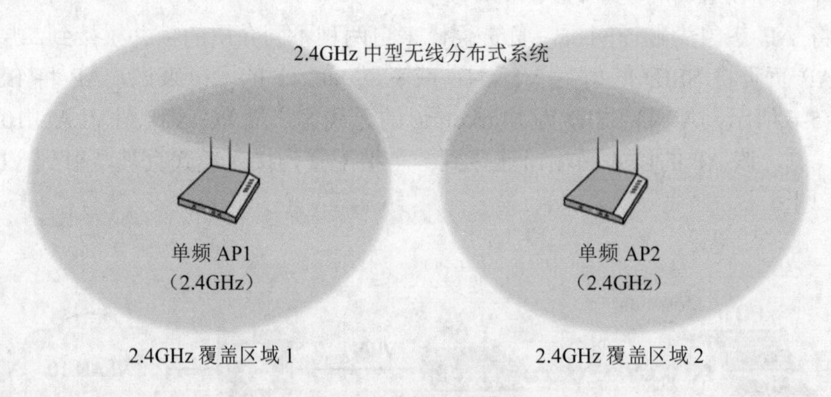

图 5-8 单频网桥模式

双频网桥模式如图 5-9 所示，两个双频 AP 的两个无线接口分别工作在不同的频段。2.4GHz 无线接口为客户端提供接入，5GHz 无线接口作为两个 AP 之间的无线分布式系统链路。由于 2.4GHz 无线接口与 5GHz 回传无线接口可以同时工作，因此网络的吞吐量不会受到影响。

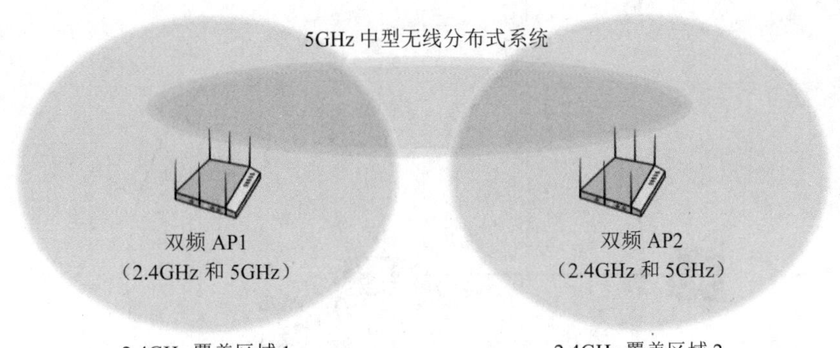

图 5-9 双频网桥模式

（1）点到点室外网桥的应用。可以使用点到点桥接链路将两个不同地点的 LAN 桥接在一起，此时需要在无线链路的两端都部署一台运行在网桥模式下的 AP。为实现链路距离的最大化，通常需要与网桥配合使用定向天线，如图 5-10 所示。

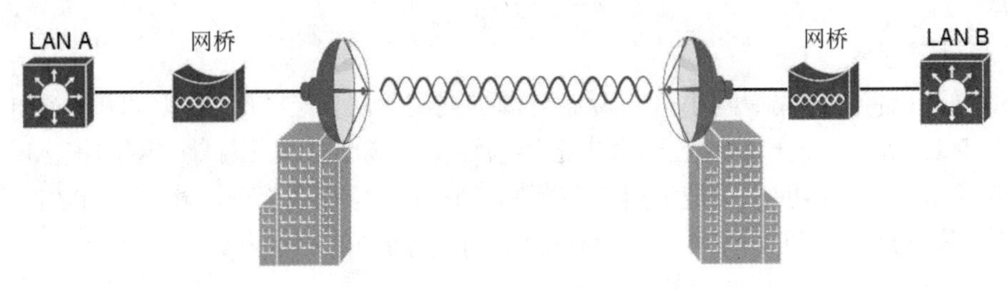

图 5-10 点到点网桥的应用

（2）点到多点室外网桥的应用。有时需要桥接多个站点的 LAN。点到多点的桥接链路可以将一个中心站点桥接到多个分支站点，通常中心站点网桥会连接一根全向天线，如图 5-11 所示。

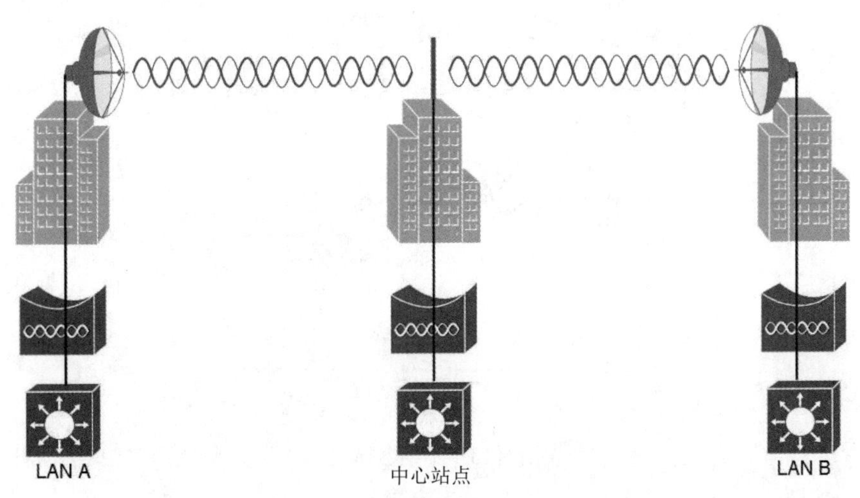

图 5-11 点到多点网桥的应用

2. 工作组网桥模式

某些终端支持有线以太网链路，但没有无线连接能力，那么就可以使用工作组网桥（WGB）设备的有线网络适配器连接到无线网络。

WGB 的目的不是为无线服务提供 BSS，而是让 WGB 设备成为 BSS 的无线客户端。事实上，WGB 的作用是充当没有无线网络适配器的设备的无线网络适配器。如图 5-12 所示，AP 提供 BSS，客户端 A 是一个普通无线客户端，客户端 B 通过 WGB 关联该 AP。

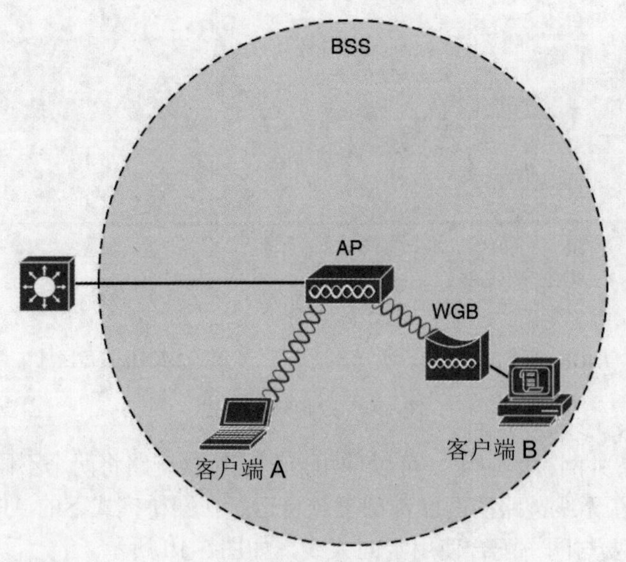

图 5-12 工作组网桥模式

3. 中继器模式

中继器可以将无线局域网小区的覆盖范围扩展到无法安装 802.3 以太网下行电缆的区域。如图 5-13 所示，客户端通过一个中继器与连接到 802.3 以太网骨干网的根 AP 建立关联并相互通信。中继器的作用是扩展覆盖范围，它并不与有线骨干网相连。802.11 帧净载荷首先被转换为 802.3 以太网帧，然后被发送到骨干网中的服务器。

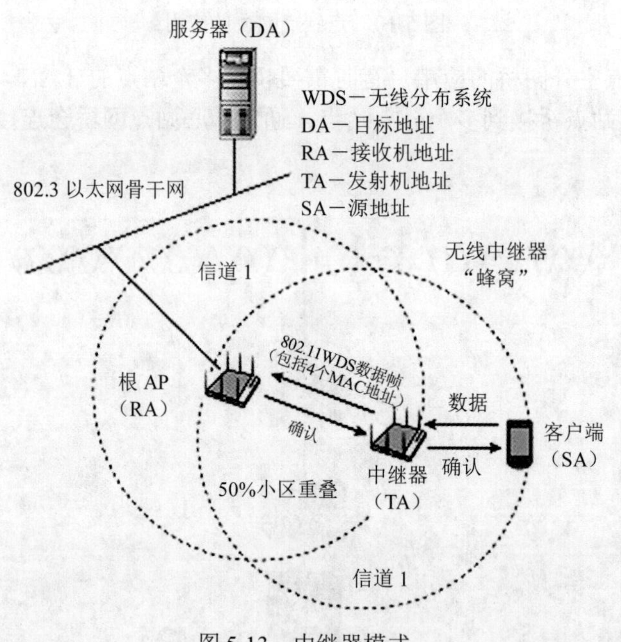

图 5-13 中继器模式

中继器与根 AP 必须位于同一信道才能有效扩展根 AP 的小区覆盖范围。为了确保通信成功，中继器和根 AP 覆盖小区之间的重叠范围不能低于 50%。尽管中继器可以为无法安装下行电缆的区域提供射频覆盖，但因为所有帧都要传输两次，因此吞吐量将降低，延时也会随之增加。由于根 AP 小区与中继器小区使用同一信道且位于相同的冲突域，因此所有无线接口都必须竞争介质的使用权。此外，中继器会产生额外的介质竞争开销，这会影响到网络的性能。为了解决这个问题，某些中继器可以使用两个无线信道来隔离原始信号与转发信号，一个无线信道专用于根 AP 的小区信号，另一个无线信道专用于中继器自身的小区信号。

5.1.4　无线接入点的配置方法

“胖”AP 要能正常工作，需要配置各种参数，至少需要配置一个 SSID 和一些安全策略。此外，还要为每个 AP 的无线电配置发射功率和信道号。“胖”AP 的配置方法如下：

（1）连接到 AP 控制台端口的终端仿真程序，如 Windows 操作系统自带的超级终端。

（2）通过 Telnet 或 SSH 方式登录到 AP 的管理 IP 地址。

（3）利用 Web 浏览器在 AP 的 IP 地址上访问 GUI。

本节只介绍使用终端仿真程序连接到 AP 控制台端口的方法。

AP 的外观如图 5-14 所示，其中以太网端口应该连接到 DS 所在的交换机端口上，控制台端口可以保持断开状态（除非使用控制台端口），AP 上的标签提供了产品型号、序列号、以太网端口的 MAC 地址等信息。

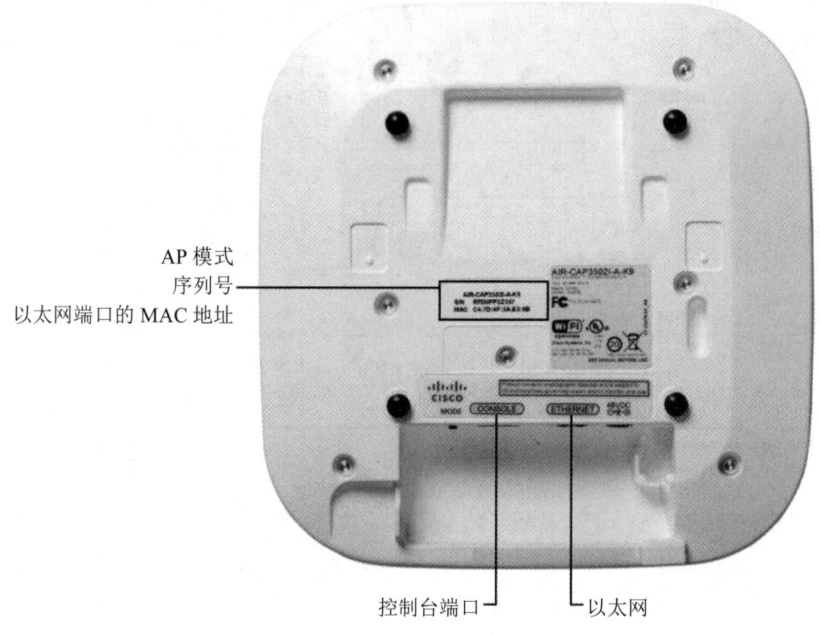

图 5-14　AP 的外观

在默认情况下，AP 通常会试图使用 DHCP 来为自己请求一个 IP 地址。如果 IP 地址请求成功，就可以连接到该 AP 并通过 GUI 与其交互。如果 IP 地址请求失败，该 AP 使用静态 IP 地址 10.0.0.1/26。也可以利用控制台端口在 AP 的桥接虚拟接口（BVI）上为该 AP 配置一个静态 IP 地址，不过由 AP 自己请求 IP 地址通常会更加方便灵活。

通常很难看到 AP 的 IP 地址，因为 AP 无法显示其 IP 地址，除非通过用户界面和配置界面。如果想知道 AP 的地址，可以向分配 IP 地址的 DHCP 服务器查询，并查找该 AP 的 MAC 地址。

假设某 AP 的 MAC 地址是 00:00:00:00:00:11，从图 5-15 所示的输出结果中可以看出，该 MAC 地址对应的 IP 为 192.168.199.44。

此外，还可以使用思科提供的思科工具 IPSU 来查询 AP 的 IP 地址信息。该工具的界面非常简单，如图 5-16 所示，只要输入 AP 的以太网 MAC 地址信息，单击 Get IP Address 按钮，该工具立即返回 AP 的 IP 地址。

“胖”AP 将 IP 地址绑定到 BVI 上。BVI 是一个虚拟接口，负责桥接物理接口和无线接口。如果连接在 AP 的控制台端口上，可以使用命令 show interface bvi 来显示该 AP 配置的 IP 地址信息，如图 5-17 所示。

```
Branch_Office# show ip dhcp binding
Bindings from all pools not associated with VRF:
IP address          Client-ID/              Lease expiration        Type
                    Hardware address/
                    User name
192.168.199.7       0020.6b77.9549          Infinite                Manual
192.168.199.8       000e.3b00.b1a3          Infinite                Manual
192.168.199.9       0004.00d0.378d          Infinite                Manual
192.168.199.14      0100.24f3.da9b.95       May 10 2015 01:09 AM    Automatic
192.168.199.20      0170.f1a1.131c.48       May 09 2015 09:25 PM    Automatic
192.168.199.23      0194.39e5.826c.38       May 09 2015 08:51 PM    Automatic
192.168.199.24      0100.216a.0ac3.a0       May 09 2015 11:21 PM    Automatic
192.168.199.34      0100.166f.6614.6d       May 09 2015 09:33 PM    Automatic
192.168.199.43      01cc.fe3c.4d66.49       May 09 2015 04:59 PM    Automatic
192.168.199.44      0100.22bd.1928.dd       May 10 2015 11:20 AM    Automatic
Branch_Office#
```

图 5-15 查看 AP 的管理 IP 地址

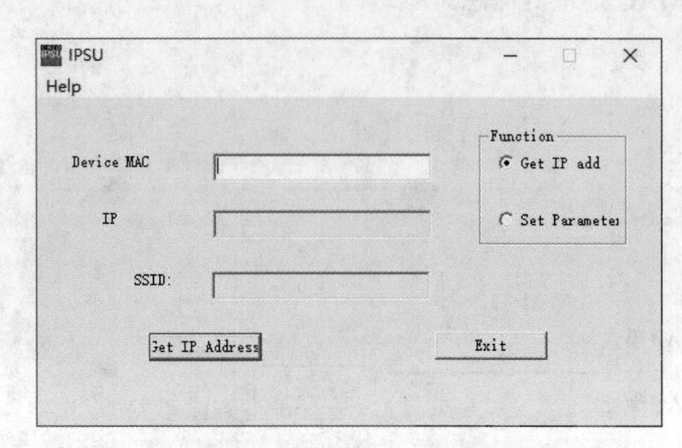

图 5-16 使用 IPSU 工具获得 AP 的管理 IP 地址

```
ap# show interface bvi1
BVI1 is up, line protocol is up
  Hardware is BVI, address is 0022.bd19.28dd (bia 0023.eb81.eb70)
  Internet address is 192.168.199.44/24
  MTU 1500 bytes, BW 54000 Kbit/sec, DLY 5000 usec,
       reliability 255/255, txload 1/255, rxload 1/255
  Encapsulation ARPA, loopback not set
  ARP type: ARPA, ARP Timeout 04:00:00
[output truncated]
```

图 5-17 通过登录 Console 口获取 AP 的管理 IP 地址

5.1.5 使用"胖"AP 扩展网络实践

本例使用图 5-18 所示的网络拓扑图，AP 实现有线信号与无线信号的相互转换，核心交换机 Switch 作为无线客户端和有线终端的网关和 DHCP 服务器，最终实现无线终端 PC1 与有线终端 PC2 之间的相互连通。

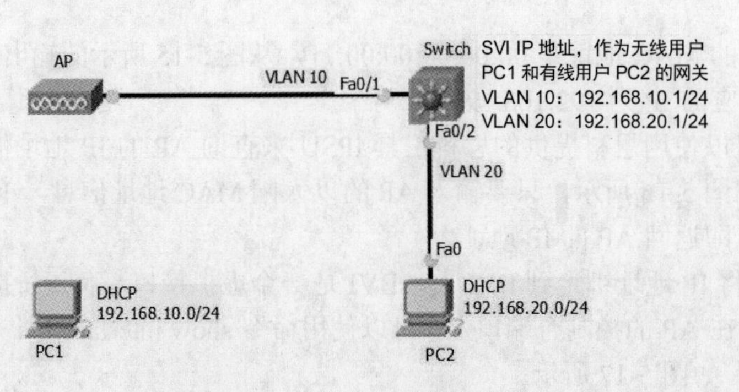

图 5-18 "胖"AP 配置拓扑图

1. 有线侧的配置

（1）配置主机名、VLAN 划分和接口 IP 地址。

```
switch>ena                                            //进入特权配置模式
switch#conf t                                         //进入全局配置模式
switch(config)#hostname Switch                        //配置交换机主机名
Switch(config)#vlan 10,20                             //划分 VLAN
Switch(config-vlan)#exit                              //回退到全局配置模式
Switch(config)#interface fa0/1                        //选定以太网接口
Switch(config-if)#switchport mode access              //指定接口属性为接入模式
Switch(config-if)#switchport access vlan 10           //将接口划分至指定 VLAN 中
Switch(config)#interface fa0/2                        //选定以太网接口
Switch(config-if)#switchport mode access              //指定接口属性为接入模式
Switch(config-if)#switchport access vlan 20           //将接口划分至指定 VLAN 中
Switch(config-if)#interface vlan 10                   //创建 SVI 接口
Switch(config-if)#ip add 192.168.10.1 255.255.255.0   //配置 SVI 接口 IP 地址
Switch(config-if)#no shutdown                         //激活端口
Switch(config-if)#interface vlan 20                   //创建 SVI 接口
Switch(config-if)#ip add 192.168.20.1 255.255.255.0   //配置 SVI 接口 IP 地址
Switch(config-if)#no shutdown                         //激活端口
```

（2）开启三层交换机的路由功能。

```
Switch(config)#ip routing
```

（3）配置 DHCP 服务，为用户 PC1 和 PC2 动态分配 IP 地址。

```
Switch(config)#service dhcp                                          //开启 DHCP 服务
Switch(config)#ip dhcp pool vlan10                                   //建立地址池名称
Switch(dhcp-config)#network 192.168.10.0 255.255.255.0               //宣告分配网段
Switch(dhcp-config)#default-router 192.168.10.1                      //指定网关地址
Switch(dhcp-config)#dns-server 192.168.10.1                          //指定 DNS 服务器地址
Switch(dhcp-config)#exit                                             //回退到全局配置模式
Switch(config)#ip dhcp excluded-address 192.168.10.1 192.168.10.1    //排除不需要动态分配的 IP 地址
Switch(config)#ip dhcp pool vlan20                                   //建立地址池名称
Switch(dhcp-config)#network 192.168.20.0 255.255.255.0               //宣告分配网段
Switch(dhcp-config)#default-router 192.168.20.1                      //指定网关地址
Switch(dhcp-config)#dns-server 192.168.20.1                          //指定 DNS 服务器地址
Switch(dhcp-config)#exit                                             //回退到全局配置模式
Switch(config)#ip dhcp excluded-address 192.168.20.1 192.168.20.1    //排除不需要动态分配的 IP 地址
```

2. 无线侧的配置

（1）“胖”AP 的配置。进入“胖”AP 的配置界面，如图 5-19 所示，选中右侧窗格中的 Port 1，在弹出的左侧窗格中勾选 on 复选项，打开无线接口，在 SSID 文本框中填入规划的 SSID 名称 cqcet1，在 Channel 下拉列表框中选择信道 2，在 Authentication 选项组中选择 WEP 认证，认证密钥 WEP Key 设置为 1234567890，注意密钥长度不能低于 10 位，在加密类型 Encryption Type 下拉列表框中选择 40/64-Bits（10 Hex digits），这里对密钥长度规定为 10 位十六进制数，认证密钥的长度必须和加密类型中规定的密钥长度相匹配。

（2）配置无线终端的网卡。具体步骤见 4.4.1 节，这里不再赘述。

（3）将无线终端关联至无线网络 cqcet1。具体步骤见 4.4.1 节，这里不再赘述。无线终端与“胖”AP 关联成功后能够接收到 AP 发出的无线信号，如图 5-20 所示。

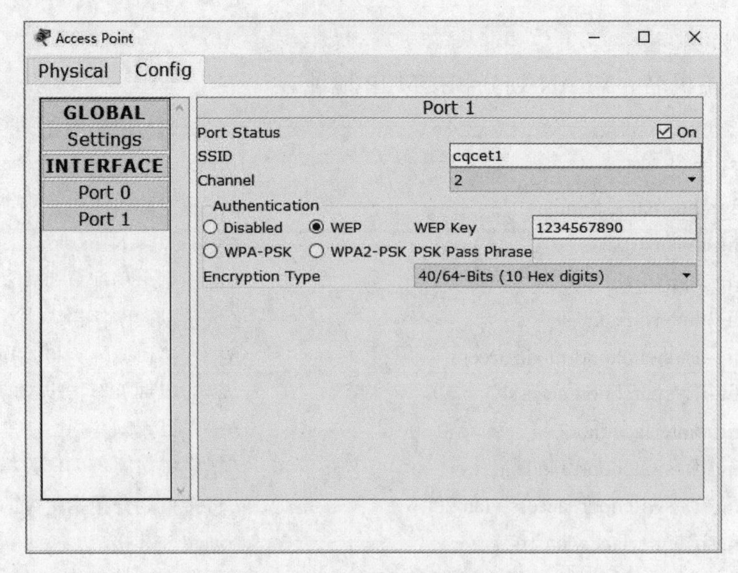

图 5-19　“胖”AP 配置界面

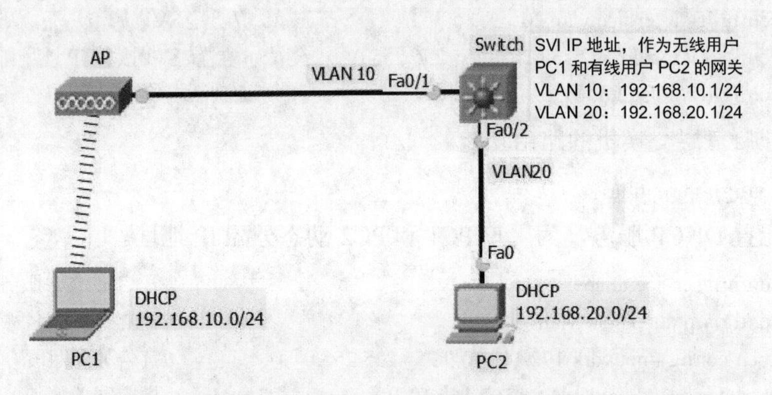

图 5-20　“胖”AP 与无线客户端关联

（4）设置无线终端 PC1 和有线终端 PC2 动态获取 IP 地址。PC1 和 PC2 从交换机 Switch 的 DHCP 服务中获取到的 IP 地址信息如图 5-21 和图 5-22 所示。

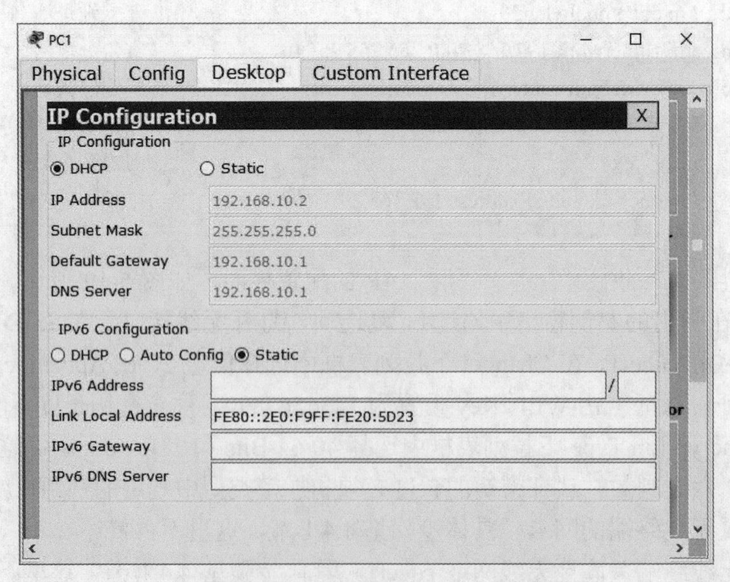

图 5-21　PC1 动态获取到的 IP 地址

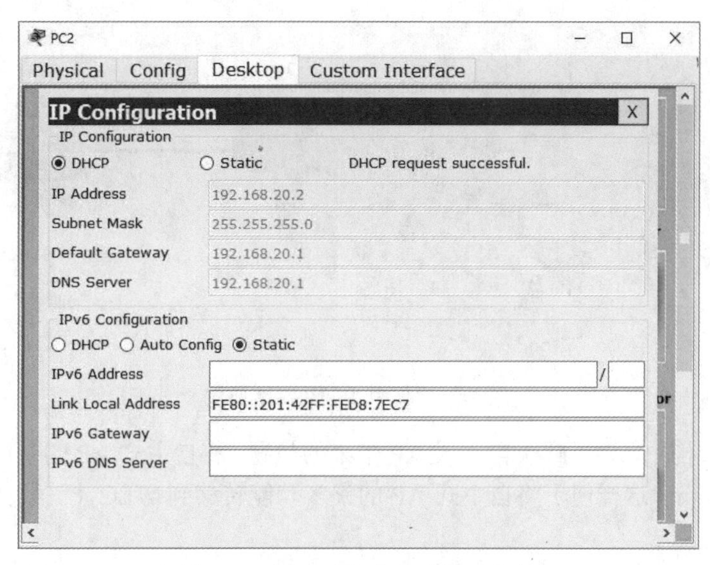

图 5-22　PC2 动态获取到的 IP 地址

3. 配置结果验证

在 PC1 的命令行窗口中执行 ping 192.168.20.2 命令，输出结果如图 5-23 所示，表明无线终端 PC1 与有线终端 PC2 之间的网络已相互连通。由此可以看出，“胖”AP 发挥了无线网络与有线网络之间的桥梁作用。

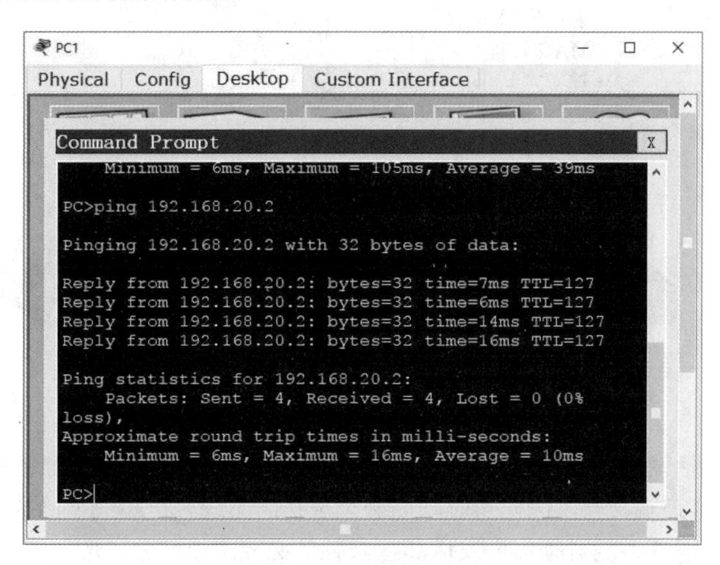

图 5-23　配置结果验证

5.2　组建集中式架构的无线局域网

分布式网络环境中使用“胖”AP 存在管理困难和网络扩展等问题，这些问题需要全新的无线集中式网络架构来解决。

5.2.1　集中式架构的构建

为了构建集中式网络架构，我们用无线控制器替代了原来二层交换机的位置，用“瘦”AP 取代了原有的“胖”AP，如图 5-24 所示。为了讨论方便，我们在这里统一术语的描述，“胖”AP 采用行业术语，称为自主式 AP，“瘦”AP 称为 LAP。本书对 WLC 和 AC 不作区分。

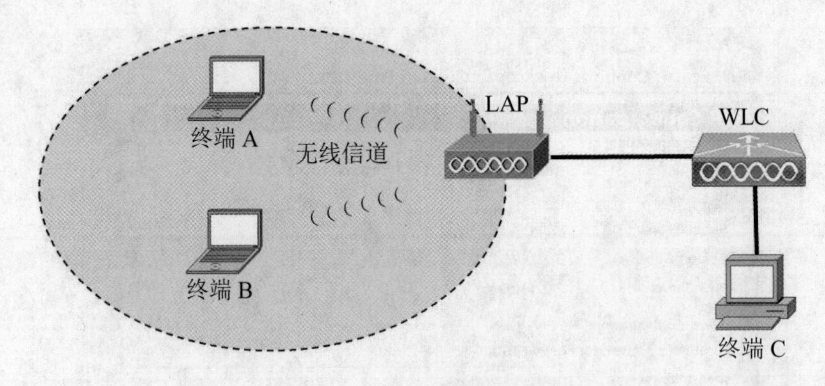

图 5-24 集中式无线网络架构

在集中式架构中，为了解决自主式 AP 带来的问题，将自主式 AP 的功能分成实时功能和管理功能两部分，这样便于将自主式 AP 的许多功能转移到 WLC 上，具体做法如图 5-25 所示。

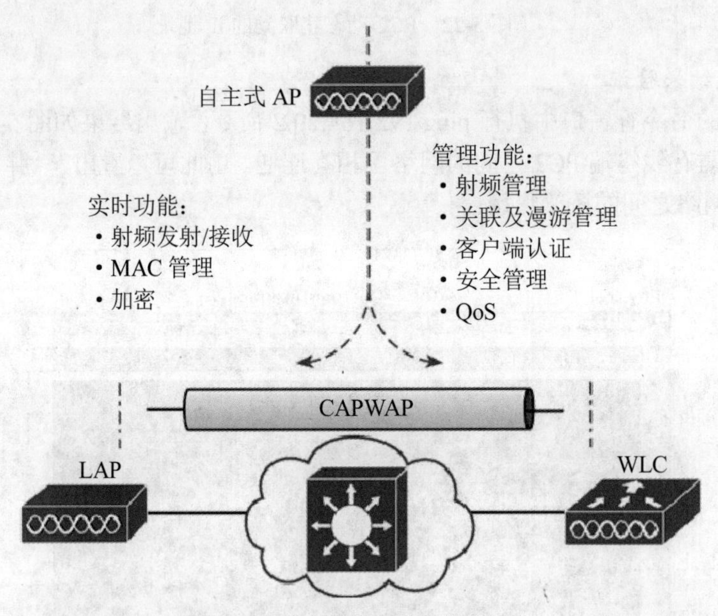

图 5-25 自主式 AP 功能分离

实时功能包括发送和接收 802.11 帧、AP 信标和探测消息、数据加密等。AP 必须在 MAC 层和无线客户端交互，因此实时功能必须放在离无线客户端最近的 AP 上。

由于管理功能并不是射频信道发送和接收帧的必要组成部分，应该集中进行管理，因此将这些功能移到一个远离 AP 的中心位置上，即由 WLC 来集中管理。

图 5-25 中，左侧的 LAP 主要负责第一层和第二层（802.11 帧通过这两层进出射频域）功能。对于认证用户、管理安全策略以及选择射频信道和输出功率等其他功能来说，LAP 完全依赖于 WLC。通过这种方式，WLC 成为枢纽，为众多 AP 所共享。

5.2.2 LAP

集中式 WLAN 的架构组件包括 AP、WLC、以太网供电（Power over Ethernet，PoE）及管理这些设备的平台等，不同厂商生产的这些设备，其技术指标会有所不同。大家所熟知的思科 AP，能够提供多个配置选项，其中一些支持外接天线，一些支持内置天线；一些部署在室外，还有一些部署在室内。最为关键的是，思科 AP 能够服务于很多目的，其中 1130、1240 和 1250 既是自主式 AP 又是 LAP；1300（也可以支持无线客户端）和 1400 系列都是作为网桥而设计的；1500 系列只能用于 LAP 方案。

下面以思科无线产品为例介绍集中式网络架构中的常用组件。

1. 1130AG 系列集成 AP

如图 5-26 所示，1130AG 系列集成 AP 是拥有集成天线的双频 802.11a /b/g AP，可以作为自主式 AP 或 LAP 运行，遵从 802.11i/WPA2 协议，并且具有 32 MB RAM 和 16 MB 闪存，通常被部署在办公室或医院中。当然，采用内置天线提供的覆盖范围和距离与采用外接天线时并不相同，如工作在 2.4GHz 和 5GHz 的 1130AG，采用内置天线和外接天线时分别提供 3dBi 增益和 4.5dBi 增益。

2. 1240AG 系列 AP

如图 5-27 所示，1240AG 系列 AP 与 1130AG 系列集成 AP 类似，也是双频 802.11a/b/g 设备，但是它仅支持外接天线，这些外置天线利用 RP-TNC 连接器进行连接。1240AG 可作为自主式 AP 运行，也可以 LAP 模式运行，并遵从 802.11i/WPA2 协议。

图 5-26　1130AG 系列集成 AP

图 5-27　1240AG 系列 AP

3. 1250 系列 AP

如图 5-28 所示，1250 系列 AP 是支持 802.11n 标准草案 2.0 版的首个企业级 AP 之一。因为 1250 系列 AP 支持 802.11n 标准草案，所以可以在每一个频段上获得大约 300Mb/s 的数据速率，并支持 2×3 多输入多输出技术。同样，由于 1250 系列 AP 是模块化的，因此很容易实现升级，同时它在基于控制器和独立模式下运行，也遵从 802.11i/WPA2 协议。1250 系列 AP 用于更为复杂的室内环境，如一些工厂或医院的危险位置需要放置天线的情况。它有 64MB 的 DRAM 和 32MB 的闪存，工作于 2.4GHz 和 5GHz 无线电频段。

4. 1300 系列 AP/网桥

如图 5-29 所示，1300 系列室外 AP/网桥是作为客户端 AP 以及网桥而设计的，它能够抵抗外界因素的影响，用于部署具有室外用户和移动客户的大学校园区域内的无线网络或在公共场所的公园、商务会展的临时无线网络。1300 系列 AP/网桥是非常好的点到点和点到多点的网桥，可以用来连接建筑物（或没有有线网络设施的建筑物）。1300 系列 AP/网桥需要特殊的电源，通过同轴电缆提供，应将其放置在室内或至少有外壳保护的地方。另外，1300 系列 AP/网桥只能工作在 802.11b/g 模式下，有两种可用版本：一种采用集成天线，另一种采用天线连接器。

图 5-28　1250 系列 AP

图 5-29　1300 系列室外 AP/网桥

5. 1400 系列无线网桥

如图 5-30 所示，1400 系列无线网桥有一个能够抵制恶劣环境的密封外壳，是为在室外环境构建点到点或点到多点无线网络而设计的。它可以被安装在柱子、墙壁甚至屋顶上，还可以依据无线网桥的安装方式改变极化方式，这也是部署该无线网桥最重要的因素。1400 系列无线网桥有一个高增益的内部频段，允许采用 N 型连接器进行专业的无线安装，这意味着可以连接一个高增益碟形天线。

图 5-30　1400 系列无线网桥

6. 思科 AP 系列比较

表 5-3 从思科 AP 支持的模式、环境、支持的天线、支持的 802.11 协议和支持的最大速率等方面汇总了 AP 所支持的技术指标，供部署无线网络时选用。

表 5-3　思科 AP 系列比较

AP	支持的模式	环境	支持的天线	支持的 802.11 协议	支持的最大速率
1130AG	自主轻型 AP	室内	集成	a/b/g	54Mb/s
1240AG	自主轻型 AP	复杂室内	外接	a/b/g	54Mb/s
1250AP	自主轻型 AP	复杂室内	外接	a/b/g/n	54Mb/s
1300AP	自主轻型 AP、网桥	室外	内置或外接	b/g	54Mb/s
1400AP	网桥（非 AP）	室外	内置或外接	a/b/g	N/A

5.2.3　WLC

WLC 是为可扩展性而设计的，与 LAP 之间的通信使用 CAPWAP 协议，可以应用在任意类型的二层或三层网络架构上。思科系列 WLC 分为模块化 WLC 和独立 WLC。3750-G 是模块化 WLC，可以安装在 6500 系列交换机或集成服务路由器 ISR 上。独立 WLC，包括 44XX 系列 WLC 和 2100 系列 WLC 等。一个 WLAN 所需要的 WLC 数量取决于需要部署多少个 LAP。

1. 思科 44XX 系列 WLC

思科 44XX 系列 WLC 是一种独立设备，如图 5-31 所示。

图 5-31　思科 4400 系列 WLC

它被设计成占据一个机架单元，有两个或 4 个 1000Mb/s 以太网上行链路，使用迷你 GBIC SFP 插槽。根据型号，4400 系列可以支持 12、25、50、100 个 AP。4400 系列有一个称为服务端口的 10/100 接口，用于管理用途的 SSH 连接；还有一个控制台端口，可以通过超级终端来连接。

2. 3750-G WLC

3750-G WLC 集成于交换机中，如图 5-32 所示。3750-G 由两个配件组成：WS-C3750G-24PS-E 和 AIR-WLC4402-*-K9。这两个配件都连接到 SEPAPCB 部件上，SEPAPCB 有两个 1000Mb/s 以太网链路，通过 SFP 电缆和两个 GPIO 控制电缆连接。

3. 思科 WiSM

思科 WiSM 是一个服务模块，安装在带有思科管理引擎 720 的 6500 系列交换机或 7600 系列路由器中，如图 5-33 所示。

图 5-32 3750-G 系列 WLC

图 5-33 思科 WiSM

思科 WiSM 与 4400 系列独立 WLC 具有相同的特性，不同之处在于，思科 WiSM 支持每 WLC 150 个 AP，每个刀锋服务器有两个控制器，因此思科 WiSM 总共可以支持多达 300 个 AP；还可以将 12 个思科 WiSM 聚集到一个移动域中，这样就允许在一个移动域中有多达 3600 个 LAP。

4. 思科 2106 WLC

思科 2106 WLC 也是一个单机架单元，带有 8 个 10/100 以太网端口，如图 5-34 所示。思科 2106 可以支持多达 6 个一级（Primary）AP，它有一个 RJ-45 控制台端口和两个支持 PoE 的 RJ-45 端口。它几乎拥有 4400 系列控制器的所有特性，还拥有 8 个内置的交换端口，在小的企业网络环境中经常可以看到这种 WLC。

5. 思科 WLCM

思科 WLAN 控制器模块（Wireless LAN Controller Module，WLCM）是为 ISR 路由器设计的，如图 5-35 所示。

图 5-34 思科 2106WLC

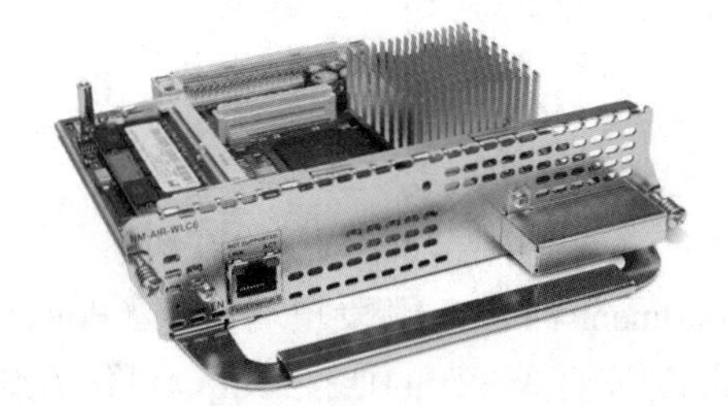

图 5-35 思科 WLCM

思科 WLCM 与思科 2106WLC 功能相同，但没有直接连接的 AP 和控制台端口，支持 6 个 AP。增强型 WLCM（WLCM-Enhanced，WLCM-E）支持 8 个或 12 个 AP，这取决于所使用的模块。

需要注意的是，可以在网络中部署多个 WLC 以应对 LAP 数量不断增长的需要。此外，多个 WLC 还能在一定程度上提高冗余性，使得 LAP 能够从 WLC 故障中恢复过来。本书不讨论高可用性和冗余性问题，感兴趣的读者可以参阅思科官方公布的技术资料。

5.2.4 PoE 设备

PoE 不是 Wi-Fi 技术，也并非无线设备专用，它是为企业级 AP 供电的主要方法，是讨论无线网络时的一个必要主题。

1. PoE 的提出背景

结构化布线是当今所有数据通信网络的基础，随着许多新技术的发展，现在的数据网络正在提供越来越多的新应用和新服务。例如，在不便于布线或者布线成本比较高的地方采用 WLAN 技术可以有效地将现有网络进行扩展，基于 IP 的电话应用也为用户提供了增强的企业级应用。所有这些支持新应用的设备都需要另外安装供电装置，特别像 WLAN 的 AP 和 IP 网络摄像机等都是安置在距中心机房比较远的地方，更是加大了整个网络组建的成本。为了尽可能方便及最大限度地降低成本，IEEE 于 2003 年 6 月批准了一项新的 PoE 标准 IEEE 802.3af，确保用户能够利用现有的结构化布线为此类新的应用设备提供供电的能力。

2. PoE 的概念

PoE 是指在现有以太网布线（CAT-5）基础架构不作任何改动的情况下，能保证诸如 IP 电话机、AP、网络摄像机以及其他一些基于 IP 的终端传输数据信号的同时，还能保证拥有为此类设备提供直流供电的能力。

通常情况下，PoE 的供电端输出端口在非屏蔽的双绞线上能够输出 44～57V 的直流电压、350～400mA 的直流电流，一般为功耗在 15.4W 以下的设备提供以太网供电。一般情况下，一个 IP 电话机的功耗约为 3～5W，一个无线局域网访问接入点 AP 的功耗约为 6～12W，一个网络安全摄像机设备的功耗约为 10～12W。典型的 PoE 连接如图 5-36 所示。

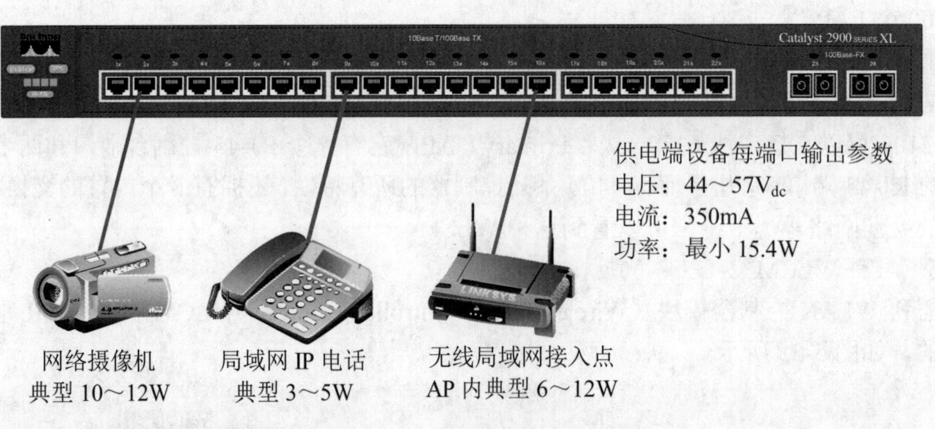

图 5-36 典型的 PoE 连接

3. PoE 的组成

（1）供电端设备与受电端设备。一个完整的 PoE 系统包括供电端设备（Power Source Equipment，PSE）和受电端设备（Powered Device，PD）两部分，两者基于 IEEE 802.3af 标准建立有关 PD 的连接情况、设备类型、功耗级别等信息的联系，并以此控制 PSE 通过以太网向 PD 供电。

PSE 分为端接式（End-span，已经内置了 PoE 功能的以太网供电网络设备）和中跨式（Mid-span，用于传统以太网交换机和 PD 之间的具有 PoE 功能的设备，如 PoE 适配器）两种类型。

单口中跨式设备和多口中跨式设备如图 5-37 和图 5-38 所示。中跨式 PSE 通常称为电源注入器（单口设备）或 PoE 集线器（多口设备），而 PD 是具备 PoE 功能的无线局域网 AP、IP 电话机等终端设备。

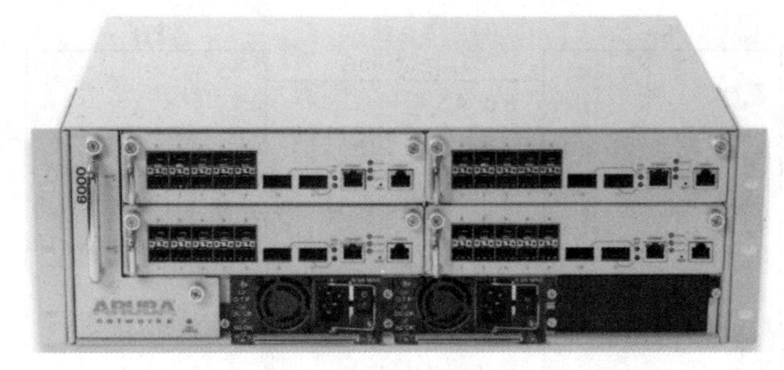

图 5-37　内置 PoE 接口卡的 Aruba6000 型 WLC

图 5-38　中跨式 PoE 适配器

PD 的三种供电方式如图 5-39 所示。第一种方式采用了内置供电模块的端接式 PoE 交换机，能同时向 AP 传输数据并供电；第二种方式采用多口中跨式 PSE 供电；第三种采用单口中跨式 PSE 供电。

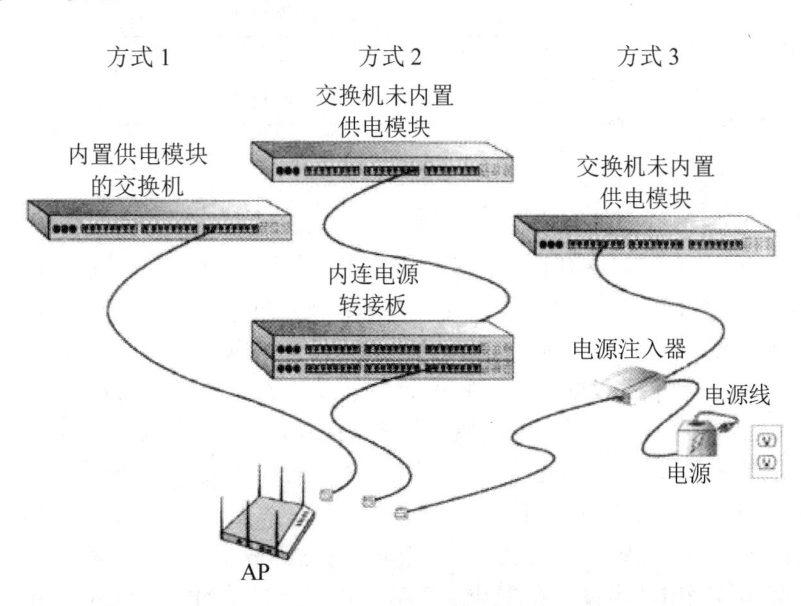

图 5-39　PD 的三种供电方式

（2）IEEE 802.3af 技术指标。PSE 与 PD 的连接参数按照 IEEE 802.3af 的规范，如图 5-40 所示。电气性能指标如下：

- 电压值范围：44～57V，典型工作电压为 48V，不能超过 60V。
- 允许最大电流：350mA，最大启动电流为 500mA。
- 典型工作电流：10～350mA，超载检测电流为 350～500mA。
- 在空载条件下最大需要电流：5mA。
- 为 PD 设备提供 3.84～12.95W 共 5 个等级的电功率请求，最大不超过 13W。

（3）PoE 的线对选择。根据 IEEE 802.3af 的规范，有两种方式选择以太网双绞线的线对来供电，分别称为选择方案 A 和选择方案 B，如表 5-4 所示。

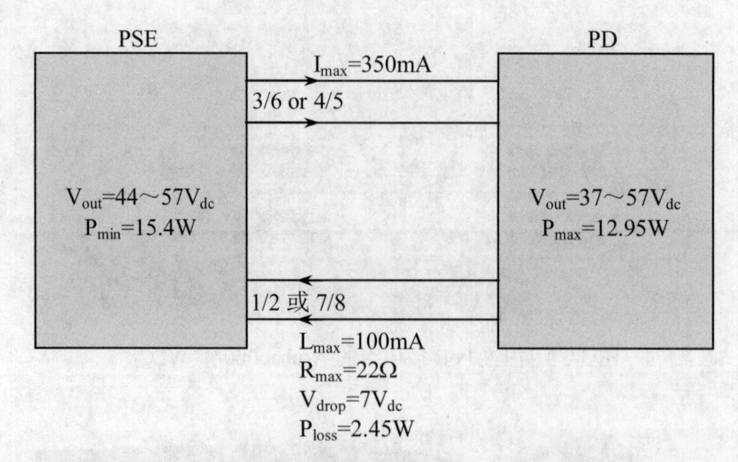

图 5-40　PSE 和 PD 的互连

表 5-4　PoE 供电方案

Pin	选择方案 A	选择方案 B
1	正面端口电压	
2	正面端口电压	
3	背面端口电压	
4		背面端口电压
5		背面端口电压
6	背面端口电压	
7		正面端口电压
8		正面端口电压

方案 A 是在传输数据所用的线对（1/2、3/6）之上同时传输直流电，其信号频率与以太网数据信号频率不同以确保在同对电缆上能够同时传输直流电与数据。方案 B 使用局域网电缆中没有被使用的线对（4/5、7/8）来传输直流电，因为在以太网中只使用了电缆四对线中的两对来传输数据，因此可以用另外两对来传输直流电。

（4）PoE 供电端设备电源管理。如果一个 24 端口的 End-span 交换机在每个端口都提供 15.4W 的电源输出，则要求整个交换机提供高达 370W 的功率输出，这会导致整个交换机处理过热的问题。而在一个企业的典型应用当中，可能需要连接 20 个 IP 电话（一般每个为 4～5W），连接两个 WLAN 接入点 AP（一般每个约为 8～10W），连接两个网络摄像机（一般每个约为 10～13W），总计需要约 146W。考虑到成本及其他因素，一般的 End-span 以太网供电交换机输出功率设计在 150～200W，如一些公司的三层以太网供电交换机就能提供 170W 的直流电输出。另外，也可以根据各种情况对各个不同端口的输出直流电进行管理以满足用户的不同需要。

5.2.5　PoE 的管理实践

网络设备必须有电力供应（一般为直流电）才能正常工作，但是连接大量的电源适配器会破坏办公环境的美观，而使用 PoE 可以解决这一问题。

本例使用图 5-41 所示的网络拓扑结构，思科 3650 交换机具有 PoE 模块。VOIP 电话机的背面如图 5-42 所示，有 3 个接口，其中 Switch 接口与 3650 交换机的 G1/0/1 接口相连，PC 口与终端 PC 相连，电话机电源插口与电源适配器相连。无线接入点有一个以太网接口（与交换机的 G1/0/2 接口相连）和一个电源插口。

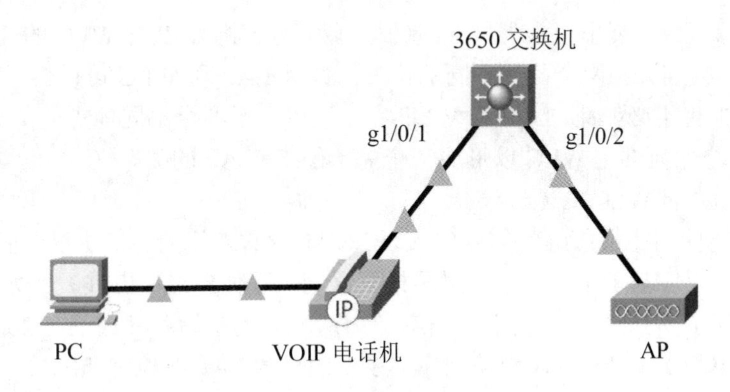

图 5-41 PoE 管理拓扑结构

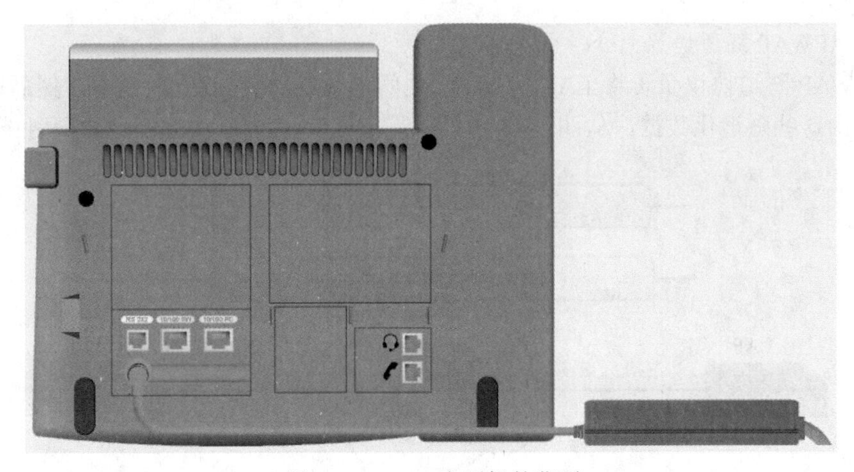

图 5-42 VOIP 电话机的背面

1. *为交换机添加交流供电模块*

打开交换机配置界面，单击 Physical 菜单，在右侧窗格中选中 AC Power Supply，按住鼠标左键不放将其拖拽到电源模块的插槽内，交换机自动上电开机启动。

2. *查看交换机供电模块的供电能力*

在交换机的配置界面中，执行 show environment power 命令，在输出结果中可以看到交换机上有两个供电模块，每个模块可提供的最大功率为 640W。

3. *设置每个以太网端口的供电能力*

选定 g1/0/1 接口，执行 power inline auto 命令，开启以太网供电。选定 g1/0/2 接口，执行 power inline never 命令，关闭以太网供电。将 VOIP 电话机用网线与 3650 交换机的 g1/0/1 接口连接起来，将无线接入点用网线与 3650 交换机的 g1/0/2 接口连接起来。此时，3650 交换机的以太网端口为 VOIP 电话机提供电力，在没有其他供电的情况下也能正常工作，而 3650 交换机以太网端口没有为无线接入点供电，无线接入点需要额外电源供给才能工作。

4. *查看交换机以太网供电情况*

执行 show power inline 命令，输出结果中反映了 3650 交换机的最大以太网供电能力为 780W，目前使用了 10W，还剩余 770W，以太网供电端口上连接的设备是 7690 VOIP 电话机。

这里总结一下，PoE 可靠的最大供电距离为 100m，只有支持 PoE 特性的交换机才能在以太网端口为设备供电，并且使用 PoE 供电设备的功率不能超过交换机的额定功率。

5.2.6 LAP 与 WLC 之间的通信

虽然 WLC 采用和普通交换机类似的方式与 LAP 实现连接，但从有线网络的角度看，

WLC+LAP 更像一台伸展出很多外接天线的增强型 AP。将 LAP 与 WLC 的任务分工后，普通的 MAC 操作被划分到两个截然不同的位置，并且 LAP 和 WLC 可以位于同一个 VLAN 或 IP 子网中。但也不必如此，LAP 和 WLC 完全可以位于两个不同地点的两个不同 IP 子网中，那么 LAP 是如何绑定 WLC 以形成一个完整的工作 AP 的呢？

1. 连接 LAP 和 WLC 隧道协议

WLC 要实现集中控制功能，需要引入 WLC 与 LAP 之间的通信协议，而且为了满足互操作性要求，协议应基于国际标准。最早由互联网工程任务组（IETF）开发的 LAP 协议（LWAPP）实现了 WLC 与 LAP 间的通信，但 LWAPP 的初始草案规范在 2004 年 3 月已终止。之后，IETF 以 LWAPP 协议为基础建立了新的称为 LAP 的控制和配置（CAPWAP）工作组，并于 2009 年 4 月正式发布 CAPWAP 协议，这是 LAP 与 WLC 之间承载控制信息和客户端数据的隧道协议。

2. CAPWAP 隧道协议简介

CAPWAP 隧道协议负责将 LAP 和 WLC 之间的数据封装到新 IP 包中，然后通过网络交换或路由这些隧道化数据。从图 5-43 中可以看出，CAPWAP 实际上包含两种隧道。

图 5-43　CAPWAP 的隧道

（1）CAPWAP 控制隧道：负责交换用于配置 LAP 并管理其操作的消息。所有控制消息都要经过认证和加密（因而 LAP 仅受 WLC 的安全控制），然后才通过 UDP 端口 5246（在控制器端）进行传送。

（2）CAPWAP 数据隧道：用来传送去往和来自与 LAP 相关联的无线客户端的数据包。通过 UDP 端口 5427（在控制器端）来传送这些数据包，默认不加密。如果在 LAP 上启用了数据加密操作，那么这些数据包就能受到数据报传输层安全（Datagram Transport Layer Security，DTLS）的保护。

3. 解决传统 WLAN 架构的问题

在 5.1.1 节中对“瘦”AP 和“胖”AP 进行比较时曾经指出“胖”AP 存在诸多不足，下面看看这些问题是如何通过 CAPWAP 隧道协议来解决的。CAPWAP 隧道允许 LAP 和 WLC 在地理上或逻辑上分开，打破了两者在二层连接上的依赖性，如图 5-44 所示。

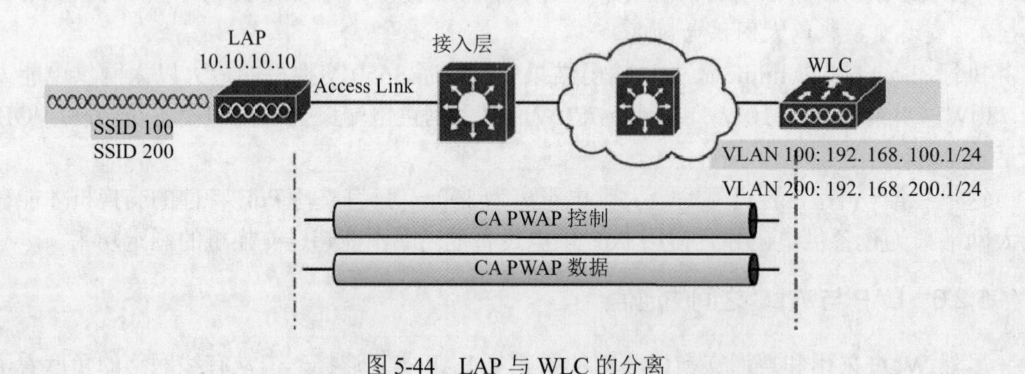

图 5-44　LAP 与 WLC 的分离

图 5-44 中，两片阴影区域表示 VLAN 100 的范围。请注意，VLAN 100 位于 WLC 和 SSID 100 的无线区域（靠近无线客户端），但不在 LAP 和 WLC 之间。所有去往和来自与 SSID 100 相关联的客户端的流量都被封装到 CAPWAP 数据隧道中，通过网络基础设施进行传送。

此外，LAP 仅通过单个 IP 地址 10.10.10.10 标识。由于 LAP 所处的接入层是 CAPWAP 隧道的终结位置，因而 LAP 可以只使用一个 IP 地址来进行管理和隧道操作。同时，LAP 支持的所有 VLAN 都被封装和隧道化了，不需要中继链路（这是解决问题的关键所在），因此不需要在 LAP 和 WLC 之间的链路上配置相关 VLAN 信息，网络的扩展性得到了增强。

随着无线网络规模的增长，WLC 只要简单地建立多条到达多个 AP 的 CAPWAP 隧道即可。如图 5-45 所示，在一个拥有 4 个 LAP 的网络中，每个 LAP 都有一条回到集中式 WLC 的控制隧道和数据隧道。SSID 100 可以存在于所有 AP 之上，VLAN 100 也能通过隧道到达每个 AP。这样，利用 CAPWAP 隧道可以将多个 LAP 连接到一台集中的 WLC 上，WLC 便可实现对 LAP 的集中管理了。

图 5-45　WLC 集中管理 LAP

从 WLC 到一个或多个 LAP 的 CAPWAP 隧道建立完成之后，WLC 解决了自主式 WLAN 架构出现的各种难题和缺陷，具体体现在以下几个方面：

（1）动态信道分配。WLC 能够根据区域内其他活跃接入点的情况自动为每个 LAP 选择和配置 RF 信道。

（2）发射功率优化。WLC 能够根据所需的覆盖区域自动设置每个 LAP 的发射功率。

（3）自愈的无线覆盖。当网络中某个 LAP 的无线电出现故障时可以自动加大周围 LAP 的发射功率，解决覆盖盲区问题。

（4）灵活的客户端漫游。客户端可以在 LAP 之间快速实现二层或三层漫游。

（5）动态客户端负载均衡。如果两个或多个 LAP 覆盖相同的地理区域，那么 WLC 就能将客户端关联到最轻载的 LAP 上，在多个 LAP 之间分发客户端负载。

（6）RF 监控。WLC 负责管理所有的 LAP，因而能够扫描信道以监控 RF 的使用情况。通过侦听无线信道 WLC 可以远程收集 RF 干扰、噪声、来自相邻 LAP 的信号和来自欺诈 AP 或 Ad-Hoc 客户端的信号等信息。

（7）安全管理。WLC 能够通过集中式服务来认证客户端，要求无线客户端在关联并访问 WLAN 之前必须从受信的 DHCP 服务器获得 IP 地址。

（8）无线入侵防护。WLC 可以利用其中心位置来监控客户端数据，以检测并防范各种恶意行为。

5.3 LAP 注册到 WLC 的过程

通常 LAP 被设计为“免触碰”设备，即无需通过控制台端口或网络对其进行配置，只需简单地拆箱取出新的 LAP 设备并连接到有线网络即可。当然，也要为 LAP 所连接的交换机端口进行接入 VLAN、接入模式及线内供电等的正确设置。如果 LAP 没有和 WLC 建立正确的连接关系是不能正常工作的，因此深入理解 LAP 是如何注册到 WLC 这一主题有助于构建集中式 WLAN 架构环境并排除网络故障。

5.3.1 LAP 的运行状态

LAP 从加电到最终提供全功能的 BSS 需要经过多种运行状态，这些状态的详细信息由 CAPWAP 来定义。LAP 每进入一种状态都要遵循一定的顺序，这种状态顺序被称为状态机。不同厂商的 LAP 状态机有所不同，思科 LAP 常见状态的操作顺序如图 5-46 所示。

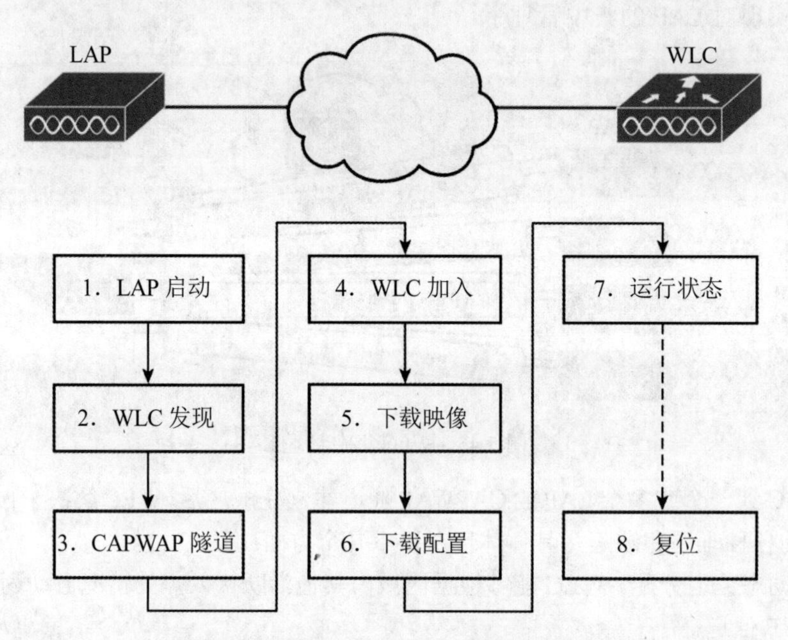

图 5-46 思科 LAP 常见状态的操作顺序

1. LAP 启动

LAP 加电之后就以很小的 IOS 映像启动，从而能够完成其余状态并通过网络连接进行通信。LAP 需要从 DHCP 服务器获取一个 IP 地址才能通过网络进行通信。

2. WLC 发现

LAP 通过一系列操作步骤发现一个或多个可加入的 WLC。

3. CAPWAP 隧道

LAP 试图与一个或多个 WLC 建立 CAPWAP 隧道，该隧道将为后续 LAP 与 WLC 之间的控制消息提供 DTLS 隧道。LAP 与 WLC 通过交换数字证书来完成相互认证。

4. WLC 加入

LAP 从候选 WLC 列表中选择 WLC，并向其发送 CAPWAP 加入请求消息，WLC 发送 CAPWAP 加入回应消息作为回应。

5. 下载映像

WLC 向 LAP 通告其软件版本，如果 LAP 的软件版本与此不同，那么 LAP 将从 WLC 下载匹配的软件映像并重启。需要注意的是，LAP 运行的软件映像版本无法人为控制。

6. 下载配置

LAP 从 WLC 下载配置参数并利用这些参数更新现有配置，设置包括 RF、SSID、安全和 QoS 等在内的参数。

7. 运行状态

LAP 初始化完成之后，WLC 将其置入“运行”状态，然后 LAP 和 WLC 就开始提供 BSS 并接受无线客户端。

8. 复位

如果 LAP 被 WLC 复位，那么 LAP 将拆除现有的客户端关联关系和去往 WLC 的 CAPWAP 隧道。此后，LAP 将重启并再次经历上述状态机。

5.3.2　发现 WLC 的过程

LAP 必须尽力发现所有可能加入的 WLC，这一点无法进行人为预配置。为了完成发现 WLC 的工作，LAP 使用了多种发现机制。发现进程的目的就是建立一个可用的活跃候选 WLC 列表。

为了发现 WLC，LAP 需要向控制器的 IP 地址发送单播 CAPWAP 发现请求消息或者在本地子网上进行广播。如果控制器存在且处于工作状态，则向 LAP 回应 CAPWAP 发现回应消息。发现 WLC 的方法有 3 种：在本地子网上广播、使用 DHCP 和使用 DNS。下面就来介绍较为通用的方法即使用 DHCP 来发现 WLC。

为 LAP 提供 IP 地址的 DHCP 服务器可以发送 DHCP Option 43（不同的厂商使用的选项值可能不一样，如锐捷的 WLC 使用 138），向 LAP 建议一个 WLC 地址列表。下面举例说明使用 DHCP Option 43 字段指定 WLC IP 地址的通信过程。

在图 5-47 所示的网络拓扑结构中，假定 WLC 在 172.16.1.0/16 网段，LAP 和 DHCP 服务器在 192.168.1.0/24 网段，两个网段之间路由可达，DHCP 服务器已经配置好使用 Option 43 来提供 WLC 的 IP 地址信息。当 LAP 加电启动时，它首先发送 DHCP 请求以从 DHCP 服务器获得一个 IP 地址，DHCP 应答报文中包含了 WLC 的地址信息，LAP 将向 Option 43 中的每个 WLC 发送一个单播的 DHCP 发现请求，接收到请求的 WLC 向 LAP 发送发现响应报文，开始整个注册过程。

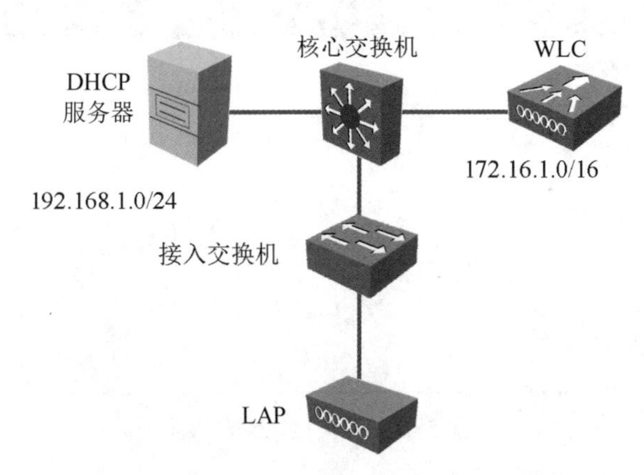

图 5-47　使用 DHCP 服务实现 LAP 的注册

5.4　LAP 与 WLC 的组网方式

WLC 与 LAP 共同为交换式网络和移动客户端提供连接，交换式网络基础设施也负责传送 WLC 与 LAP 之间的 CAPWAP 隧道里承载的数据包，因此无线局域网的组网工作主要是 WLC、交换机（核心、汇聚和接入交换机）和 LAP 之间的连接与配置。

5.4.1 WLC 的接口部署

对于思科 WLC 而言，端口是一个实实在在可以触摸到的物理接口，而接口是逻辑的，可以是静态的，如管理接口、AP 管理接口、虚拟接口等服务于特定目的的，不能被删除；也可以动态的，如 VLAN 接口等，由管理员自定义。无论硬件型号如何，思科 WLC 都包含了下述类型的接口。

1. 管理接口

在网络中控制所有物理端口的通信，用于建立到 WLC 的 Web、安全外壳（SSH）或 Telnet 会话。在没有配置 AP 管理接口的情况下，LAP 使用管理接口来发现 WLC。

2. AP 管理接口

分配给 AP 管理接口的 IP 地址用作 WLC 与 LAP 之间通信的源地址，WLC 也在该接口上侦听 LAP 试图发现 WLC 时发送的子网广播。

3. 虚拟接口

用于中继来自无线客户端的 DHCP 请求的逻辑接口，给该接口分配一个伪造（但唯一）的静态 IP 地址，这样客户端将把该虚拟地址视为其 DHCP 服务器，在同一个移动组中所有 WLC 都必须使用相同的虚拟接口地址。

4. 集散系统接口

将 WLC 连接到园区网中交换机上的一个接口，通常是一个中继端口，用于传输覆盖了 LAP 和 VLAN 的数据流。

5. 动态接口（也称为用户接口）

动态接口使用的 IP 地址属于无线客户端 VLAN 的子网。通常，预留一个管理 VLAN 和子网供 WLC 和 CAPWAP 使用，可以将管理子网中的 IP 地址分配给管理接口和 LAP 管理器接口（必须在同一个 VLAN 中），如图 5-48 所示。所有来自外部的管理数据流（基于 Web、Telnet、SSH 或 AAA）和 CAPWAP 隧道数据流都将到达这些地址。LAP 将被放置到网络的各个地方，甚至是不同的交换模块中，因此 LAP 数据流被视为外部的。

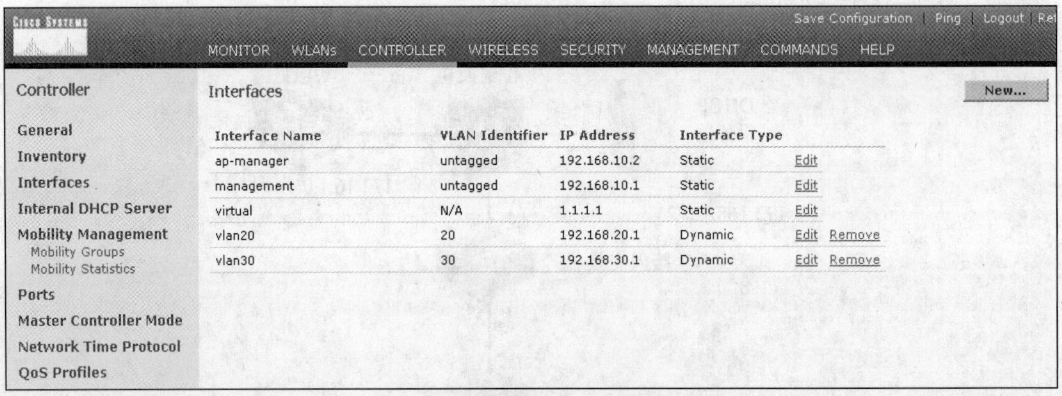
Save Configuration | Ping | Logout | Re
MONITOR WLANs CONTROLLER WIRELESS SECURITY MANAGEMENT COMMANDS HELP
Controller
General
Inventory
Interfaces
Internal DHCP Server
Mobility Management
Mobility Groups
Mobility Statistics
Ports
Master Controller Mode
Network Time Protocol
QoS Profiles
Interfaces
New...
Interface Name | VLAN Identifier | IP Address | Interface Type
ap-manager | untagged | 192.168.10.2 | Static | Edit
management | untagged | 192.168.10.1 | Static | Edit
virtual | N/A | 1.1.1.1 | Static | Edit
vlan20 | 20 | 192.168.20.1 | Dynamic | Edit Remove
vlan30 | 30 | 192.168.30.1 | Dynamic | Edit Remove

图 5-48　各类接口配置界面

分配给 LAP 的 IP 地址（一般是通过 DHCP 服务器获取的）不必属于 LAP 管理的子网。在小型网络中，LAP 和 WLC 可能位于同一个子网中，因此它们在第二层是相邻的；在大型网络中，LAP 分散在不同的交换模块中，LAP 和 WLC 的 IP 地址各不相同，由于它们不是第二层邻居，因此这些 IP 地址将不属于 LAP 管理子网。

需要注意的是，LAP 需要动态获取两个 IP 地址：一个用于与 WLC 建立 CAPWAP 隧道（管理功能），一个用于传输数据（和动态接口有关）。

6. WLC 接口部署举例

某公司的 WLC 接口布局如图 5-49 所示，其中包含了各种 WLC 接口以及这些接口的 IP 地址和所属的 VLAN 规划，WLC 的集散系统端口实际上是一条中继链路，承载 WLC 和 AP 管理子网。在这个例子中，WLC 上所有的接口都映射到物理接口 1 上，通过物理端口 1 连接到思科 3750 交换机的 gig1/0/1 千兆端口。WLC 上配置了两个 WLAN，一个基于开放认证（使用 Web portal 认证，SSID 为开放的），另一个采用 EAP 认证（SSID 为加密的）。开放的 SSID 和加密的 SSID 分别创建了一个动态接口并同相应的 VLAN 关联，开放的 SSID 同 VLAN 3 相关联，加密的 SSID 同 VLAN 4 相关联，管理接口和 AP 管理接口都使用 VLAN 60。为了使配置简单些，忽略了服务端口，所有的网络服务（AAA、DHCP、DNS）都使用 VLAN 50，AP 连接到 VLAN 5 中。

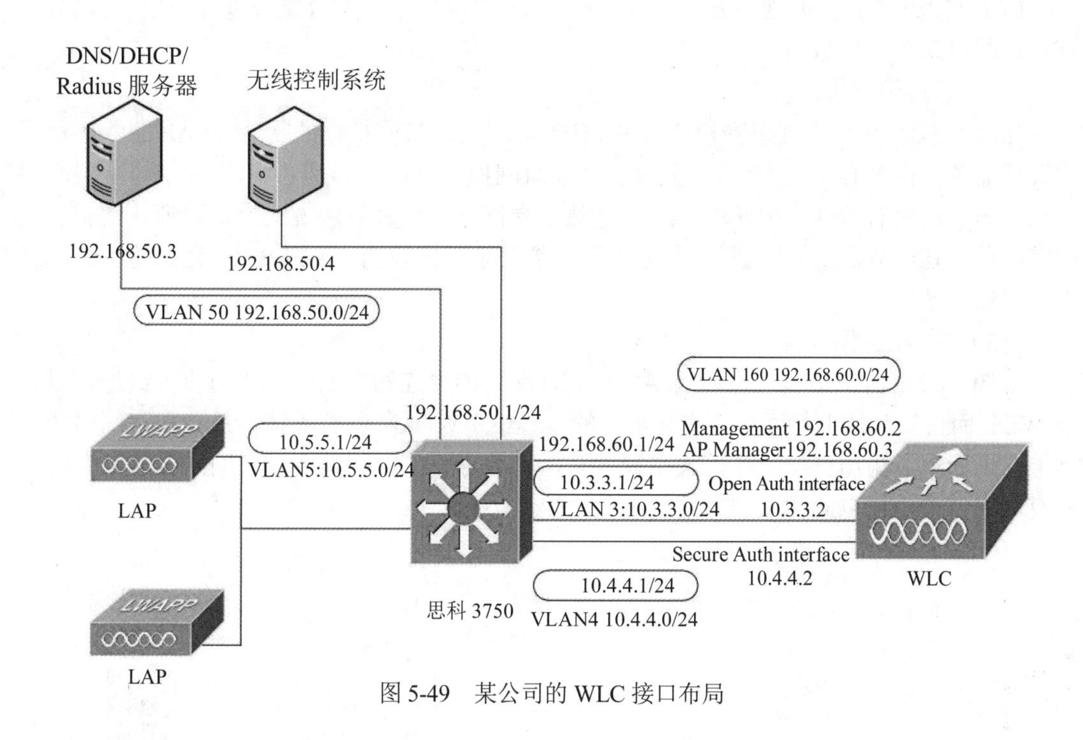

图 5-49　某公司的 WLC 接口布局

5.4.2　LAP 与 WLC 之间的连接模式

LAP 与 WLC 之间的网络可以是二层网络也可以是三层网络，因此 WLAN 的组网架构分为二层组网模式和三层组网模式。

（1）二层组网模式。

当 WLC 与 LAP 之间为直连或二层网络时，称这种组网方式为二层组网模式，如图 5-50 所示。LAP 和 WLC 之间通过二层交换机互连，同属于一个二层广播域。二层组网模式比较简单，适用于小规模网络环境中。

（2）三层组网模式。

当 LAP 与 WLC 之间使用三层网络互连时，称这种组网方式为三层组网模式，如图 5-51 所示。LAP 和 WLC 属于不同的网段，因此它们之间的通信需要通过路由器或三层交换机的路由功能来完成。

在实际网络部署中，一台 WLC 可以连接几十台甚至几百台 LAP，组网方式一般比较复杂。比如，在企业网络中，LAP 可以布放在办公室、会议室、会客间等场所，而 WLC 可以安放在公司网络中心机房，这样 LAP 和 WLC 之间的网络就是比较复杂的三层网络。

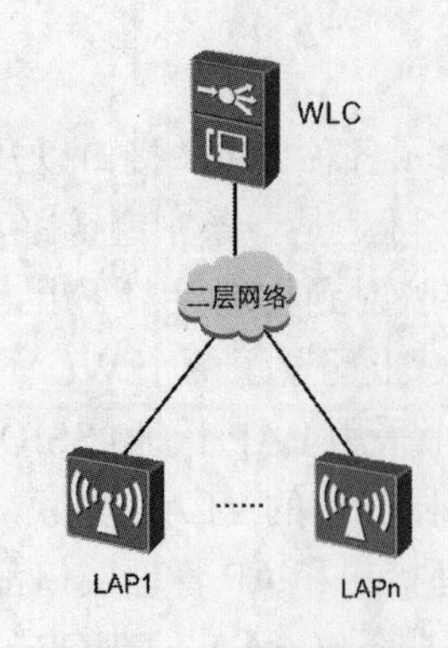

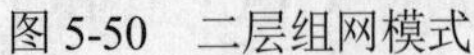
图 5-50 二层组网模式

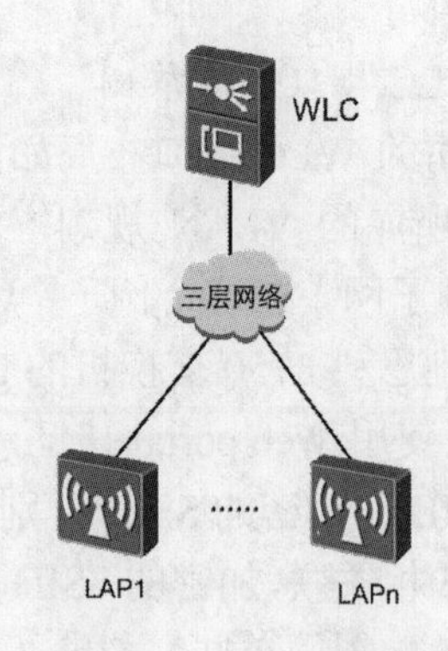

图 5-51 三层组网模式

LAP 与 WLC 之间的连接方式还可以根据 WLC 在网络中的位置来进行划分，可以分为直连组网模式和旁挂组网模式。

（1）直连组网模式。

如图 5-52 所示，直连组网模式中 WLC 同时具有汇聚交换机的功能，LAP 的业务数据和管理业务都由 WLC 集中转发和处理。直连组网模式可以认为是 LAP、WLC 与上层网络串联在一起，所有数据必须通过 WLC 到达上层网络。这种组网方式架构清晰，实施起来比较简单，但对 WLC 的吞吐量以及处理数据能力要求比较高，否则 WLC 会是整个无线网络带宽的瓶颈。

（2）旁挂组网模式。

如图 5-53 所示，WLC 旁挂在 LAP 与上行网络的直连网络上，LAP 的业务数据可以不经 WLC 而直接到达上行网络。实际组网的过程中，WLAN 的覆盖往往是在现有网络的基础上扩展而来，采用旁挂组网模式比较容易，只需将 WLC 旁挂在现有网络中，不会改变原有网络结构，所以此种组网方式使用率比较高。

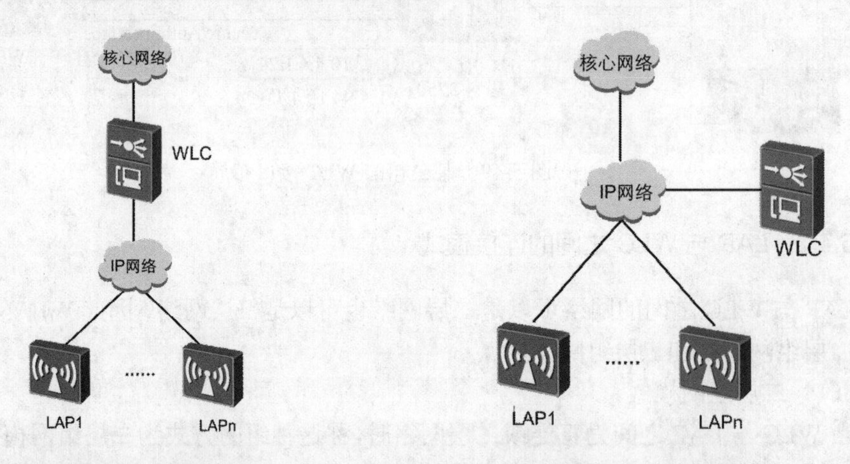

图 5-52 直连组网模式　　图 5-53 旁挂组网模式

在旁挂组网模式中，WLC 只承载对 LAP 的管理功能，管理流量被封装在 CAPWAP 隧道中传输。业务数据流可以通过 CAPWAP 数据隧道经 WLC 转发，也可以不必经过 WLC 就直接转发，这取决于预先制定的数据转发策略。

5.5 集中式无线局域网的数据转发模式

CAPWAP 用于 LAP 和 WLC 之间的通信交互，实现 WLC 对其所关联的 LAP 的集中控制和管理。该协议主要包含以下三方面内容：

（1）LAP 对 WLC 的自动发现及其状态机的运行与维护。

（2）WLC 对 LAP 进行管理和业务配置的下发。

（3）STA 数据在 CAPWAP 隧道的转发。

在 5.3 节中已经讨论了前面两方面的内容，本节主要介绍 STA 数据在 CAPWAP 隧道的转发。

自主式 AP 的主要功能是桥接无线 BSS 网络与有线 VLAN 之间的流量。为了得到来自有线网络的流量，AP 必须依赖与 DS 的连接。LAP 的工作方式与此类似，唯一的区别在于 BSS 与 DS 之间被网络基础设施间隔了一定距离，这段距离通过 CAPWAP 隧道进行连接。CAPWAP 协议支持两种数据转发类型：数据报文的本地转发和集中转发。

5.5.1 数据报文的本地转发模式

本地转发也称直接转发，如图 5-54 所示。WLC 只对 LAP 进行管理，业务数据都是由本地直接转发，即 LAP 管理流封装在 CAPWAP 隧道中，到达 WLC 终止；LAP 业务数据流不加 CAPWAP 封装，直接由 LAP 发送到交换设备进行转发。

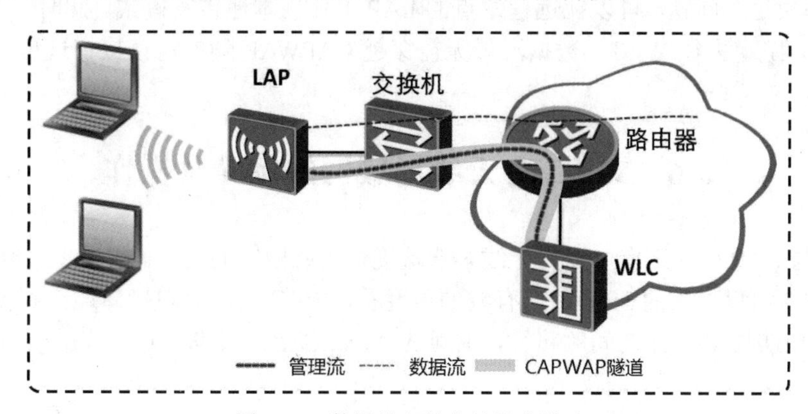

图 5-54 数据报文的本地转发模式

5.5.2 数据报文的集中转发模式

集中转发也称隧道转发，如图 5-55 所示。业务数据报文由 LAP 统一封装后到达 WLC 进行转发，WLC 不但对 LAP 进行管理，还作为 LAP 流量的转发中枢，即 AP 管理流与数据流都封装在 CAPWAP 隧道中到达 WLC，然后由 WLC 发送到交换式网络。

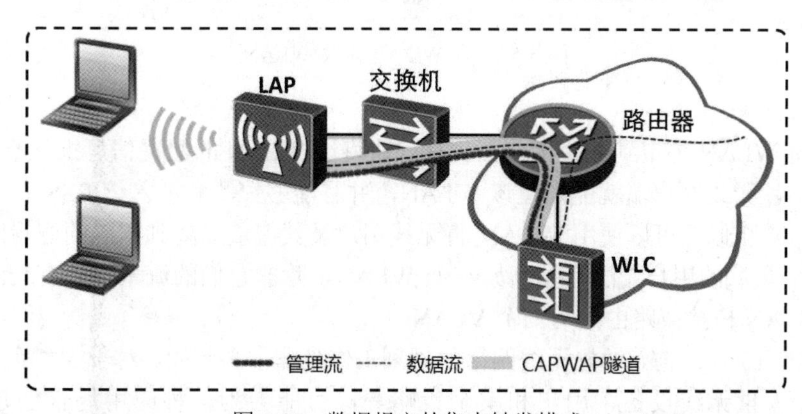

图 5-55 数据报文的集中转发模式

5.5.3 数据转发模式的正确选用

对于自主式 AP 来说，从客户端发出的流量通常要经过 AP 才能到达另一个客户端，集中式架构也与此类似，如图 5-56 所示，客户端流量在通过 CAPWAP 隧道返回到另一个客户端之前，通常要经过 CAPWAP 隧道和 WLC。

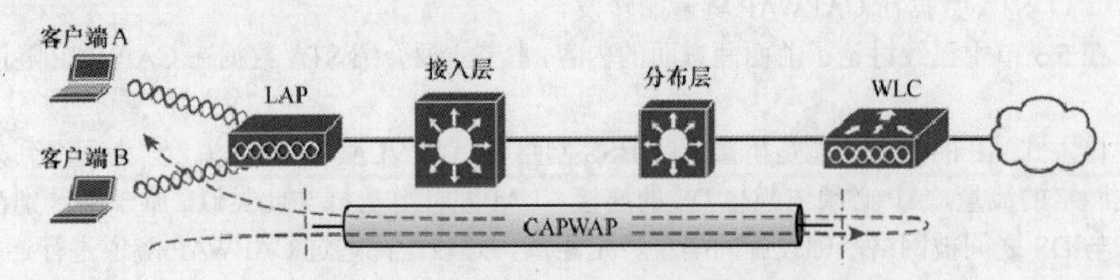

图 5-56 集中转发模式对数据转发的影响

对于交换式园区网络基础设施来说，WLC 位于中心位置且带宽足够大，因而此时的流量模型不是一个大问题。但是，在配置了 LAP 的多个远程站点且总部园区网络中只有一个 WLC 的应用场景中，将强制无线流量经过远程站点的 LAP 和总部 WLC 之间的 CAPWAP 隧道，再通过该 CAPWAP 隧道返回远程站点，这导致流量路径的传输效率非常低下。

为了解决这个问题，可以在远程站点的 LAP 上使用本地转发模式。此时，管理流量穿越 CAPWAP 隧道去往 WLC，数据流量无需穿越 CAPWAP 隧道，直接在远程站点的 LAP 上交换即可。

5.6 WLC 对无线局域网的定义及操作

WLC 与 LAP 协同工作可以为无线客户端提供无线网络的连接。从无线的角度看，LAP 向客户端宣告可以加入的 SSID；从有线的角度看，WLC 通过动态接口连接到 VLAN 上。为了建立 SSID 与 VLAN 之间的路径，必须先在 WLC 上定义 WLAN，如图 5-57 所示。

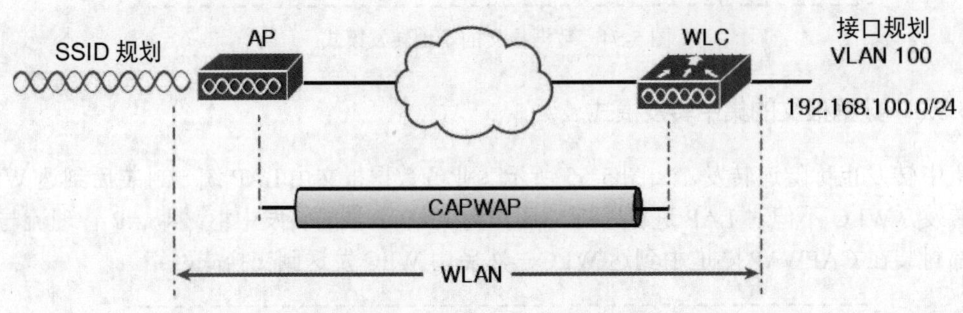

图 5-57 在 WLC 上定义 WLAN

1. WLAN 概述

WLC 将 WLAN 绑定到某个接口上，且默认将该 WLAN 的配置信息推送给 WLC 的所有 AP。此后，无线客户端就能知道该 WLAN，并且能够探测和加入该 BSS。

与 VLAN 相似，可以使用 WLAN 将无线用户及其流量隔离到不同的逻辑网络中。与某个 WLAN 关联的用户无法穿越到另一个 WLAN，除非它们的流量通过有线网络基础设施从一个 VLAN 桥接或路由到另一个 VLAN。

在创建 WLAN 之前，做好无线网络的规划工作是非常必要的。对于大型企业来说，由于需要支持大量无线设备、用户和安全策略等，可能会为每种应用场合创建一个新的 WLAN，以实现不同用户之间的相互隔离或者支持不同类型的设备。

每个 AP 都必须定期广播信标以表明 BSS 的存在。由于每一个 WLAN 都绑定到 BSS 上，因而每一个 WLAN 都必须利用自己的信标进行宣告，信标通常是以 100 次/秒的最低强制数据速率进行发送，因此创建 WLAN 的数量越多，需要宣告的信标也就越多。

另外，数据速率越低，发送每个信标所花的时间就会越多，最后的结果是：如果创建太多的 WLAN，信道将无法提供足够的空中接口可用时间。由于信道忙于传输信标，无线客户端将没有时间可以用来传输数据。通常的做法是，将创建 WLAN 的数量限制在 5 个以内。

2. 配置 WLAN

WLC 默认情况下没有任何配置，因而在创建 WLAN 之前必须考虑以下参数：SSID、WLC 接口和 VLAN 号、所需的无线安全类型。需要注意的是，如果 WLAN 使用的安全策略需要用到 RADIUS 服务器，那么就需要首先定义 RADIUS 服务器，具体操作步骤如下：

（1）创建动态接口。动态接口负责将 WLC 连接到有线网络的 VLAN 上。在创建 WLAN 前，必须将动态接口（VLAN 接口）绑定到无线网络上。

动态接口的创建涉及接口名称、VLAN 号、接口 IP 地址、子网掩码、默认网关和 DHCP 服务器地址等信息，如图 5-58 所示。

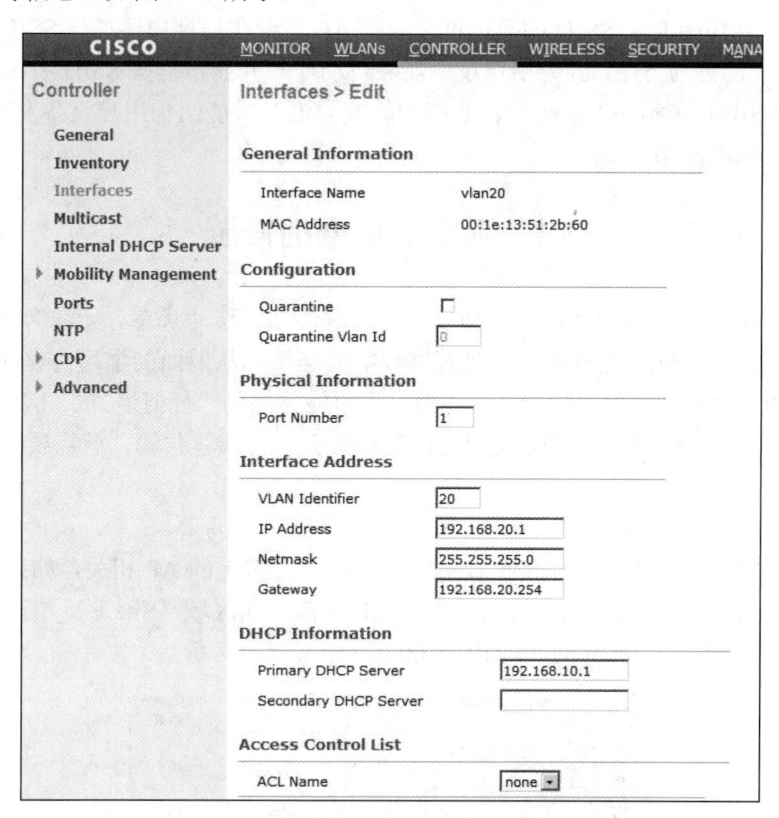

图 5-58　创建动态接口

（2）创建新 WLAN。WLAN 的配置要素如图 5-59 所示。

CISCO　MONITOR　WLANs　CONTROLLER　WIRELESS　SECURITY　MANAGEMENT　COMMANDS　HELP

WLANs　WLANs > Edit

General　Security　QoS　Advanced

WLANs
WLANs
Advanced

Profile Name　web-auth
Type　WLAN
SSID　web-auth
Status　Enabled

Security Policies　[WPA2][Auth(802.1X)]
(Modifications done under security tab will appear after applying the changes.)

Radio Policy　All
Interface　vlan30
Broadcast SSID　Enabled

图 5-59　WLAN 配置界面

WLAN 的创建涉及以下要素：

- 配置文件名。
- SSID。
- Status：是否启用 WLAN。
- Radio Policy（无线电策略）：选择将要提供给 WLAN 的无线电类型。默认情况下，所有无线电将提供给 WLC 上创建的 WLAN，但可以选择精确的无线电控制策略，如 802.11a、802.11 a/g、802.11 g、802.1 1 b/g 等。如果要为仅支持 2.4GHz 无线电的设备配置新 WLAN，那么同时在 2.4GHz 频段和 5GHz 频段上宣告该 WLAN 明显是不合理的。

接下来选择绑定到该 WLAN 的动态接口。在下拉列表中包含所有可用的接口名称，图 5-59 中名为 web-auth 的 WLAN 将被绑定到 vlan30 接口上。

最后，利用 Broadcast SSID 的复选框来选择 AP 是否在信标中广播该 SSID 名称。广播 SSID 对用户来说更为方便，因为用户设备能够自动获知并显示这些 SSID 名称。隐藏 SSID（即不广播 SSID）名称并不能提供真正有效的安全性，只能阻止用户设备发现 SSID 并试图将其用作默认的网络。

5.7 无线局域网的漫游

无线客户端设备在本质上也是移动设备，随时都处于移动状态。无线客户端在移动过程中的期望很简单，即无论移动到何处都有很好的连接。从前面的学习内容中我们已经知道，由于吸收、折射、散射等原因，无线信号不可能传播到“任何地方”。因此，无线终端在一个位置开始一个传输后，若要无缝地改变位置并保持继续传输，就需要用到 WLC 的漫游功能。

1. *漫游的概念*

IEEE 802.11 无线局域网的每个无线 STA 都与一个特定的 AP 相关，如果无线 STA 从一个 AP 覆盖无线区域（Site A）切换到另一 AP 覆盖无线区域（Site B），能获得透明的无缝连接，就叫作漫游（Roaming），如图 5-60 所示。

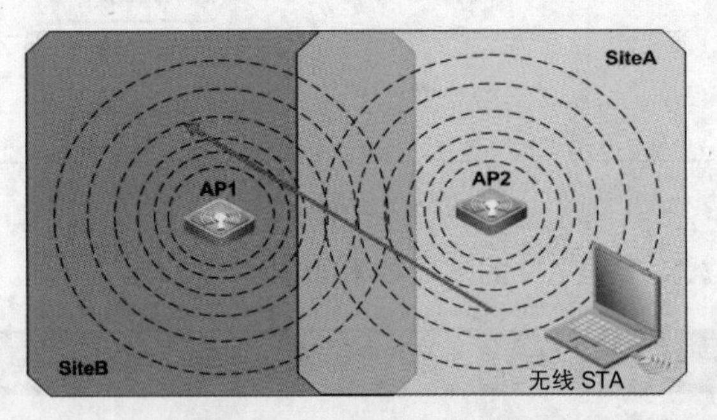

图 5-60　无线局域网的漫游

2. *漫游的条件*

（1）不存在同频干扰。客户端漫游的条件是什么呢？首先，应将相邻的 AP 信道配置为非交叠信道。例如，使用信道 1 的 AP 不能与其他也使用信道 1 的 AP 相邻。为了避免与信道 1 的频率出现交叠，相邻 AP 应使用信道 6 或者编号更大的信道，从而保证客户端在收到附近 AP 信号的情况下不会受到干扰。

（2）接收信号的强度。漫游的进程是完全由客户端的驱动程序驱动的（而不是由 AP 发起的），如图 5-61 所示。无线客户端根据各种条件来判断漫游的时机，由于漫游方法的私有性质，因此在这些条件中最重要的还是接收信号的强度。

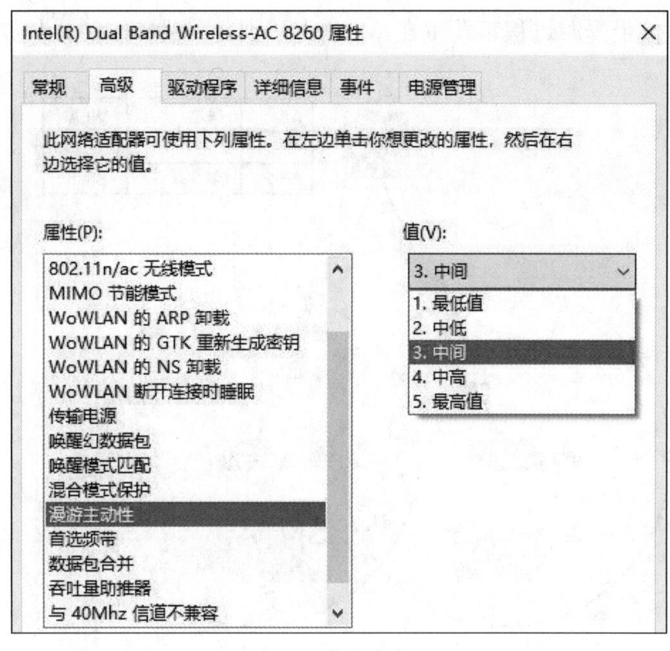

图5-61　漫游进程条件

3. WLC内的漫游

上述漫游实际上是自主式AP的漫游过程。在集中式网络体系架构中，LAP通过CAPWAP隧道绑定到WLC上。WLC内的漫游进程类似于自主式AP漫游，客户端在移动的时候也必须关联到新AP上，唯一的区别在于由WLC来处理漫游进程。

（1）建立漫游数据库。在图5-62所示的两个AP网络场景中，两个AP都连接到WLC-1上，客户端1关联到AP-1，AP-1通过CAPWAP隧道连接控制器WLC-l。WLC-1维护了一个客户端数据库，其中包含了如何到达和支持每个客户端的详细信息。为简化起见，在图5-62中将该数据库显示为一张列表，其中包含了AP、已关联的客户端和正在使用的WLAN。实际的数据库还包含客户端MAC地址和IP地址、QoS参数，以及其他信息。

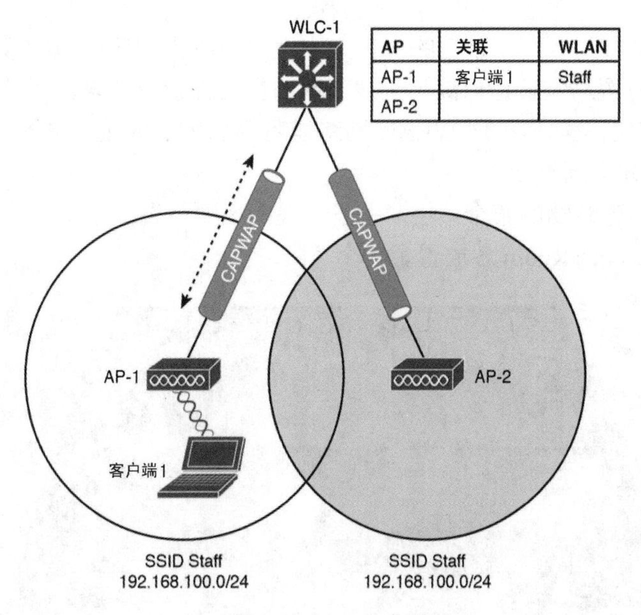

图5-62　WLC内漫游

（2）漫游实现过程。客户端1开始移动并最终漫游到AP-2，如图5-63所示。除了控制器将客户端关联关系从AP-1改变为AP-2外，其他无变化。由于AP-1和AP-2均绑定到同一 WLC-1 上，整个漫游过程都发生在 WLC 内，因而称为 WLC 内漫游。

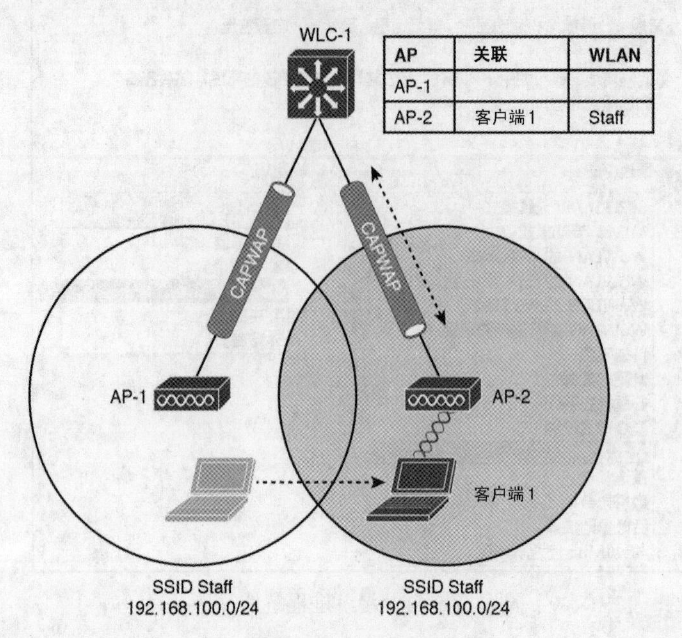

图 5-63 WLC 内漫游

如果客户端漫游进程涉及的两个 AP 都绑定在同一个 WLC 上，该漫游进程就会显得简单高效。WLC 需要更新客户端关联列表，从而知道应该使用哪条 CAPWAP 隧道去往客户端。WLC 内漫游很简单，整个漫游操作最快只要 10ms 就能完成，该时间就是 WLC 将客户端表项从 AP-1 切换到 AP-2 所需的处理时间。从客户端的角度来看，WLC 内漫游与其他漫游并没有什么区别，客户端根本不知道这两个 AP 是通过 CAPWAP 隧道进行相互通信的，客户端要做的就是根据信号分析结果来决定在两个 AP 之间进行漫游。

5.8 无线局域网的信道规划

大多数应用场景都需要两个以上的 AP 来实现建筑物内相应区域的覆盖，因而需要考虑多个 AP 的布放位置与配置，以满足无线环境的扩展性设计要求。本节主要介绍如何根据需要调整无线覆盖以及如何扩展 WLAN 网络以覆盖更大的区域和更多的客户端。

1. 使用交叉信道覆盖盲区

例如整个仓库或建筑物的某个楼层，每隔一段距离要放置一个 AP。如图 5-64 所示，Office 1～3 和 Conference Room 各放置了一个 AP。

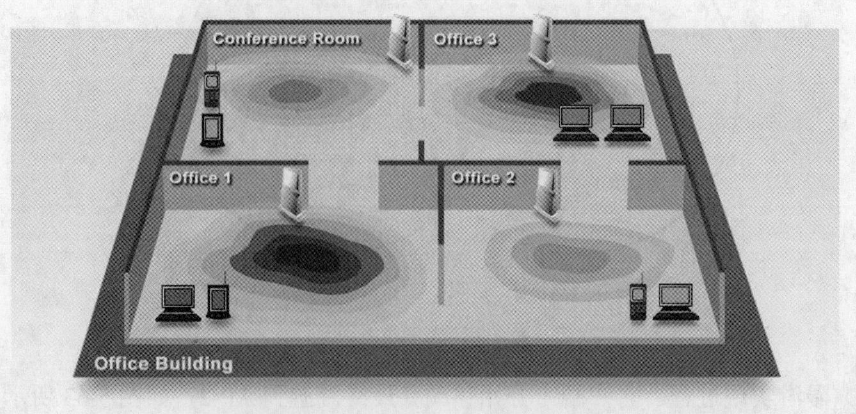

图 5-64 AP 信号覆盖存在盲区问题

为了减少无线电信号的交叠干扰，在设计 AP 覆盖小区时应保证相邻 AP 使用不同的信道。为简单起见，针对以上示例使用了 3 个非交叠的 2.4GHz 信道，这些小区采用了规则的交叉布放模式，如图 5-65 所示。

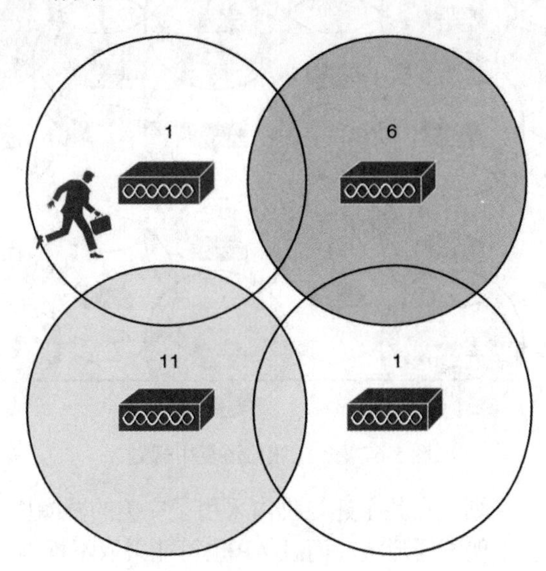

图 5-65　规则的交叉布放模式

注意，图 5-65 的中心位置处存在一个很小的射频信号覆盖盲区。如果客户端漫游到该盲区，无线连接将完全丢失。如果让这些小区进一步靠近在一起消除盲区的话，那么使用信道 1 的两个小区之间又将出现交叠，从而出现同频干扰。如何解决这一问题呢？

按照图 5-66 规划的蜂窝结构来覆盖小区既可实现无缝覆盖又能消除盲区。对于该方法 3 个信道的排列来说，虽然存在多种有效的排列组合，但结果基本都是一致的。

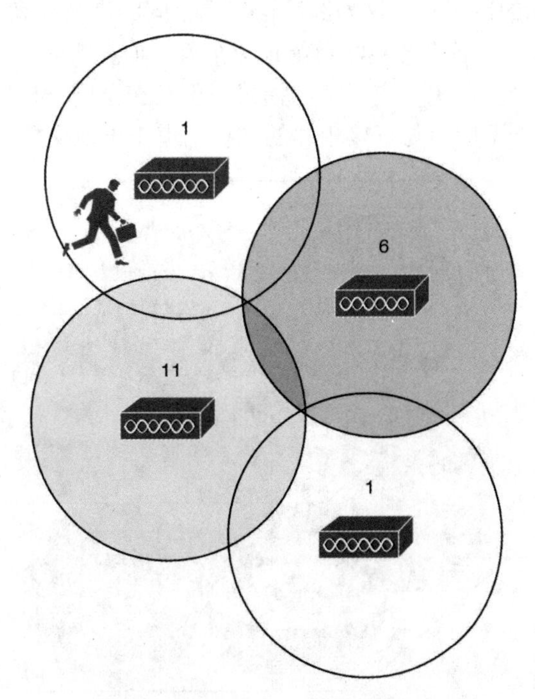

图 5-66　蜂窝覆盖方式解决信号盲区

2. 大区域信道复用规划

通常将使用交叉信道以避免出现交叠的方式称为信道复用。可以将图 5-66 所示的基本模型扩展到更大区域，如图 5-67 所示。

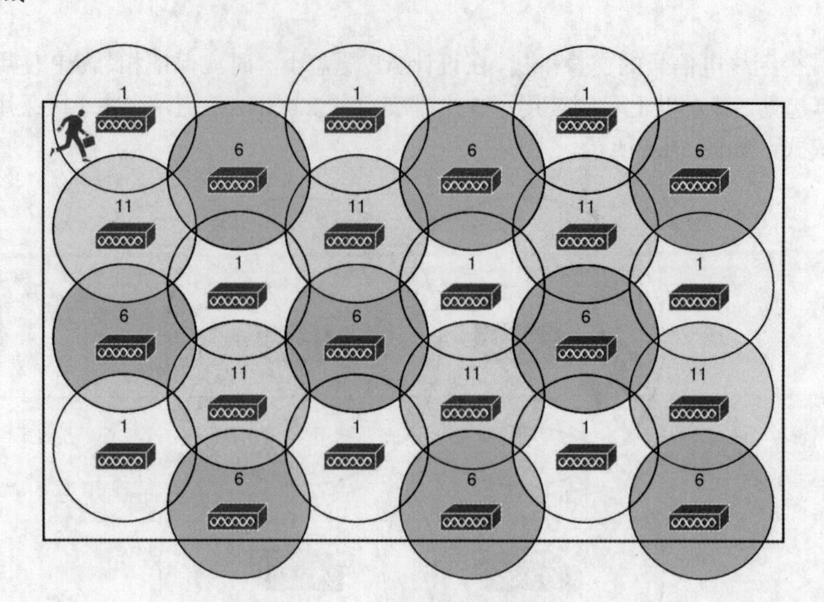

图 5-67　多区域信道复用规划

这是一种理想的小区规划，在整个建筑物内采用了完美的圆圈模式进行有规律的布放。但是，实际的小区可能会出现不同形状，而且 AP 也可能采取不规则的间距布放方式。

到目前为止，仅讨论了二维平面区域的信道规划问题，如图 5-67 可能仅表示建筑物内的一层楼。如果需要在同一建筑物内的多个楼层设计 WLAN，该如何处理呢？

从前面讨论的内容中已经知道，天线发射出来的 RF 信号是按照三维空间向外传播的。对于全向天线来说，其辐射方向图类似于以天线为中心的面包圈，这是因为信号是向外扩展的，因而小区沿着楼层方向的形状是圆形。同时，该信号还要向上向下进行较低程度的扩展，对相邻楼层的 AP 小区会造成影响。

下面以图 5-68 所示的二层建筑物为例讨论三维空间的信道规划。为了便于查看信道模式和信道编号，图 5-68 中将各个楼层尽可能地分隔开。但在实际应用中，相邻楼层的小区通常会出现一定程度的交叠现象。交叉信道模式不但存在于同一楼层平面内，也存在于楼层之间，如一楼的信道 1 不应该与直接相邻的二楼信道 1 出现交叠。

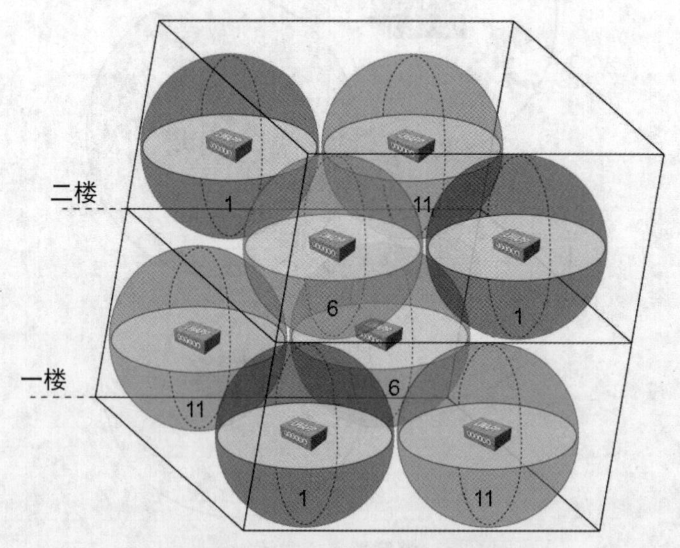

图 5-68　楼层信道复用规划

WLAN 的设计和维护不但要考虑每个 AP 的小区规模、发射功率和信道规划，还要考虑大范围覆盖场景下的漫游问题。现在已有的专业工具如思科的 WCS、华为的 Planner 等，能够帮助无线工程师解决这些难题。

5.9　动手实践

5.9.1　无线控制器的初始化

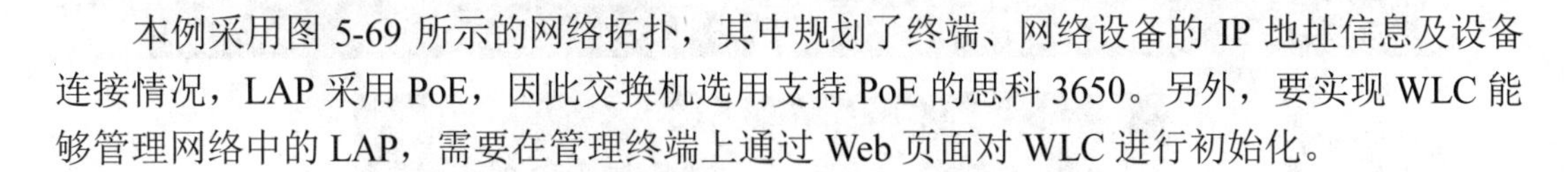

本例采用图 5-69 所示的网络拓扑，其中规划了终端、网络设备的 IP 地址信息及设备连接情况，LAP 采用 PoE，因此交换机选用支持 PoE 的思科 3650。另外，要实现 WLC 能够管理网络中的 LAP，需要在管理终端上通过 Web 页面对 WLC 进行初始化。

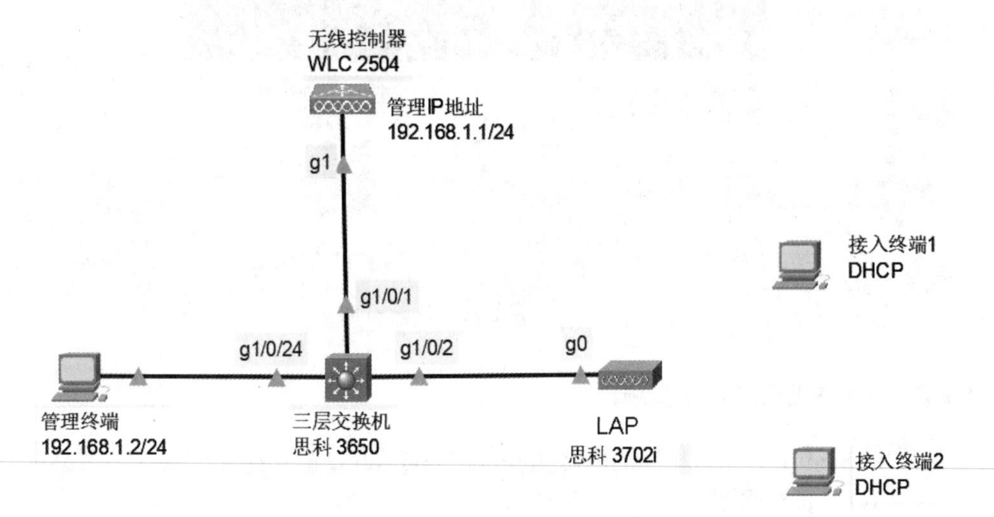

图 5-69　无线控制器初始化网络拓扑图

1. 添加交换机供电模块

（1）查看添加的供电模块。交换机加电后自动完成启动过程，使用命令 show environment power 可以查看已加载的两个电源模块，每个电源模块可供电 680W。

（2）查看 PoE 供电情况。LAP 使用网线与三层交换机相连后，三层交换机会使用 PoE 模块向 LAP 供电，可以使用 show power inline 命令查看 PoE 供电情况。

2. 初始化无线控制器

（1）配置无线控制器的初始管理 IP 地址。单击 WLC 2504，选择 Config，在左侧菜单中选择 Management，在 IP Address 中输入 IP 地址 192.168.1.1，在 Subnet Mask 中输入子网掩码 255.255.255.0。

（2）设置管理终端 IP 地址。单击管理终端，选择 Desktop，单击 IP Configuration，在弹出的对话框中输入 IP 地址为 192.168.1.2 和子网掩码为 255.255.255.0。

（3）通过管理终端登录 WLC。单击管理终端的 Web 浏览器，在地址栏中输入 http://192.168.1.1，在弹出的界面中创建登录账号，输入用户名为 admin，密码为 Admin123，单击 Start 按钮，接着弹出初始化界面，输入 System Name 为 WLC，在管理 IP 地址栏中输入 192.168.1.1，掩码栏输入 255.255.255.0，网关栏输入 192.168.1.10，然后单击 Next 按钮，进入配置网络参数界面，在网络名 Network Name 中输入 CQCET，加密方式选择 WPA2 Personal，设置密码为 1234567890，再次输入确认密码，单击 Next 按钮，弹出的界面不做任何修改，保持默认，继续单击 Next 按钮，会弹出之前配置的汇总界面，单击 Apply 按钮，重启 WLC，使配置生效。

（4）验证 WLC 的初始化配置。待 WLC 重启后，重新进入管理终端的浏览器，在地址栏中输入https://192.168.1.1并回车，输入之前创建的账号 admin 和密码 Admin123，单击 Login 按钮登录，弹出 WLC 的设置界面，如图 5-70 所示。单击上方的 WLAN 菜单，弹出初始化配置的相关 WLAN 信息，此次配置无需修改，如果需要修改，可以单击 ID 下的 1 进行修改，更改完后单击右上方的 Apply 按钮保存。

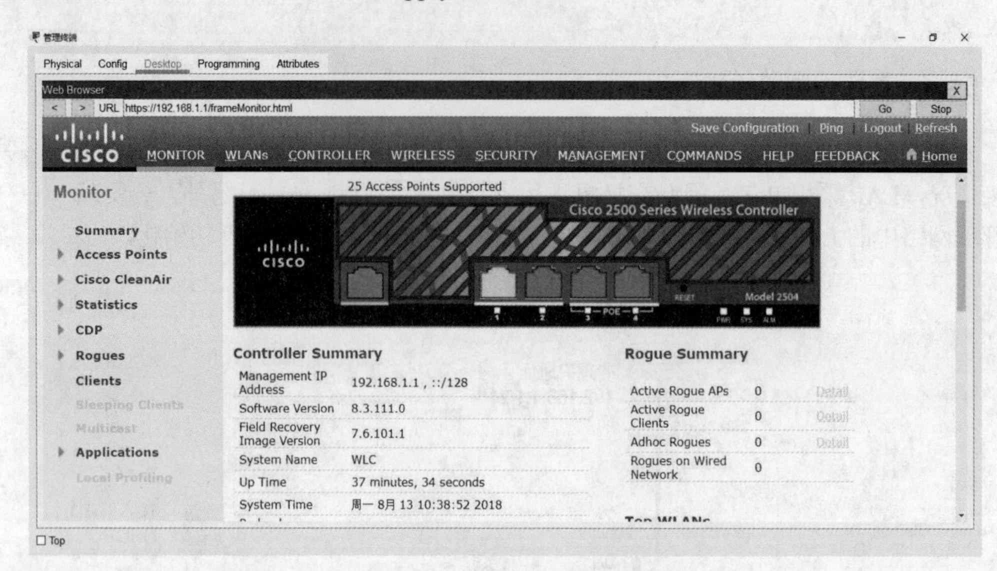

图 5-70 WLC 初始化后的配置界面

LAP 注册到 WLC 实践

5.9.2 LAP 注册到 WLC 实践

本例采用与 5.9.1 节完全相同的网络拓扑，在完成 WLC 的初始化配置任务后继续完成 LAC 注册到 WLC 的配置过程。

1. 配置三层交换机

（1）开启三层交换机的路由功能和 DHCP 服务。进入交换机的配置界面，使用命令 ip routing 和 server dhcp 开启路由功能与 DHCP 服务。

（2）配置 SVI 接口和 IP 地址。DHCP 服务器本身有一个 IP 地址，这里使用默认的 VLAN 1 来创建一个 SVI 接口（使用 interface vlan 1 命令），配置 IP 地址为 192.168.1.10（使用 ip add 192.168.1.10 255.255.255.0 命令），然后激活 SVI 接口（使用 no shutdown 命令）。

（3）配置 DHCP 服务。首先排除可能静态分配的 IP 地址，这里排除 192.168.1.0 网段的前面 10 个地址（使用 ip dhcp excluded-address 192.168.1.1 192.168.1.10 命令），然后建立一个名为 server 的地址池（使用 ip dhcp pool server 命令），宣告需要分配的网段（使用 network 192.168.10.0 255.255.255.0 命令），指定默认网关（使用 default-router 192.168.1.10 命令），使用 option 43 选项，指定 WLC 的 IP 地址（使用 option 43 ip 192.168.1.1 命令），使得 LAP 获取到 IP 地址后能够找到 WLC。

（4）验证 DHCP 服务。进入 LAP 的配置界面，单击 Config 菜单，选中下方 interface 中的 g0 号端口，可以看到已成功获取到 IP 地址。

2. 验证配置结果

（1）查看 LAP 是否注册成功。在管理终端上通过 Web 页面登录到 WLC，在 WLC 的配置页面中，单击 WIRELESS 菜单，弹出如图 5-71 所示的页面。从页面中可以看到 LAP 已成功上线，其获得的 IP 地址是 192.168.1.4。

（2）建立无线客户端与 LAP 之间的无线连接。在以上配置中，并没有为 LAP 配置认证用户、管理安全策略，以及选择射频信道和输出功率等，实际上这些信息在 WLC 初始化的时候就已经完成。在接入终端 1 和接入终端 2 上，按照图 5-72 所示的页面设置无线参数和动态获取 IP 地址后，接入终端 1 和接入终端 2 就可以关联到 LAP，如图 5-73 所示，可以看到无线连接成功。

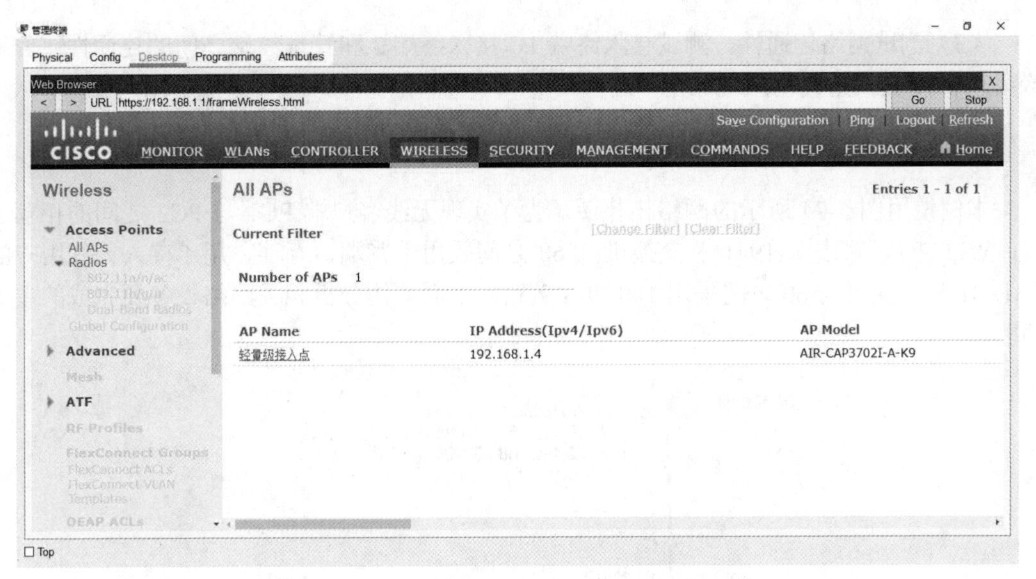

图 5-71　LAP 注册到 WLC 的配置页面

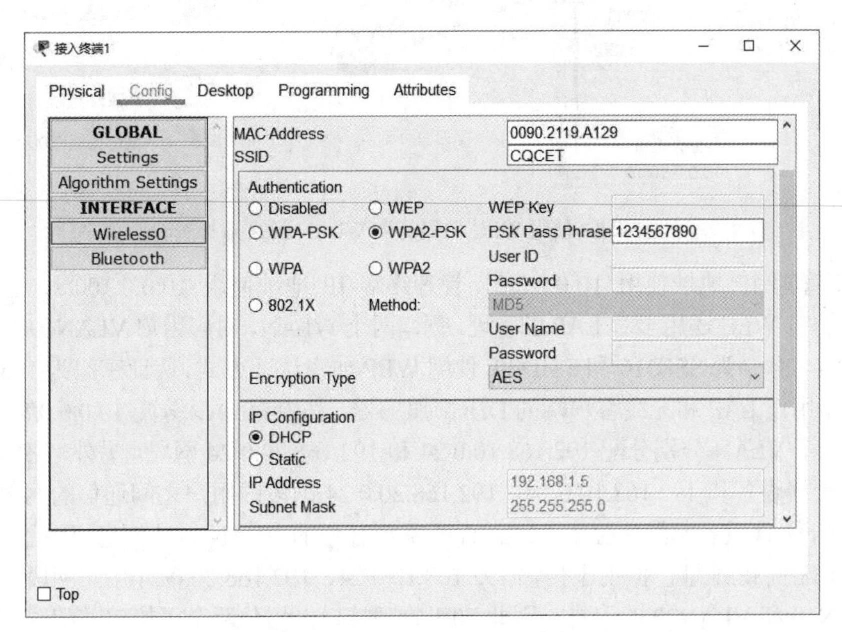

图 5-72　接入终端设置界面

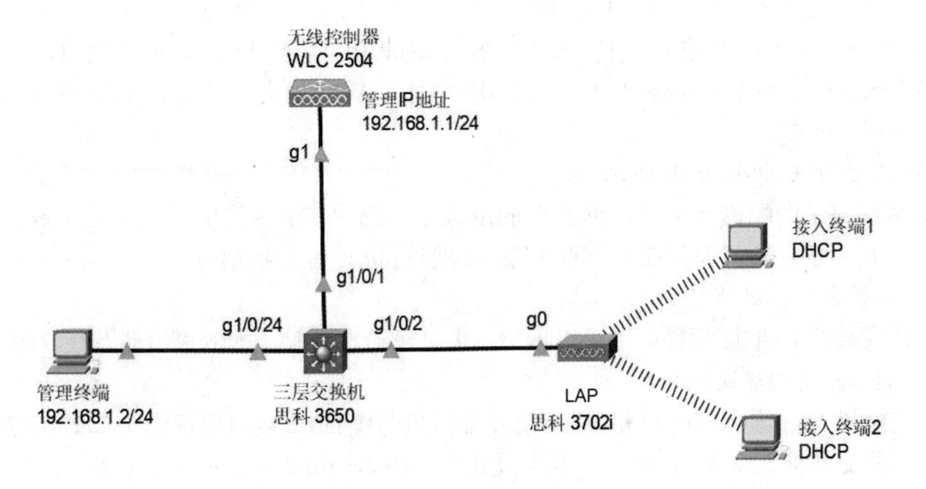

图 5-73　接入终端成功关联上 LAP

（3）测试网络连通性。测试接入终端 1、接入终端 2 和管理终端之间的连通性，若能够相互 ping 通，则说明网络已全部连通。

WLC 管理两个 WLAN

5.9.3 WLC 管理两个 WLAN

本例使用图 5-74 所示的网络拓扑图，为了实现无线客户端 PC1 与 PC2 之间的相互通信，WLC-PT、路由器 1941 和交换机 3560 之间采用千兆端口互连，用于接入无线用户的 LAP-PT 与交换机 3560 之间采用 100Mb/s 链路。下面具体分析相关网络设备要完成的主要功能。

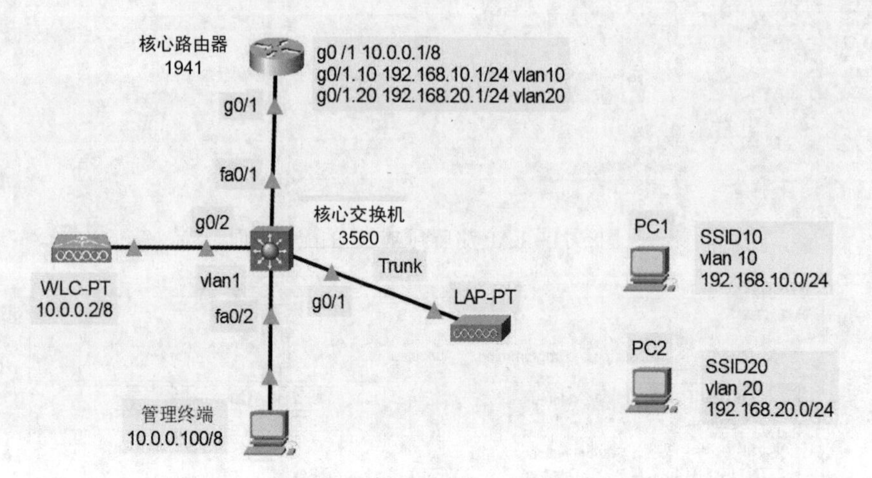

图 5-74 使用 WLC 创建两个 WLAN 网络拓扑图

WLC 管理 IP 地址使用 10.0.0.2/8，管理终端 IP 地址使用 10.0.0.100/8，它们均位于 VLAN1。另外，WLC 还用于对 LAP 的管理，创建两个 WLAN，对应用户 VLAN10 和 VLAN20 使用的网络名分别为 SSID10 和 SSID20，使用 WEP 加密认证方式，认证密码为 1234567890。

路由器用作 LAP 和无线客户端的 DHCP 服务器，其中为 LAP 分配 10.0.0.0/8，为无线用户所在的两个 VLAN 分别分配 192.168.10.0/24 和 192.168.20.0/24 网段。另外，路由器还作为 10.0.0.0/8 无线设备和 192.168.10.0/24、192.168.20.0/24 网段的用户之间通信的网关。值得注意的是，由于无线设备都默认位于 VLAN1，不需要任何的 VLAN 封装信息，因此直接在 g0/1 物理接口上配置 IP 地址，但由于传输 192.168.10.0/24、192.168.20.0/24 用户网段流量时需要封装 VLAN10 和 VLAN20 的信息，因此 g0/1 物理接口上划分两个子接口并配置 IP 地址。

LAP-PT 并没有和支持 PoE 的交换机相连，需要使用额外的电源适配器。在 LAP-PT 和交换机之间的链路上需要传输 VLAN10 和 VLAN20 的数据，要将该链路设置为 Trunk，LAP-PT 动态获取到的 IP 地址是 10.0.0.0/8 网段，因此它可以与 WLC 之间直接通信。

接下来按照图 5-74 中规划的 VLAN 和 IP 地址在 WLC、交换机、路由器和管理终端上完成网络相关配置。

1. 配置 WLC 的管理 IP 地址

在 WLC-PT 的配置界面中，单击 Config 菜单，选中左侧窗格中的 Management，弹出如图 5-75 所示的配置界面，在对话框中输入规划的 IP 地址参数信息。

2. 配置管理终端的 IP 地址

管理终端的 IP 地址配置可以手工指定，也可以动态获取，本例采用动态获取的方式。

3. VLAN 的创建及划分

在交换机上划分 VLAN10 和 VLAN20，将 G0/1 和 fa0/1 接口设置为 Trunk。注意，在思科的三层交换机上设置 Trunk 前，需要使用 switchport trunk encapsulation dot1q 命令进行协议封装。

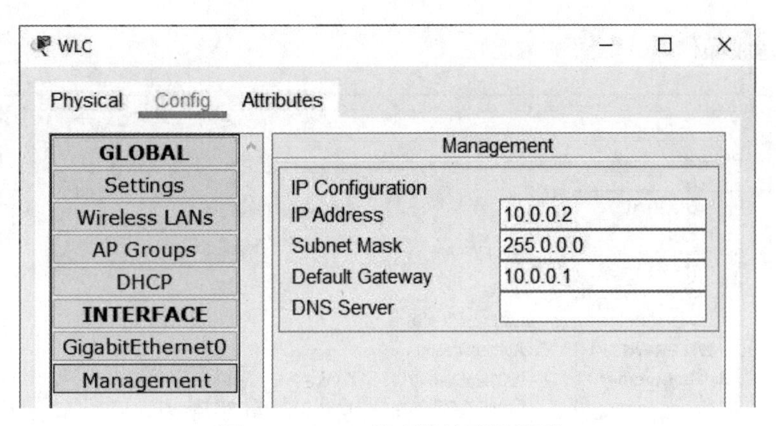

图 5-75　WLC 管理地址配置界面

4. 配置 DHCP 服务

在路由器上配置接口 g0/1 及其子接口的 IP 地址用作 10.0.0.0/8、192.168.10.0/24 和 192.168.20.0/24 网段的网关地址，这 3 个网段的终端需要动态获取 IP 地址，在路由器上配置 DHCP 服务，主要配置命令如下：

```
service dhcp
ip dhcp excluded-address 10.0.0.1 10.0.0.10
ip dhcp excluded-address 192.168.10.1 192.168.10.10
ip dhcp excluded-address 192.168.20.1 192.168.20.10
ip dhcp pool NET10
network 10.0.0.0 255.0.0.0
default-router 10.0.0.1
ip dhcp pool VLAN10
network 192.168.10.0 255.255.255.0
default-router 192.168.10.1
ip dhcp pool VLAN20
network 192.168.20.0 255.255.255.0
default-router 192.168.20.1
```

在路由器上完成 DHCP 的相关配置后，管理终端和 LAP-PT 能够获取到 10.0.0.0/8 网段的地址。单击 Packet Tracer 工具栏中的 Inspection 按钮，再单击 LAP-PT，出现如图 5-76 所示的界面，可以发现 LAP 获取到了 IP 地址，并且与 WLC 建立起 CAPWAP 隧道。

图 5-76　LAP-PT 获得 IP 地址并与 WLC 建立 CAPWAP 隧道

5. 配置 WLC

在 WLC 上需要配置 WLAN 和 VLAN 接口及其关联关系。在 WLC-PT 的配置界面中，单击 Config 菜单，在左侧窗格中选中 Wireless LANs，弹出如图 5-77 所示的界面。在 Name 文本框中输入 WLAN10，在 SSID 文本框中输入 SSID10，在 VLAN 文本框中输入 10；在 Authentication 栏中勾选 WEP 单选按钮，在 WEP Key 栏中输入密钥 1234567890，然后单击 Save 按钮。创建另一个 WLAN20 时，首先单击 New 按钮，然后采用与创建 WLAN10 类似的方法即可完成操作。

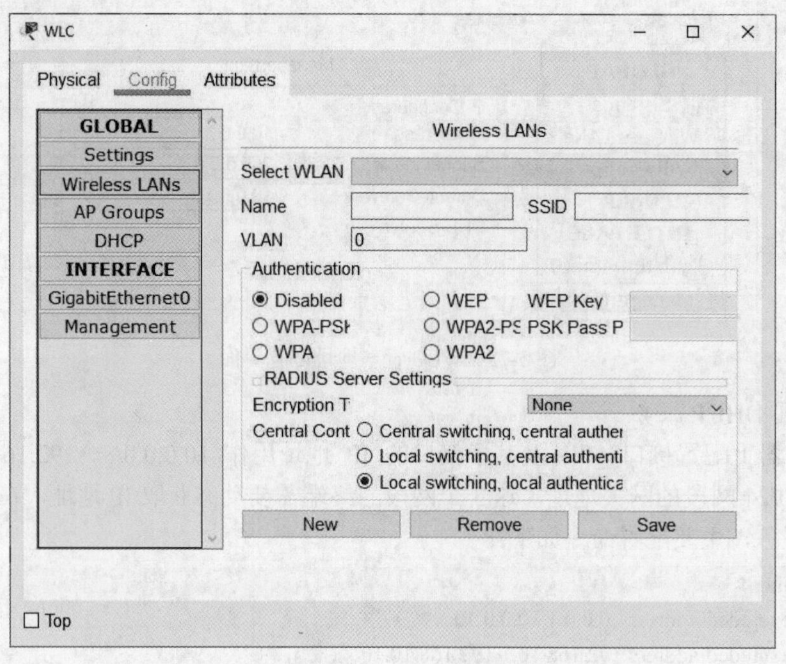

图 5-77 WLAN 的创建

完成 WLAN 的创建后，单击 Config 菜单，在左侧窗格中选中 AP Groups，弹出如图 5-78 所示的界面。可以发现 WLC 可以管理多个 AP，每个 AP 默认在 default-group 组中，并且每个 LAP 可以发出多个无线网络 SSID 信号。

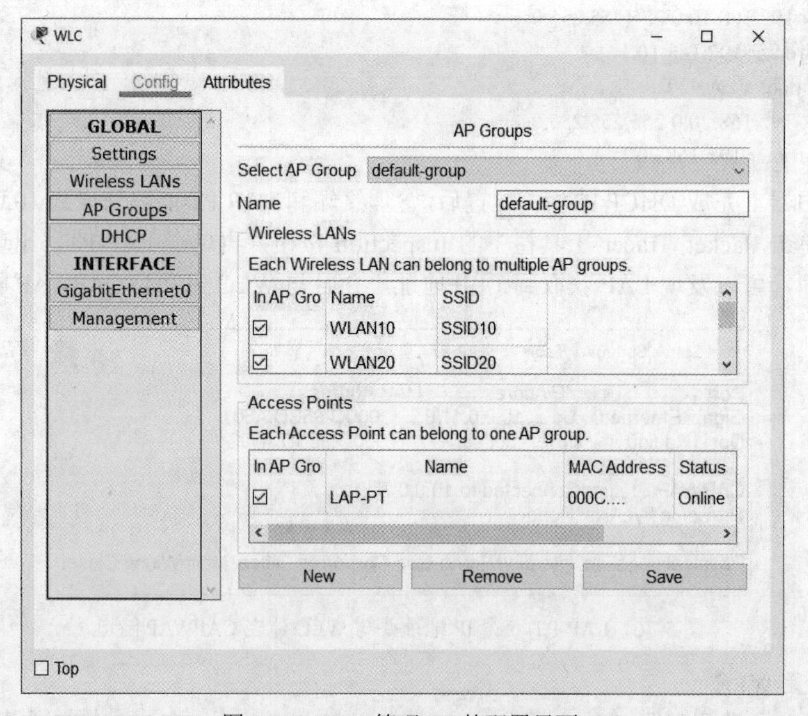

图 5-78 WLC 管理 AP 的配置界面

6. 配置结果验证

在终端 PC1 和 PC2 中添加无线网卡并设置无线参数，让无线终端 PC1 连接 SSID10，无线终端 PC2 连接 SSID20，如图 5-79 所示。使用 Packet Tracer 的 Inspection 工具可以查看无线终端获取到的 IP 地址、通信速率和信号强度的相关信息，如图 5-80 所示。

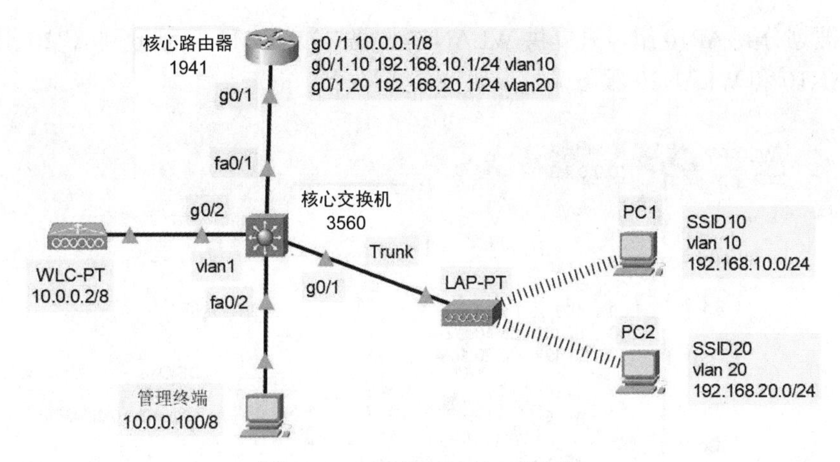

图 5-79　无线终端连接无线网络

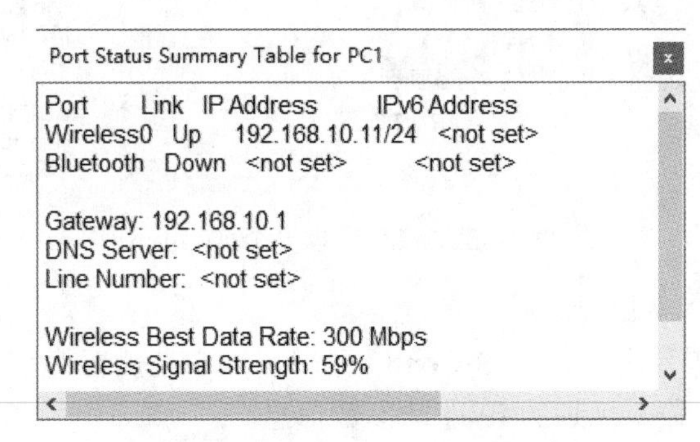

Port Status Summary Table for PC1

```
Port        Link  IP Address        IPv6 Address
Wireless0   Up    192.168.10.11/24  <not set>
Bluetooth   Down  <not set>         <not set>

Gateway: 192.168.10.1
DNS Server:  <not set>
Line Number:  <not set>

Wireless Best Data Rate: 300 Mbps
Wireless Signal Strength: 59%
```

图 5-80　无线终端关联详细信息

最后验证一下无线网络的连通性。在 PC1 上 ping PC2 的 IP 地址，输出结果如图 5-81 所示，表明网络是联通的。

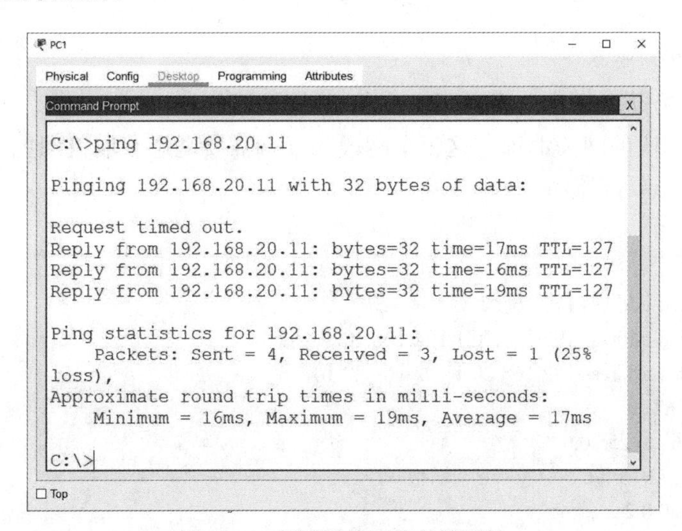


```
C:\>ping 192.168.20.11

Pinging 192.168.20.11 with 32 bytes of data:

Request timed out.
Reply from 192.168.20.11: bytes=32 time=17ms TTL=127
Reply from 192.168.20.11: bytes=32 time=16ms TTL=127
Reply from 192.168.20.11: bytes=32 time=19ms TTL=127

Ping statistics for 192.168.20.11:
    Packets: Sent = 4, Received = 3, Lost = 1 (25%
loss),
Approximate round trip times in milli-seconds:
    Minimum = 16ms, Maximum = 19ms, Average = 17ms

C:\>
```

图 5-81　测试无线网络的连通性

5.9.4　WLC 管理两个 AP 组

WLC 管理两个 AP 组

本例采用图 5-82 所示的网络拓扑，图中显示了相关 VLAN 和 IP 地址规划信息。与 5.9.3 节的任务不同，WLC 与 LAP 在不同的网段，LAP 在不同的 WLAN 组，可以提高 WLC 管理 LAP 的灵活性。本例中选用的 WLC 为 WLC-PT，不能使用 Web 页面进行配置，支持图形化界面配置；路由器选用 1941，可以提供多个千兆端口，与 3560 交换机相连，构成高速核心骨干网络；LAP 选用 LAP-PT，用于无线终端的接入并接收 WLC 下发的配置信息，

LAP-PT1 被划分到 AP10 组，只提供 WLAN10 服务；LAP-PT2 被划分到 AP20 组，可同时提供 WLAN10 和 WLAN20 服务。

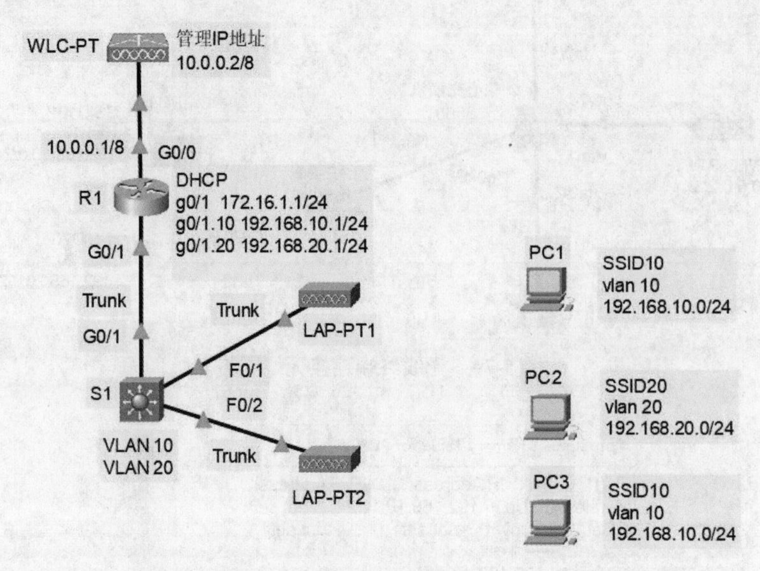

图 5-82　WLC 管理多个 AP 组

1. 配置 WLC 的管理 IP 地址

在 WLC-PT 的配置界面中，单击 Config 菜单，选中左侧窗格中的 Management，在弹出配置界面的对话框中输入规划的 IP 地址参数信息。

2. VLAN 的创建及划分

在交换机 S1 上划分 VLAN10 和 VLAN20，将 G0/1 和 fa0/1、fa0/2 接口设置为 Trunk。注意，在思科的三层交换机上设置 Trunk 前，需要使用 switchport trunk encapsulation dot1q 命令进行协议封装。

3. 配置 DHCP 服务

在路由器上配置接口 g0/1 及其子接口的 IP 地址用作 172.16.1.0/24、192.168.10.0/24 和 192.168.20.0/24 网段的网关地址，这 3 个网段的终端需要动态获取 IP 地址，在路由器上配置 DHCP 服务，主要配置命令如下：

```
service dhcp
service
ip dhcp excluded-address 172.16.1.1 172.16.1.10
ip dhcp excluded-address 192.168.10.1 192.168.10.10
ip dhcp excluded-address 192.168.20.1 192.168.20.10
ip dhcp pool NET10
network 172.16.1.0 255.0.0.0
default-router 172.16.1.1
option 43 ip 10.0.0.2
ip dhcp pool VLAN10
network 192.168.10.0 255.255.255.0
default-router 192.168.10.1
ip dhcp pool VLAN20
network 192.168.20.0 255.255.255.0
default-router 192.168.20.1
```

在路由器上完成 DHCP 的配置后，管理终端和 LAP-PT 能够获取到 172.16.1.0/24 网段的地址。单击 Packet Tracer 工具栏中的 Inspection 按钮，再单击 LAP-PT，可以发现 LAP 获取到了 IP 地址，并且与 WLC 建立起 CAPWAP 隧道。

4. 配置 WLC

在 WLC 上需要配置 WLAN 和 VLAN 接口及其关联关系。在 WLC-PT 的配置界面中，单击 Config 菜单，在左侧窗格中选中 Wireless LANs，在弹出界面的 Name 文本框中输入 WLAN10，在 SSID 文本框中输入 SSID10，在 VLAN 文本框中输入 10；在 Authentication 栏中勾选 WEP 单选按钮，在 WEP Key 栏中输入密钥 1234567890，然后单击 Save 按钮。创建另一个 WLAN20 时，首先单击 New 按钮，然后采用与创建 WLAN10 类似的方法即可完成操作。

完成 WLAN 的创建后，单击 Config 菜单，在左侧窗格中选中 AP Groups，在弹出的界面中可以发现所有 AP 都会在默认的 default-group 组中。现在创建 AP10 和 AP20 组，用于管理 LAP-PT1 和 LAP-PT2，具体操作如下：选择 Config→AP Groups 命令，弹出如图 5-83 所示的界面，单击 New 按钮，在 Name 文本框中输入 AP10，单击 Save 按钮，弹出如图 5-84 所示的界面。按照网络需求 LAP-PT1 只提供 WLAN10 服务，因此在图 5-84 中的 Wireless LANs 选项组中勾选 WLAN10 SSID10，在 Access Points 选项组中勾选 LAP-PT1，满足 AP10 组中只有 LAP-PT1 且只提供 WLAN10 服务的要求，最后单击 Save 按钮。按照同样的方法完成 AP20 组的创建与配置。

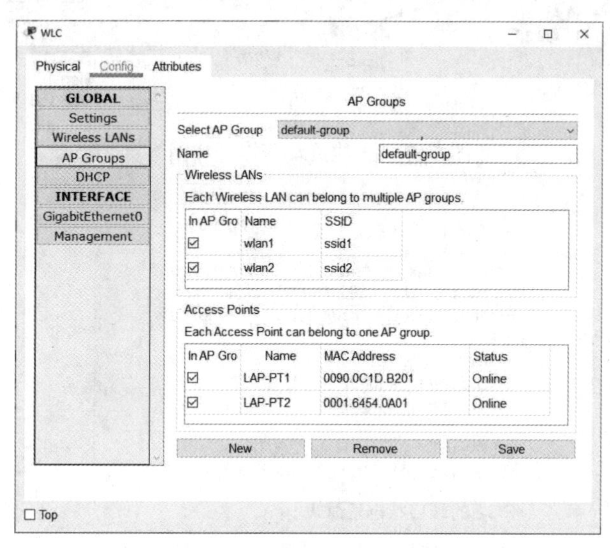

图 5-83　WLC 默认 AP 组

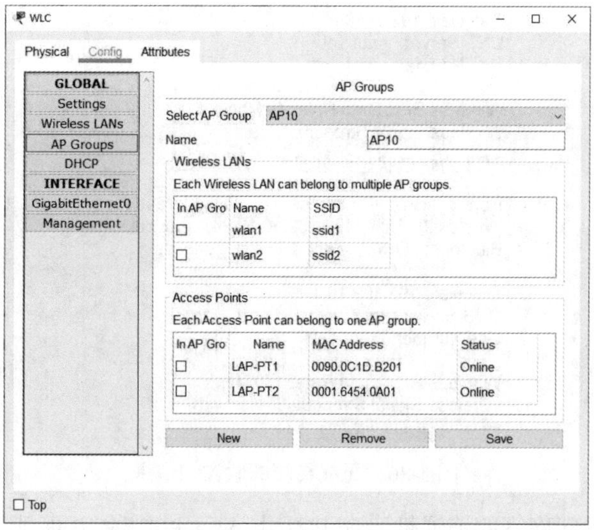

图 5-84　AP 组的创建与配置

5. 配置结果验证

在无线终端 PC1、PC2 和 PC3 上添加无线网卡并设置无线参数，让无线终端 PC1 连接 SSID10，无线终端 PC2 连接 SSID20，无线终端 PC3 连接 SSID10，如图 5-85 所示。使用 Packet Tracer 的 Inspection 工具可以查看无线终端获取到的 IP 地址、通信速率和信号强度的相关信息，如图 5-86 所示。

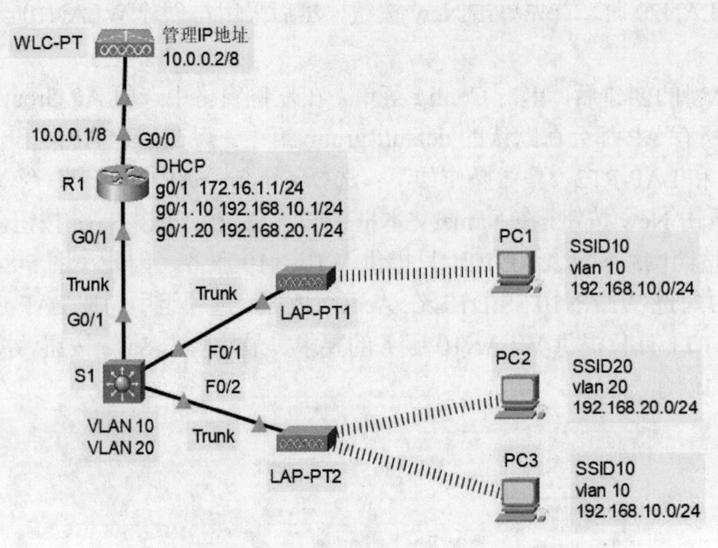

图 5-85 无线终端连接无线网络

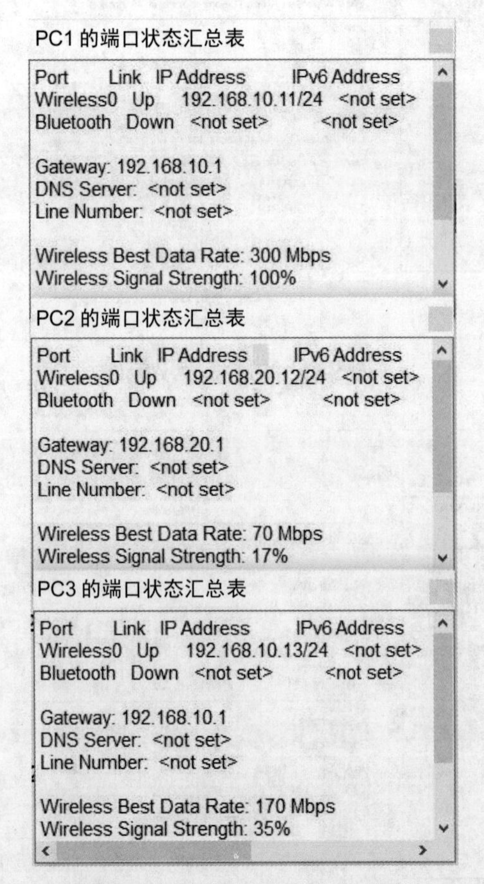

PC1 的端口状态汇总表

Port Link IP Address IPv6 Address
Wireless0 Up 192.168.10.11/24 <not set>
Bluetooth Down <not set> <not set>

Gateway: 192.168.10.1
DNS Server: <not set>
Line Number: <not set>

Wireless Best Data Rate: 300 Mbps
Wireless Signal Strength: 100%

PC2 的端口状态汇总表

Port Link IP Address IPv6 Address
Wireless0 Up 192.168.20.12/24 <not set>
Bluetooth Down <not set> <not set>

Gateway: 192.168.20.1
DNS Server: <not set>
Line Number: <not set>

Wireless Best Data Rate: 70 Mbps
Wireless Signal Strength: 17%

PC3 的端口状态汇总表

Port Link IP Address IPv6 Address
Wireless0 Up 192.168.10.13/24 <not set>
Bluetooth Down <not set> <not set>

Gateway: 192.168.10.1
DNS Server: <not set>
Line Number: <not set>

Wireless Best Data Rate: 170 Mbps
Wireless Signal Strength: 35%

图 5-86 无线终端关联详细信息

最后验证一下无线网络的连通性。在 PC1 上 ping PC2 的 IP 地址，输出结果如图 5-87 所示，表明网络是连通的。

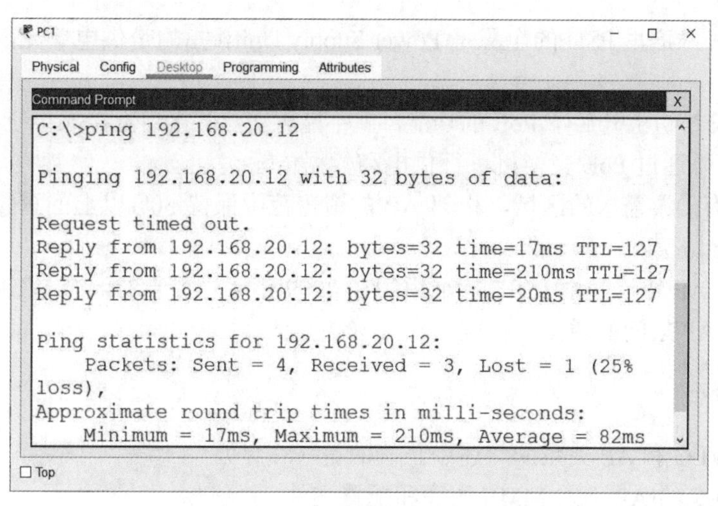

图 5-87　测试无线网络的连通性

5.10　课后作业

一、判断题

1．在传统的 WLAN 中，采用“胖”AP 和有线交换机的分布式组网模式，对每个 AP 都需要配置。（　　）

2．现在常用 WLC 控制和管理 AP 的模式组建 WLAN。（　　）

3．配置管理智能无线交换机可以使用带内管理和带外管理两种方式。（　　）

4．用 Web 方式对一台 WLC 进行配置管理，需要使用它的管理地址。（　　）

5．在集中型 WLAN 中，一个 SSID 能对应多个用户 VLAN。（　　）

6．DHCP 服务的作用域是指派给请求动态 IP 地址的计算机的 IP 地址范围。（　　）

7．在核心交换机上需要创建交换机管理 VLAN、无线 AP VLAN、无线客户端 VLAN。（　　）

8. 在 AP 接入交换机上要创建交换机管理 VLAN、无线 AP VLAN、无线客户端 VLAN。（　　）

9．AP 接入交换机与核心交换机连接的端口要配置为 Trunk 模式。（　　）

10．同一 WLC 内的二层漫游是指 STA 在同一个 WLC 控制下的不同 AP 间漫游，漫游前后都在同一个子网内。（　　）

11．在点到多点的组网环境中，一台设备作为中心设备，其他所有的设备都只和中心设备建立无线桥接，实现多个网络的互联。这样做的缺点是多个分支网络的互通都要通过中心桥接设备进行数据转发。（　　）

12．如果 AP 工作在基础架构模式下，那么 AP 此时的工作状态为全双工模式。（　　）

13．WLAN 的架构主要分为基于 WLC 的“瘦”AP 架构和传统的独立“胖”AP 架构。（　　）

14. 根据 AP 与 WLC 之间的网络架构可将组网方式分为二层组网方式和三层组网方式。（　　）

15．如果一个企业无线网络组网模式为直接转发，那么“瘦”AP 可以将 802.11 数据报文转化为以太网报文，再将报文进行 CAPWAP 封装，通过 CAPWAP 隧道传送给 WLC。（　　）

16. 在 PoE 术语里 PSU 的全称是 Power Supply Unit，指的是供电单元，如 PoE 交换机的以太网接口。（　　）

17. 如果交换机上开启了 PoE 的功能，就不能再在这些接口上接入传统设备。（　　）

18. AP 可以通过 PoE 交换机进行供电和数据传输。（　　）

19. 对于有漫游需求的区域，相邻 AP 的覆盖范围保持 50%以上的重叠，以保证终端在 AP 间的平滑切换。（　　）

20. CAPWAP 协议是由 IEEE 标准组织在 2009 年 4 月提出的一个 WLAN 标准，用于 WLC 与“瘦”AP 之间的通信。（　　）

二、选择题

1. 关于 WLC 和 AP 关系的叙述中正确的是（　　）。
   A. WLC 给 AP 下发 MMS 程序和配置文件
   B. 无线用户数据都由 AP 送至 WLC
   C. AP 在开机时接收 WLC 的配置，它不能保存配置信息
   D. AP 与 WLC 的连接方式有直接连接和分布式连接两种
2. 关于 CAPWAP 协议的说法中正确的是（　　）。
   A. CAPWAP 的中文意思是无线接入点的控制和配置
   B. WLC 与无线站点之间要建立数据隧道和控制隧道两条通信隧道
   C. WLC 是通过 CAPWAP 隧道将配置信息传送至 AP
   D. AP 将 SAT 的数据封装在 CAPWAP 隧道中发送给 WLC
3. 基于 WLC 架构的漫游分为（　　）。
   A. 子网内漫游　　B. 子网间漫游
   C. 控制器内漫游　　D. 控制器间漫游
4. 配置 WLC 可以使用（　　）方式。
   A. 通过 Console 口和超级终端　　B. Telnet
   C. 无线连接　　D. Web
5. 配置 WLC，以下信息正确的是（　　）。
   A. 默认 IP 地址是 192.168.100.1/24
   B. 在浏览器地址栏中输入https://192.168.100.1打开 Web 配置页面
   C. 默认管理用户名是 admin，密码为空
   D. 在通电时按复位按钮至少 5 秒可以恢复到厂商的默认设置
6. 把企业用户划分为 4 个 VLAN，则在 WLC 中设置它们连接的 SSID（　　）。
   A. 可以相同　　B. 可以不同　　C. 必须相同　　D. 必须不同
7. 在组建 WLAN 时，要实现动态分配 IP 地址，可以采用的方法有（　　）。
   A. 在组建的 WLAN 中设置一台 DHCP 服务器
   B. 选用能提供 DHCP 服务功能的 WLC
   C. 选用能提供 DHCP 服务功能的核心层交换机
   D. 在网络中使用能提供 DHCP 服务功能的其他设备
8. 下列关于配置 DHCP 服务器的作用域选项 043 的说法中正确的是（　　）。
   A. 作用域选项 043 是指供应商特定信息
   B. 在 WLAN 中，由于三层模式的 AP 和 WLC 处在不同的网段，对 AP 所在的作用域配置 043 选项是用来决定 AP 要与哪一个 WLC 建立联系
   C. 在 WLAN 中，配置 043 选项的操作是：单击 AP 所在的作用域名称，选择“043 供应商特定信息”，并在 ASCII 下输入 WLC 的 IP 地址

D．三层模式的 AP 和 WLC 处在不同的网段，其中 WLC 设置静态 IP 地址，AP 的地址由 DHCP 服务器提供

9.（　　）可以为非无线设备提供无线连接。

A．无线中继器　B．工作组网桥　C．透明网桥　D．自适应网桥

10. 在 WDS 部署中，网桥组网模式不包括（　　）。

A．点对点方式　B．点对多点方式

C．中继桥接方式　D．多点对多点方式

11. 如果连接同一个 SSID 的无线客户端想从一个 AP 漫游到另一个 AP，那么两个 AP 之间信号重叠的区域范围一般为（　　）。

A．50%　B．不需要重叠　C．100%　D．10%～15%

12.（　　）不是 WLC 在无线网络中的功能。

A．集中管理 AP　B．实现漫游功能

C．发送信标帧　D．无线入侵检测

13. 用来作为 AP 和 WLC 建立 CAPWAP 隧道的 VLAN 是（　　）。

A．管理 VLAN　B．服务 VLAN

C．用户 VLAN　D．认证 VLAN

14. 以下对于 LAP 的描述正确的是（　　）。

A．LAP 又称为无线路由器

B．LAP 由于功能欠缺，正逐渐被自主式 AP 取代

C．LAP 无法单独配置，必须与 WLC 配合使用

D．LAP 可以实现 802.1x 认证、加密等功能，其他如漫游功能都是在 WLC 上实现

15. 对于 CAPWAP 协议，下列描述中错误的是（　　）。

A．WLC 和 LAP 之间的传输协议

B．LAP 与无线客户端之间的传输协议

C．由 CAPWAP 工作组制定

D．CAPWAP 协议的制定吸取了其他协议的有用特性

16. 当 WLC 为旁挂式组网时，如果数据是直接转发，则数据流（　　）WLC；如果数据是隧道转发模式，则数据流（　　）WLC。

A．不经过，经过　B．不经过，不经过

C．经过，经过　D．经过，不经过

17.（　　）为 PoE 的供电标准。

A．IEEE 802.3ae　B．IEEE 802.3af

C．IEEE 802.3as　D．IEEE 802.3ah

18. 对于 WLC+LAP 的组网架构，下列描述中错误的是（　　）。

A．AP 不能单独工作，需要由 AC 集中代理维护管理

B．可以通过 AC 增强业务 QoS、安全等功能

C．AP 本身零配置，适合大规模组网

D．必须通过网管系统实现对 AP 和用户的管理

19. 在大型无线网络部署场景下，AC 配置成“三层组网+旁挂模式+直接转发”的时候，无线用户的网关应当位于（　　）。

A．汇聚层三层交换机上　B．单臂路由器上

C．WLC 上　D．AP 上

20. 关于组网方式，下列描述中正确的是（　　）。

A．相对于三层组网，二层组网更适用于园区、体育场馆等大型网络中

B．三层组网的优势在于配置简单、组网容易

C．如果 AC 处理数据的能力比较弱，则推荐使用旁挂式组网

D．直连式组网中，AP 的业务数据可以不经过 AC 而直接到达上行网络

21．以下选项中，（　　）不是漫游的主要目的。

A．避免漫游过程中的认证时间过长导致丢包甚至业务中断

B．保证用户授权信息不变

C．保证用户 IP 地址不变

D．保证用户网络速率不变

22．为了方便管理和维护，AP 供电方式一般优先选择（　　）进行供电。

A．独立电源适配器　　B．PoE 交换机

C．PoE 适配器　　D．交流供电

三、简答题

1．简述自主式 AP 与 LAP 的区别。

2．简述集中转发和本地转发的区别。

3．简述 CAPWAP 协议的工作流程。

4．简述 LAP 注册到 WLC 的过程。

5．简述 WLAN 中的主要设备 WLC 和 AP 的主要作用。

四、实践题

胖 AP 的配置与管理

1．如果无线网络中的 AP 数量较少，就可以不需要花费太多的时间和精力去管理和配置 AP。此时，自主式 AP 工作模式类似一台二层交换机，担任有线和无线数据转换的角色，没有路由和 NAT 功能。其优点是无需改变现有有线网络结构，配置简单；缺点是无法统一管理和配置。

本例采用图 5-88 所示的网络拓扑图，在有线网络的基础上，添加一个自主式 AP 实现网络覆盖。自主式 AP 广播两个 SSID，分别对应两个 VLAN。自主式 AP 接在可网管的接入设备上（接口配置为 Trunk），交换机已经划分 VLAN1、VLAN10、VLAN20，AP 充当透明设备实现无线覆盖，用户能通过不同的 SSID 无线接入 VLAN1、VLAN10、VLAN20 获取 IP 地址上网。VLAN10 网段为 172.16.10.0，VLAN20 网段为 172.16.20.0。VLAN10 对应的 SSID 为 AP1 使用开放认证，VLAN20 对应的 SSID 为 AP2 使用 WPA2 认证。请在思科的设备平台上实现该无线网络功能。

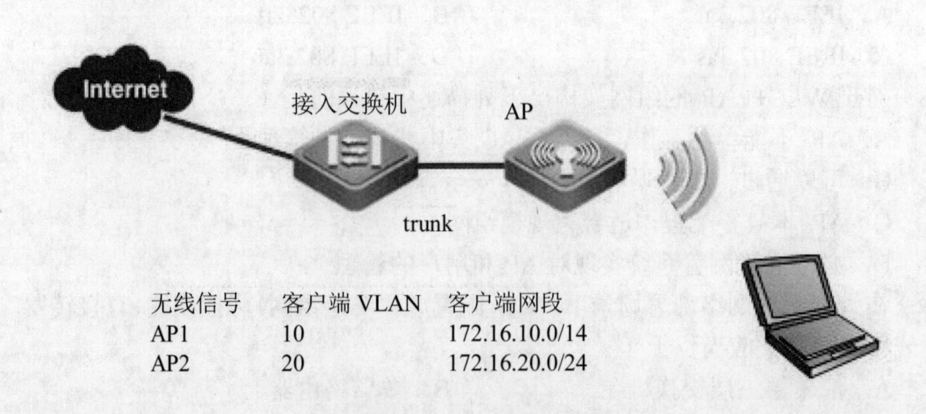

图 5-88　自主式 AP 上实现多 SSID

2．如图 5-89 所示，在自主式 AP 上实现多 SSID 的应用，图中详细规划了无线终端、

网关及BVI接口的IP地址、IP地址的分配方式和VLAN规划，VLAN100对应的SSID为Ruijie1使用开放认证，VLAN200对应的SSID为Ruijie2使用WPA2认证。请在锐捷的设备平台上实现该无线网络功能。

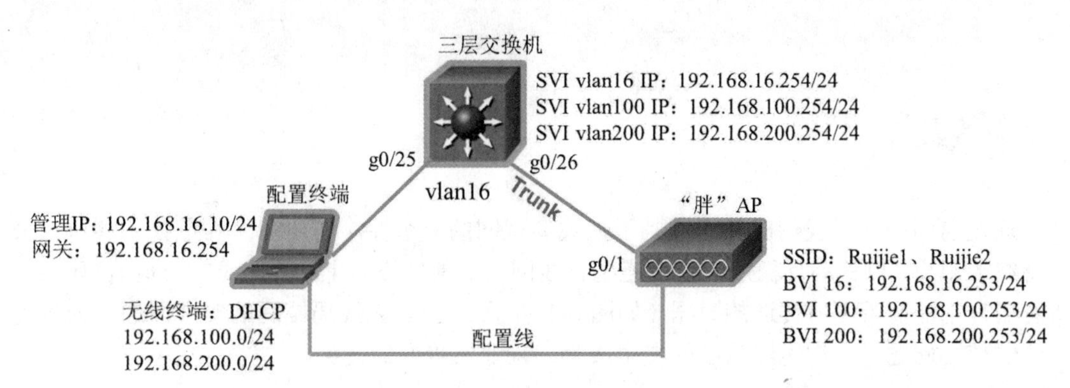

图5-89　自主式AP上实现多SSID

3．公司总部A楼和B楼之间距离约250米，中间有一条河将两幢楼隔开，如图5-90所示。采用双绞线铺设或光缆构架基础网络都显得不合适：其一，两楼之间的距离250米超过了双绞线所允许的最长距离100米；其二，光缆采用架空或地埋方式都会增加施工的难度和投入的成本。考虑到室外AP的辐射距离可达300米，并且在施工时非常容易，投入的成本也要少很多，因此构建点对点的无线网络来扩展现有的网络，实现A楼和B楼内员工上网互访的需求。请在思科的设备平台上实现该无线网络功能。

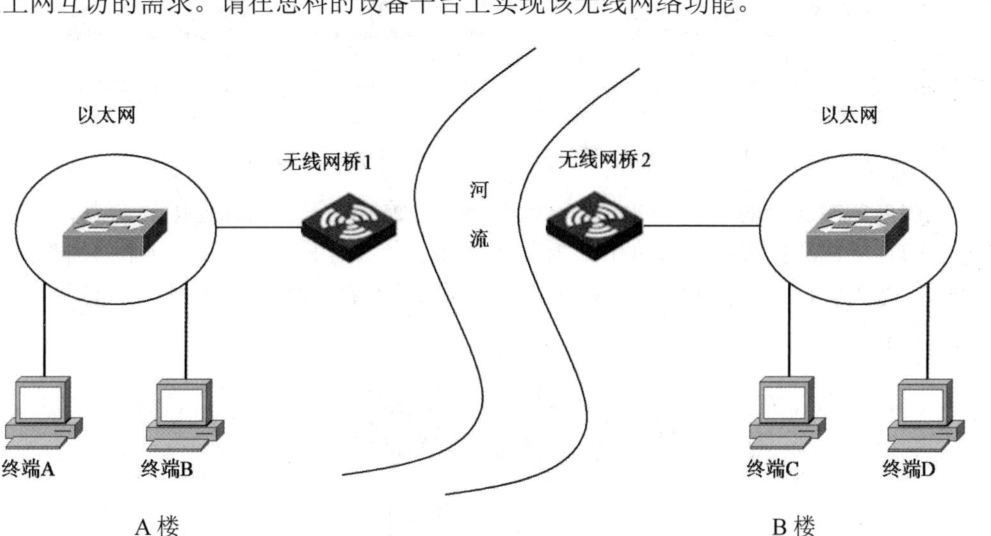

图5-90　自主式AP扩展无线网络

模块 6　保护无线局域网安全

学习情景

通过前面的学习我们已经了解到了无线局域网的复杂性，需要利用大量技术和协议来支持终端用户，以移动且稳定的连接连到有线网络的基础设施上。在无线电波覆盖范围内，所有用户都能监听到所传送的数据（如图 6-1 所示），因此无线局域网的安全问题成为备受关注的核心问题，保护无线网络的安全成为一项非常重要的任务。

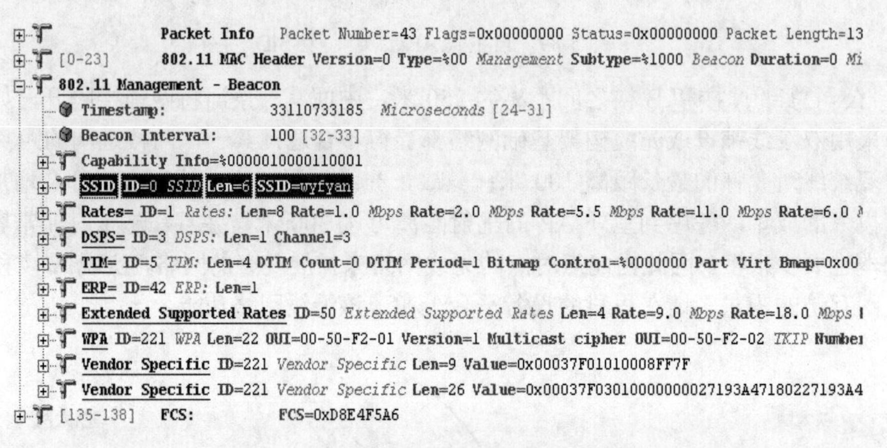

图 6-1　监听到无线局域网中的用户数据

无线局域网安全的综合解决方案应该聚焦以下领域：识别无线连接的端点、识别终端用户、防止无线数据被窃听和防止无线数据被篡改。识别工作由各种认证机制来完成，而保护无线数据安全则包含了加密和帧认证等多项安全功能，如图 6-2 所示，安全策略部署示例如表 6-1 所示。

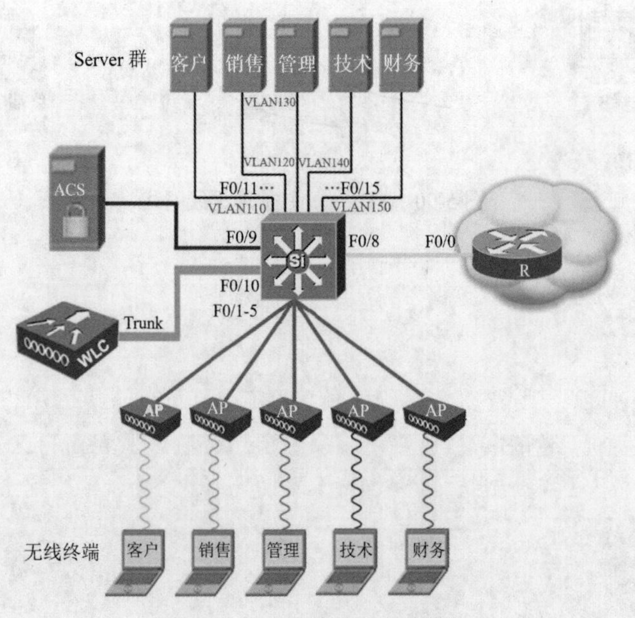

图 6-2　无线局域网安全部署图

表 6-1　无线网络安全策略部署示例

<table>
<tr><th>部门名称</th><th>SSID</th><th colspan="2">安全认证方式</th></tr>
<tr><td>客户</td><td>xjwlgs-public</td><td colspan="2">无</td></tr>
<tr><td>销售部门</td><td>xjwlgs-sale</td><td>WEP 认证</td><td rowspan="5">隐藏 SSID</td></tr>
<tr><td>管理部门</td><td>xjwlgs-manage</td><td>WPA+MAC 过滤</td></tr>
<tr><td>技术部门</td><td>xjwlgs-technology</td><td>WEB 认证</td></tr>
<tr><td>财务部门</td><td>xjwlgs-finance</td><td>WCS+WEB 认证</td></tr>
<tr><td>所有部门</td><td>xjwlgs</td><td>WCS+802.1x</td></tr>
</table>

采用强有力的加密和双向认证解决方案可以减轻某些攻击造成的危害，但对于有些攻击，现有手段只能发现而不能阻止它们。尽管没有任何措施能百分之百保证安全，但是采用合适的解决方案有助于增强无线网络的攻击防御能力。

知识技能目标

通过对本模块的学习，读者应达到如下要求：

- 了解增强无线局域网安全的措施。
- 掌握共享密钥认证和 802.1x 认证等无线客户端认证的方法。
- 掌握 WPA 和 WPA2 等数据机密性和完整性校验方法。
- 掌握可扩展身份认证系统的组件及工作原理。
- 能熟练配置基于 WEP 和 WPA 的无线安全网络。
- 能熟练配置基于 IEEE 802.1x 认证的无线网络。

6.1　无线局域网安全连接剖析

在如图 6-3 所示的应用场景中，无线客户端与远程实体之间打开了一个会话并共享机密的密码信息。由于该客户端的信号范围内还有两个非受信用户，这些用户可以通过抓取该信道上发送的数据帧来获知该密码信息，因此无线通信的便利性也给恶意用户监听并恶意路由所传输的数据提供了方便。

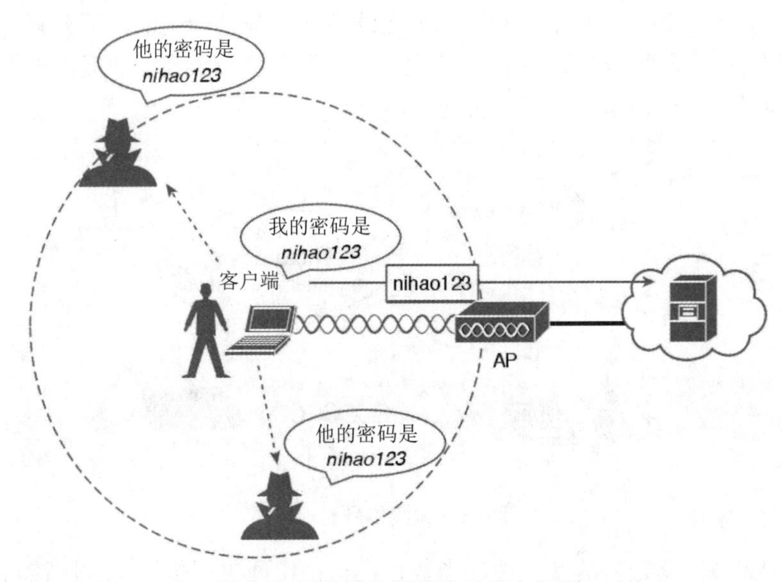

图 6-3　无线网络环境中的安全问题

如果通过开放的空间发送数据，应该如何加强安全机制以保证数据的私密性和完整性呢？802.11 标准提供了一种安全机制框架，下面进行简要介绍。

6.1.1 认证方式

无线客户端必须发现 BSS，然后请求与其建立关联关系。客户端在成为无线局域网的成员之前，必须通过某种方式的认证，理由如下：假设无线网络连接到可以访问机密信息的企业资源，那么应该仅允许受信且期望的设备访问该资源；对于访客用户，应该仅允许其加入只能访问非机密信息的资源或公开的访客资源的无线局域网；对于非期望或不受欢迎的欺诈客户端，根本就不允许其进入企业网络。

为了控制接入行为，无线网络可以在允许客户端建立关联之前对客户端的设备进行认证，潜在的客户端必须向 AP 提交某种形式的证书来标识自己。客户端的认证进程如图 6-4 所示。

图 6-4 无线客户端认证过程

无线认证的形式是多种多样的，某些认证方法仅需要提供对所有受信客户端和 AP 都相同的静态文本字符串。该文本字符串存储在客户端设备上，并在需要的时候直接交给 AP。如果设备被盗或丢失将会怎样？最可能的情况就是，使用该设备的任何用户都能通过网络的认证。其他较为严格的认证方法需要与企业用户数据库进行交互，此时终端用户必须输入有效的用户名和密码，这些用户名和密码对于窃贼或入侵者来说是不可知的。

6.1.2 数据机密性

如图 6-5 所示，假设客户端必须在加入无线网络之前进行认证，那么有可能会同时认证 AP 及其管理帧。虽然此时客户端与 AP 之间的信任关系得到确认，但往来于该客户端的数据仍然可能被同一个信道上的其他设备所窃听。

图 6-5 无线信号易泄露

为了保护无线网络数据的私密性，当数据在自由空间进行传输时，应该对这些数据进行加密。实现方法是在发送数据帧之前，对帧中的数据净载荷进行加密，再在接收端进行解密。

对于无线网络来说，每个 WLAN 仅支持一种认证和加密方案，所以所有客户端在关联同一个 WLAN 时都必须使用相同的加密方法。大家可能会认为，客户端都使用了相同的加密方法可能会导致每个客户端都能窃听其他客户端的数据，但事实并非如此，AP 会与每个关联客户端都安全地协商一个不同的加密密钥。

在理想情况下，AP 与客户端是唯一拥有相同加密密钥的两个设备，因而他们可以相互理解对方的数据，其他设备则无法知道或使用相同的密钥来窃取并解密数据。如图 6-6 所示，其中客户端的密码信息已经在传输之前进行了加密操作，只有 AP 能够在转发到有线网络之前解密该信息，其他无线设备都无法解密。

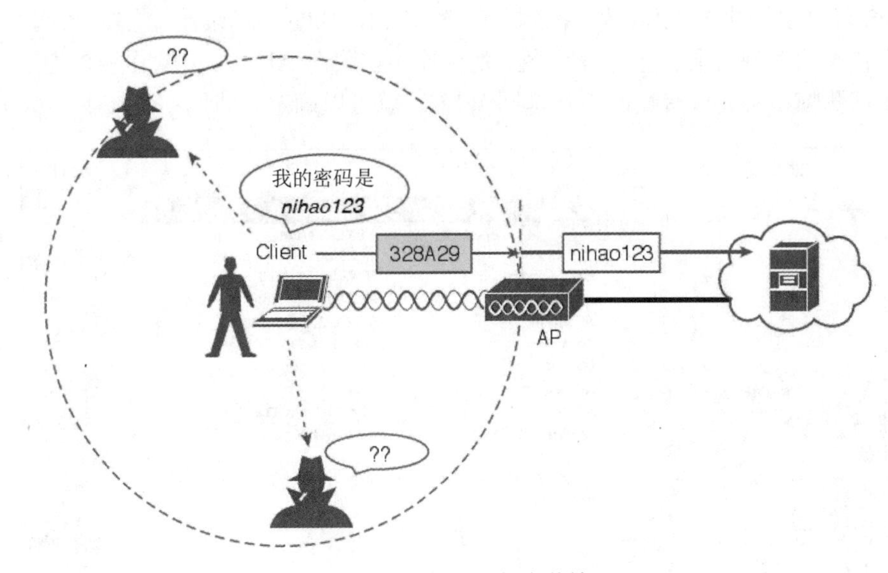

图 6-6　无线数据加密传输

6.1.3　数据完整性

在数据穿越公共网络或非受信网络时，对数据进行加密可以保证其私密性。虽然接收端能够解密该信息并恢复原始内容，但是如果有人设法在途中更改了内容，该如何处理呢？信息的完整性检查是一种可以防范数据被篡改的安全工具。可以将该工具想象为发送端在加密后的数据帧上加盖了一个秘密邮戳，该邮戳基于所要传输的数据比特内容。接收端解密数据帧后，将该秘密邮戳与自己所认识的邮戳进行对比，如果两个邮戳完全相同，则接收端认为数据未被篡改，如图 6-7 所示。

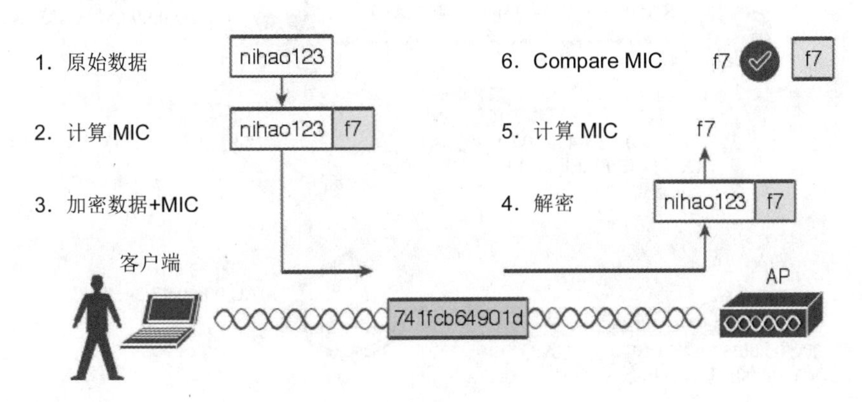

图 6-7　无线数据完整性校验

6.1.4 入侵保护

现在许多安全框架关注的都是不允许攻击者加入无线网络以及篡改现有的关联关系，但无线攻击并不会停止，它们会从不同角度或通过不同载体来进行恶意攻击操作。无线入侵防御系统（Wireless Intrusion Protection System，WIPS）可以监控无线行为并与已知的签名或特征数据库进行对比。

尽管已经尽力做好了每个无线网络组件的配置和安全保障工作，但总会有人将自己的AP或无线路由器连接到有线网络上。欺诈AP虽然不属于无线网络基础设施，但如果这些欺诈AP、正常AP和无线客户端之间的距离足够近，就会被侦听或产生干扰。所有关联到欺诈AP上的客户端都被称为欺诈客户端，思科的WLC能够发现欺诈AP和欺诈客户端。

WIPS可以定位欺诈AP，从而找到这些欺诈AP，如图6-8所示。此外，WIPS还可以通过发送特殊的探测帧来确定有线网络上是否连接了欺诈AP。如果欺诈AP通过WLAN接收到了探测帧，又通过有线网络传送回WLC，就可以确定有线网络连接上了欺诈AP。

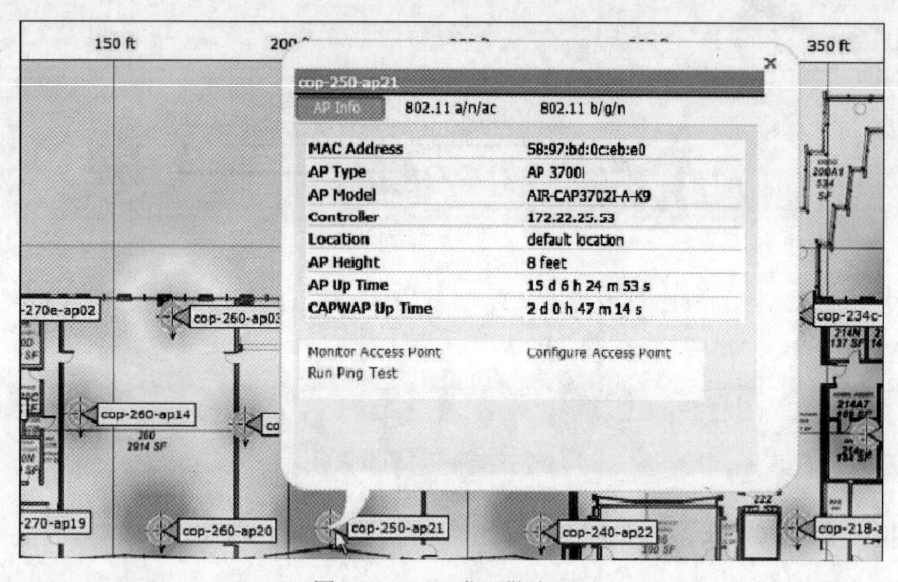

图6-8 WIPS发现欺诈AP

WIPS甚至还可以抑制欺诈AP，防止其给网络带来安全威胁，如图6-9所示。无线欺诈抑制功能是通过侦听与欺诈AP建立关联关系的客户端来实现的，WLC可以向这些客户端发送欺骗性的解除认证帧，使得这些客户端认为欺诈AP已经与自己解除了关联关系。

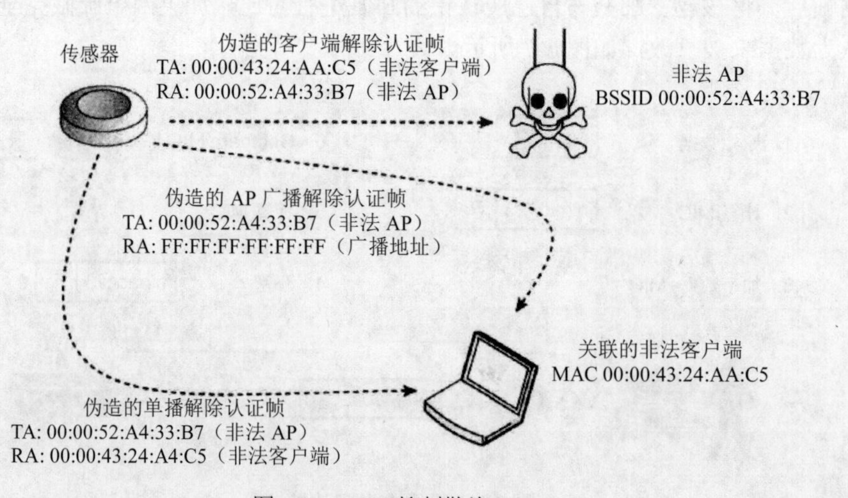

图6-9 WIPS抑制欺诈AP

根据 WLC 收集到的信密，WIPS 可以检测出多种无线网络攻击行为，包括完全被动性的攻击（如窃听者偷偷地抓取无线帧）以及试图破坏无线服务的主动性攻击（如攻击者可能会以伪造的潜在客户端向 AP 发送大量关联请求，使得 AP 不堪重负，无法为真正的客户端提供服务，如图 6-10 所示）。另一种攻击是欺诈抑制，攻击者会向合法客户端发送欺骗性的解除认证帧，导致这些客户端与网络的连接中断，如图 6-11 所示。

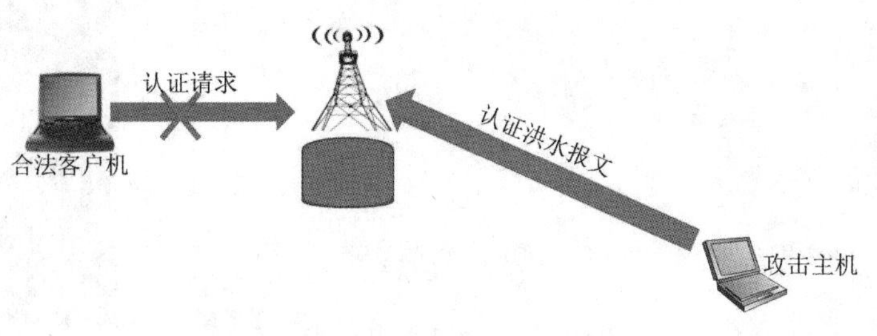

图 6-10　拒绝服务攻击示意图

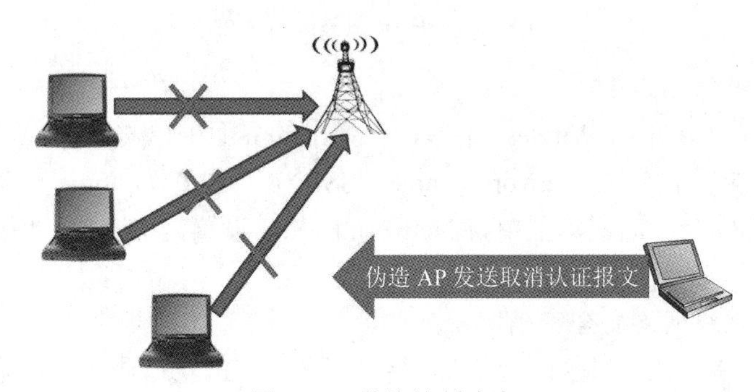

图 6-11　欺诈抑制攻击

6.1.5　构建一个访客网络实践

随着 Wi-Fi 技术的普及，家庭上网通常会采用无线路由器构成的 Wi-Fi 网络。如果朋友到访时，使用同一个家用 Wi-Fi 网络，可能会造成严重的网络卡顿现象。为了有效避免此种情况的发生，可以使用无线路由器集成的一项功能，通过设置一个访客网络供朋友到访时使用，与家用 Wi-Fi 网络相互隔离。

在图 6-12 所示的网络拓扑中，无线路由器使用的是思科的家用路由器，共有 6 个无线接口，其中 2 个 2.4G 无线接口、4 个 5G 接口，均可用于家用网络和访客网络，本例使用 2 个 2.4G 无线接口来实现家用 Wi-Fi 网络和访客 Wi-Fi 网络的隔离，其中家用网络的网络名称为 home，访客网络的网络名称为 guest。下面介绍具体操作步骤。

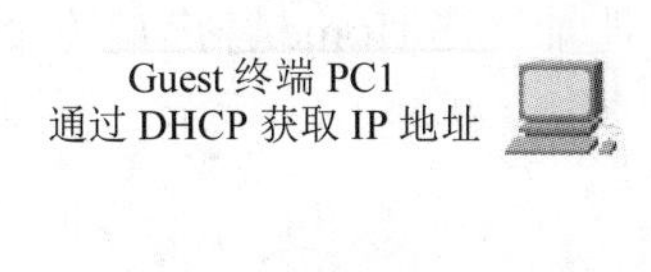

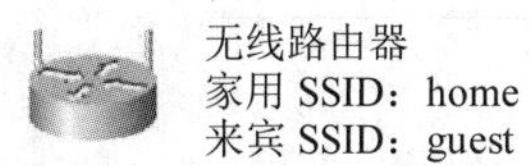

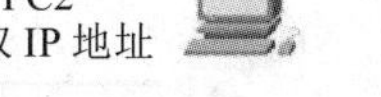

图 6-12　访客网络构建拓扑图

1. 配置 DHCP 服务

打开无线路由器的配置界面，单击 GUI，在弹出的界面中选中 Setup，保持默认配置，如图 6-13 所示。

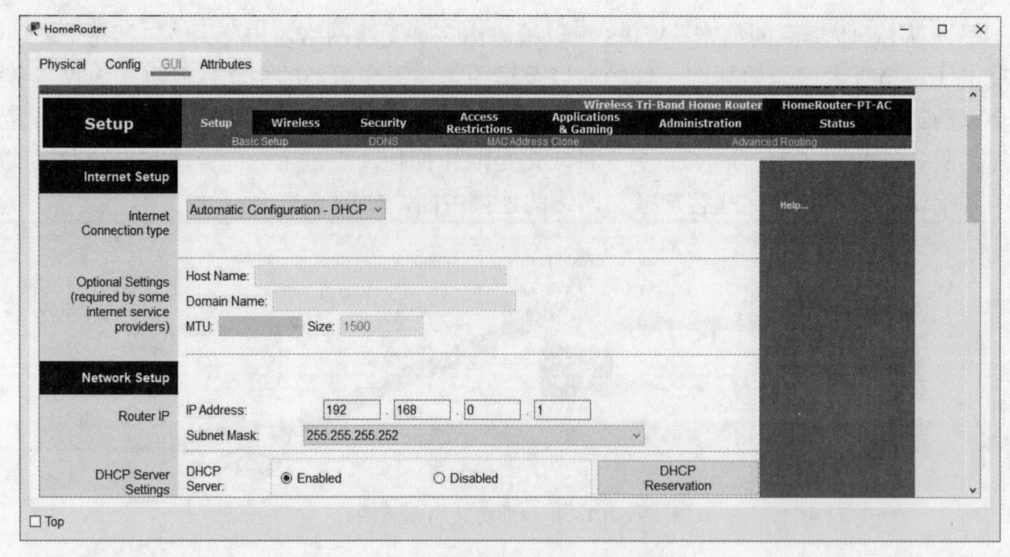

图 6-13 DHCP 服务配置界面

2. 禁用不使用的 5G 接口

选中 GUI 选项卡，单击 Wireless 菜单，在弹出的界面中单击 Basic Wireless Settings 子菜单，在 2.4GHz 文本框中将 Network Name（SSID）项设置为 home，其他项采用默认设置。在 5GHz-1 和 5GHz-2 的文本框中将 Network Model 设置为 Disable，将滚动条拉至最后，单击 Saves 按钮使配置生效。

3. 设置家庭无线网络安全密码

单击 Wireless Security（无线安全）子菜单，在 2.4GHz 选项的网络模式下拉菜单中选择 WPA2 Personal，在弹出界面的 Passphrase（密码短语）项中输入密码 12345678，其他采用默认设置，将滚动条拉至最后，单击 Saves 按钮使配置生效。

4. 设置访客网络

单击 Guest Network（访客网络）菜单，在弹出界面中 2.4GHz 项的 Enable Guest Profile（使能访客配置文件）前打对钩√，然后将网络名称修改为 guest，在 Wireless Security（无线安全）项的下拉菜单中选择 WPA2 Personal，在弹出界面的 Passphrase（密码短语）项中输入密码 87654321，其他采用默认设置，将滚动条拉至最后，单击 Saves 按钮使配置生效。

5. 客户端无线配置

在前面的实践中已经多次提及无线客户端的配置，这里不再赘述。

6. 配置结果验证

配置好无线客户端，Home 客户端和 Guest 客户端都能连接上无线路由器（如图 6-14 所示），并能正确获取到 192.168.0.0/24 网段的 IP 地址。在 Home 客户端的命令行界面中执行 ping Guest 客户端的 IP 地址命令，结果 ping 不通，如图 6-15 所示，原因是它们位于两个不同的网络。

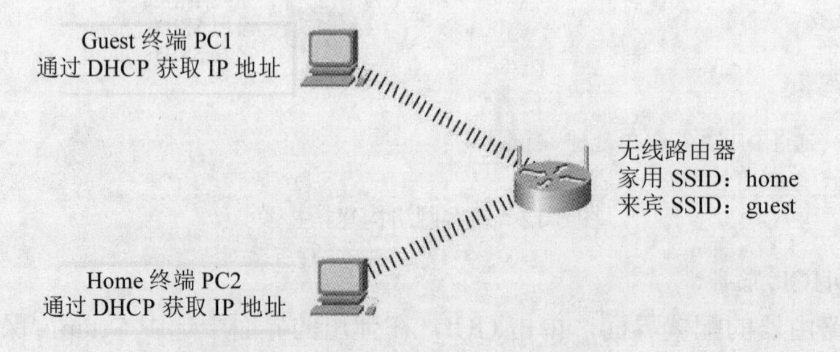

图 6-14 无线客户端连上无线路由器

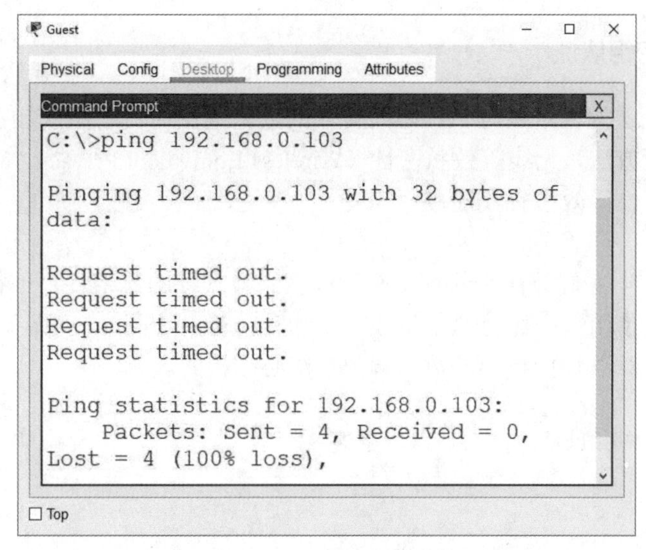

图 6-15　访客网络与家用网络隔离验证结果界面

6.2　无线客户端的认证方法

当无线客户端试图关联到无线网络时，可以采取多种方法来认证客户端。最初的 802.11 标准仅规定了两种客户端认证方法：开放式认证和共享密钥认证。在讲述关联的概念、自主式 AP 和 WLC 的配置时，很多场景都使用过这两种认证方式，下面进行详细阐述。

6.2.1　开放式认证

开放式认证是一种不进行任何类型客户端认证的身份认证，客户端和 AP 之间进行了一些 Hello 包的交互，设备之间没有进行任何身份信息的交互或认证，也被认为是空身份认证，如图 6-16 所示。

那么什么时候使用开放式认证呢？大家可能在公共场所发现过使用开放式认证的 WLAN，大多数操作系统都会警告用户，如果加入该无线网络，将无法保障无线数据的安全性。如图 6-17 所示，基于 Windows 操作系统的客户端上显示了开放的 WLAN，左上角有一个盾型警告图标，表示该网络是不安全的。

图 6-16　开放式认证流程

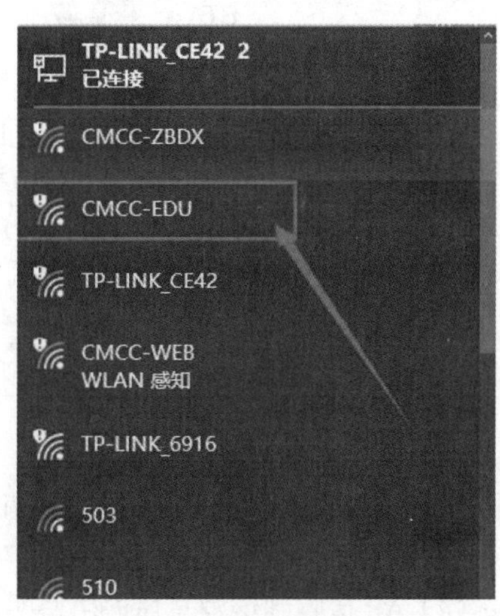

图 6-17　开放式认证网络

6.2.2 共享密钥认证

开放式认证无法为客户端与 AP 之间传输的数据提供任何隐藏或加密功能。802.11 定义了另外一种认证方法，无线等效私密性（Wireless Equivalent Privacy，WEP）认证，可以让无线链路的安全性等效于有线连接。

1. WEP 加密

WEP 使用 RC4 密码算法来保证每个无线网络数据帧的私密性，使得窃听者无法破解这些数据，该算法使用一个比特串来生成一个加密密钥，如图 6-18 所示。需要注意的是，发送端的数据加密算法与接收端的数据解密算法必须相同。

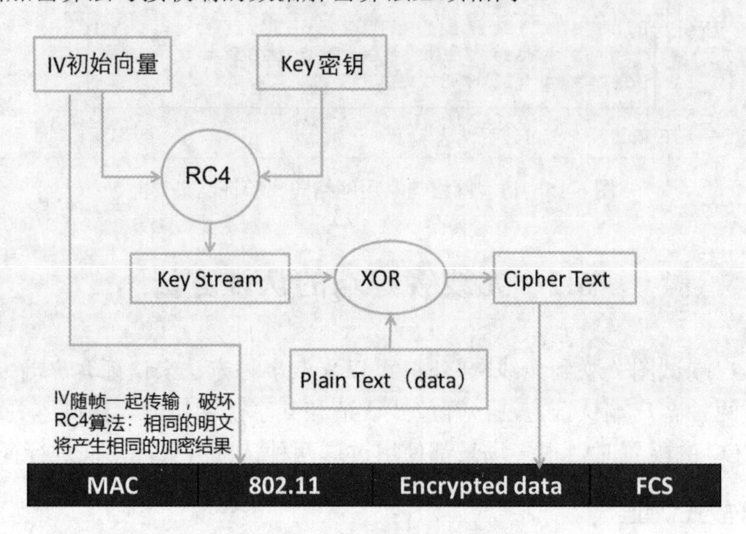

图 6-18　WEP 加密算法过程

2. WEP 认证

WEP 除了作为加密工具外，还可以作为一种可选的认证方法。共享密钥认证使用 WEP 加密方式，要求 STA 和 AP 使用相同的共享密钥，通常被称为静态 WEP 密钥。如图 6-19 所示，认证过程包含下述 4 个步骤，后 3 个步骤包含了 WEP 的加密/解密过程，对 WEP 加密的密钥进行验证确保了无线网卡在发起关联时与 AP 配置了相同的加密密钥。

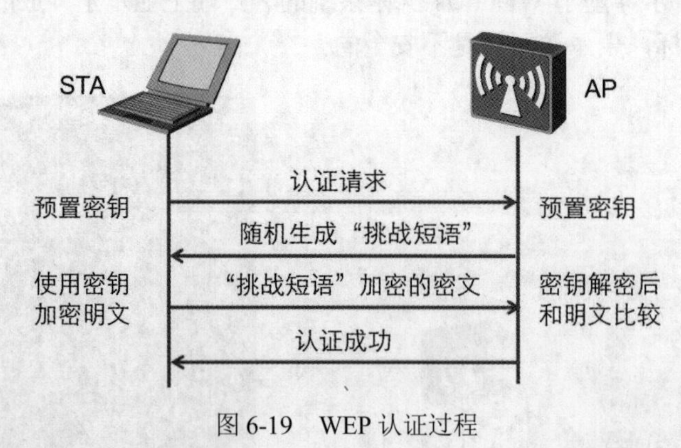

图 6-19　WEP 认证过程

（1）STA 向 AP 发送认证请求。

（2）AP 随机产生一个“挑战短语”发送给 STA。

（3）STA 将接收到的“挑战短语”拷贝到新的消息中，用密钥加密后再发送给 AP。

（4）AP 接收到该消息后，用密钥解密，将解密后的字符串和最初给 STA 的字符串进行比较。如果相同，则说明 STA 拥有与 AP 相同的共享密钥，即通过共享密钥认证；如果不同，则共享密钥认证失败。

3. WEP 的脆弱性

WEP 密钥长度可以是 40b 或 104b，分别对应 10 个或 26 个十六进制数字字符串根，如图 6-20 所示。根据经验，密钥越长，能够为加密算法提供的唯一比特就越多，相应的加密结果也就越健壮，但是这对于 WEP 并不合适。WEP 定义在 1999 年最初发布的 802.11 标准中，每个无线网卡都集成了专用的 WEP 加密硬件。到了 2001 年，人们发现 WEP 加密机制存在脆弱性，因而开始寻找更好的无线安全方法。直到 2004 年发布了 802.11i 标准之后，WEP 才被正式废除。人们普遍认为 WEP 加密和 WEP 共享认证机制对保证 WLAN 的安全性来说都是脆弱的。

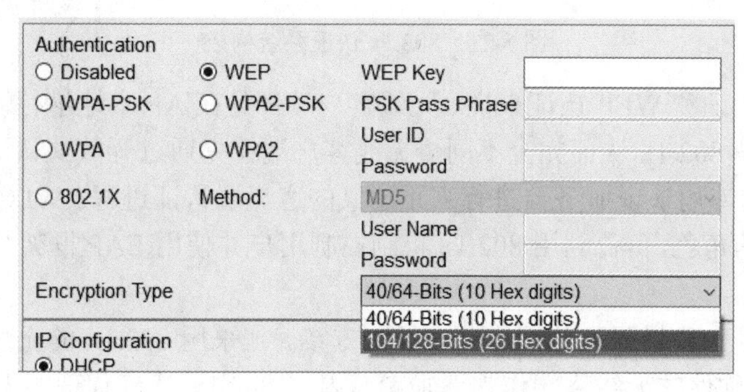

图 6-20 WEP 加密与认证

4. WEP 仍然存在的原因

大家可能会认为，既然替换脆弱或有缺陷的安全方法的需求如此明确，那么就应该很快地替换掉 WEP，但事实并非如此，WEP 的替换花费了很多年的时间。这是因为 WEP 被集成在无线适配器的硬件中，任何更好的安全方案都不得不利用 WEP 的变种，而无法利用新加密硬件的好处。此外，在 IEEE 802.11 标准中的安全技术完全确定下来之前，硬件设备制造商通常也不愿意去制造新产品。因而，WEP 长期占据市场的主导地位，而且考虑到向后的兼容性，目前发现客户端、AP 和控制器都仍然支持 WEP。

6.2.3 无线 802.1x 认证

最初的 802.11 标准仅提供了开放式认证和 WEP 认证两种方式，因而迫切需要制定新的认证方法。客户端认证过程通常包括一系列挑战与响应，然后获得访问授权。在认证过程的背后，除了协商客户端接入必需的参数之外，还要包含会话或加密密钥的交换过程。每种认证方法对无线客户端与 AP 之间传递的信息都可能规定独特的需求和方式。

1. 802.1x 认证简介

IEEE 802.1x 定义了基于端口的网络接入控制协议，其中端口可以是物理端口，也可以是逻辑端口，对于无线局域网来说“端口”就是一条信道。典型的应用环境如接入交换机的每个物理端口仅连接一个用户的工作站（基于物理端口）、IEEE 802.11 标准定义的无线局域网接入环境（基于逻辑端口）等。

802.1x 认证的最终目的是确定一个端口是否可用。对于一个端口，如果认证成功，端口“打开”，允许所有的报文通过；如果认证不成功，端口保持“关闭”，此时只允许 802.1x 的认证报文以太网可扩展认证协议（Extensible Authentication Protocol over LANs，EAPOL）通过。

2. 802.1x 客户端认证角色

使用 802.1x 的系统为典型的 C/S（Client/Server）体系结构，包括 3 个实体，分别为请求者、认证者和认证系统，如图 6-21 所示。

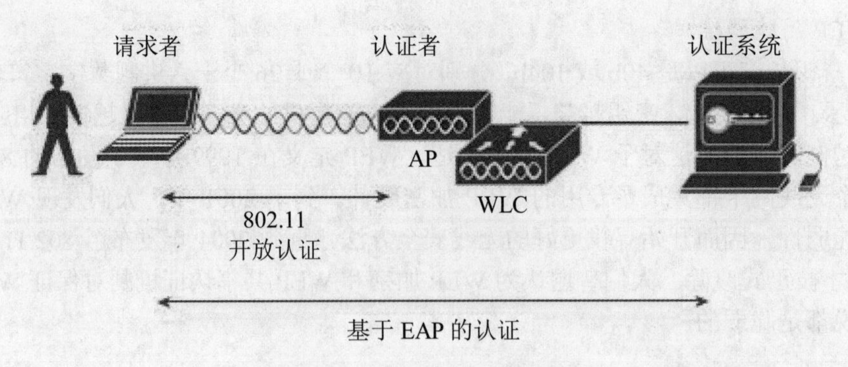

图 6-21　802.1x 认证系统构成

对于开放式认证和 WEP 认证来说，无线客户端都是在 AP 本地进行认证的，无须做进一步的干预。但是 802.1x 认证完全不同，无线客户端首先通过开放式认证方式与 AP 建立关联关系，然后与专用认证服务器进行真正意义的客户端认证进程。WLC 在客户端认证进程中充当中间人的角色，负责利用 802.1x 机制控制用户并使用 EAP 框架与认证服务器进行通信。

802.1x 技术是一种增强型的网络安全解决方案。在采用 802.1x 的无线局域网中，安装了 802.1x 客户端软件的无线终端作为请求者，内嵌 802.1x 认证代理的无线设备 AP/WLC 作为认证者，同时也作为 RADIUS 认证服务器的客户端，负责用户与 RADIUS 服务器之间认证信息的转发。802.1x 优势较为明显，是理想的高安全、低成本的无线认证解决方案，适用于不同规模的企业无线网络环境。

3. EAP 协议

802.1x 体系本身不是一个完整的认证机制，而是一个通用架构。802.1x 体系使用可扩展认证协议（Extensible Authentication Protocol，EAP），EAP 的报文格式如图 6-22 所示。在无线局域网中，EAP 在 LAN 链路上使用，报文为 EAPOL。

LAN Header	Code	Identifier	Length	Data

图 6-22　EAP 报文格式

（1）Code（类型代码）：是报文的第一个字段，长度为 1 个字节，代表 EAP 报文类型。报文的 Data（数据）字段必须通过此字段解析。

（2）Identifier（标识符）。Identifier 字段的长度为 1 个字节，其内容是一个无符号整数，用于请求和响应。

（3）Length（长度）。Length 字段占有两个字节，它记载了整个报文的总字数。

（4）Data（数据）。长度不一，取决于报文类型。

4. EAP 的类型

EAP 的可扩展性既是优点，也是最大的缺点。可扩展性能够在有新的需求出现时开发新的功能，但是由于可扩展，不同的运营商或者企业使用不同的 EAP，彼此之间互不兼容，这也是 802.1x 没有大面积覆盖的原因。EAP 的类型如下：

（1）EAP-MD5：最早的 EAP 认证类型，是基于用户名和密码方式的认证，认证过程与 CHAP 认证过程基本相同。

（2）EAP-TLS：一种基于证书的认证方式，是对用户端和认证服务器端进行双向证书认证的认证方式。

（3）EAP-TTLS：目前是 IETF 的开放标准草案，可跨平台支持，在认证服务器上使用 PKI 证书，提供非常优秀的安全性。

（4）EAP-PEAP：一种基于证书的认证方式，服务器侧采用证书认证，客户端侧采用用户名密码认证。

6.2.4　PSK

一般家庭和小型公司负担不起802.1x认证服务器的成本，也无法提供复杂度较高的技术支持，因此通常采用预共享密钥模式（Pre-Shared Key，PSK）。每一个使用者必须输入密语来使用网络，而密语可以是8～63个ASCII字符或是64个十六进制数，使用者可以自行决定要不要把密语保存在计算机中以省去重复键入的麻烦，但密语一定要存在AP里。

PSK认证需要在无线客户端和AP端配置相同的预共享密钥，可以通过是否能够对协商的信息成功解密来确定无线客户端配置的预共享密钥是否和AP配置的预共享密钥相同，从而完成服务器端和客户端的互相认证，如图6-23所示。

图6-23　预共享密钥认证

PSK认证方式要求在STA侧预先配置Key，AP通过4次握手Key协商协议来验证STA侧Key的合法性。对没有什么重要数据的小型网络而言，可以使用WPA-PSK的预共享密钥方式。预共享密钥方式的WPA-PSK主要应用于小型、低风险的网络以及不需要太多保护的网络。对于安全性要求较高的大企业而言，则会更多地使用802.1x认证。

6.2.5　MAC地址认证

MAC地址认证是一种基于端口和MAC地址，对用户的网络访问权限进行控制的认证方法，它不需要用户安装任何客户端软件。很多无线网卡支持更改MAC地址，这使得MAC地址很容易被伪造或复制。MAC地址认证与其说是一种认证方式，不如说是一种访问控制方式。这种STA身份认证方法不建议单独使用，除非一些旧设备无法提供更好的认证机制。

另外，还可以结合RADIUS服务器来进行MAC地址认证。如图6-24所示，将MAC地址控制接入表项配置在与WLC相连的RADIUS服务器中，当MAC接入认证发现当前接入的客户端为未知客户端时，会主动向RADIUS服务器发起认证请求，在RADIUS服务器完成对用户的认证后，认证通过的用户可以访问无线网络和相应的授权信息。

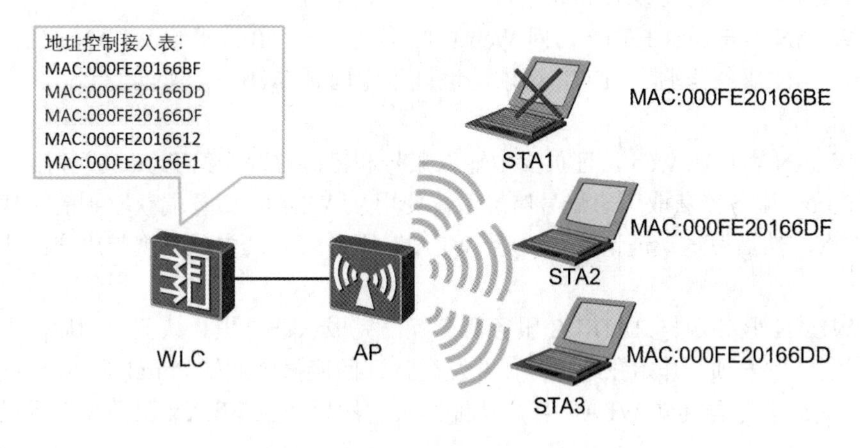

图6-24　MAC地址认证

6.2.6 Portal 认证

1. Portal 认证架构

Portal 认证也称 Web 认证。用户主动访问位于 Web 服务器上的认证页面，或用户试图通过 HTTP 访问其他外网被 WLAN 服务端强制重定向到 Web 认证页面，输入用户账号信息，提交 Web 页面后，Web 服务器获取用户账号信息，通过 Portal 协议与 WLAN 服务端交互，将用户账号信息发送给 WLAN 服务端，WLAN 服务端与认证服务器交互完成用户认证过程。Portal 认证架构如图 6-25 所示。

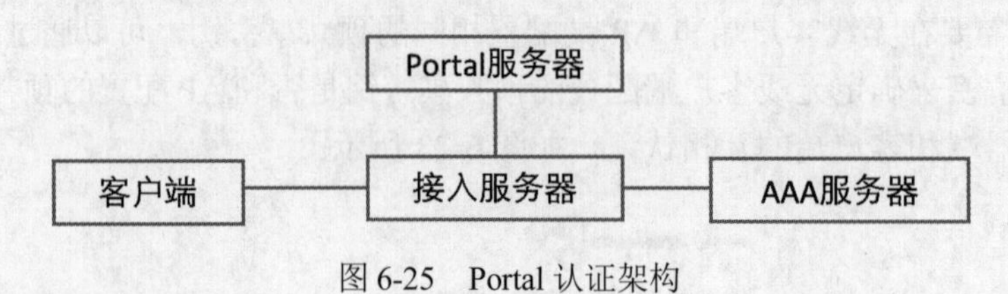

图 6-25 Portal 认证架构

2. Portal 认证流程

Portal 认证流程如图 6-26 所示。

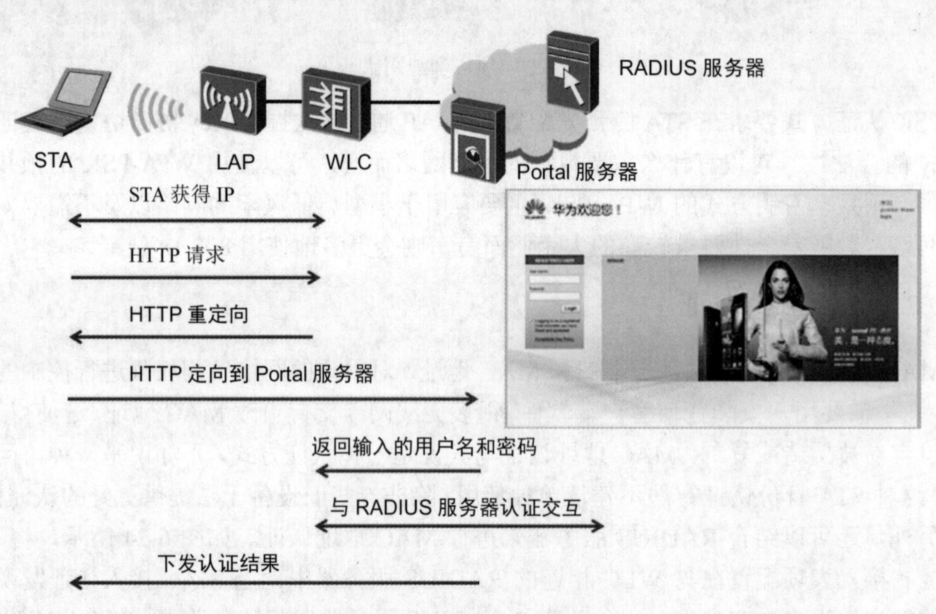

图 6-26 Portal 认证流程

（1）WLAN 客户通过 DHCP 或静态配置获取 IP 地址。

（2）WLAN 客户通过 HTTP 访问 Web 页面，发出 HTTP 请求给 WLAN 服务端。

（3）WLAN 服务器端将 HTTP 请求的地址重定向到 Web 认证页面（Portal 服务器地址），返回给用户。

（4）WLAN 客户在 Web 认证页面中输入账号和密码并提交给 Portal 服务器。

（5）Portal 服务器获取用户账号信息后，使用从 WLAN 服务端获取到的挑战短语对密码进行加密，然后发送认证请求报文给 WLAN 服务端，其中报文携带用户的账号、IP 等信息。

（6）WLAN 服务端与 RADIUS 服务器交互，完成认证过程。认证成功后，为用户分配资源，下发转发表项，开始在线探测，并发送认证回应报文通知 Portal 服务器认证结果。

（7）Portal 服务器通知 WLAN 客户认证结果，然后回应 WLAN 服务端表示已收到认证回应报文。

6.2.7　WAPI介绍

无线局域网鉴别与保密基础结构（WLAN Authentication and Privacy Infrastructure，WAPI）是在2009年6月15日国际标准组织ISO/IECJTC1/SC6会议上由中国提出的、以802.11无线协议为基础的无线安全国际标准，是中国无线局域网强制性标准中的安全机制，仅允许建立RSNA（Robust Security Network Association）的安全服务，提供比WEP和WPA更强的安全性。WAPI的以太网类型字段为0x88B4，可通过信标帧的WAPI IE（Information Element）中的指示来标识。

1. 技术背景

802.11体系存在一些问题，如没有从根本上改变二元认证架构，AP没有独立的身份，AP对网络的主要标准就是SSID。这使得系统的安全并没有从根本上被保护，出现了MD5被攻破的情况，还增加了新的攻击点。WAPI是基于三元对等鉴别的访问控制方法，AP有独立身份，在三个元两条路上做了双向的认证，是在无线局域网领域应用的一个实例。

2. WAPI鉴别流程

WAPI协议的整个鉴别及密钥协商过程如图6-27所示。AP为提供无线接入服务的WLAN设备，鉴别服务器主要帮助无线客户端和无线设备进行身份认证，AAA服务器主要提供计费服务。

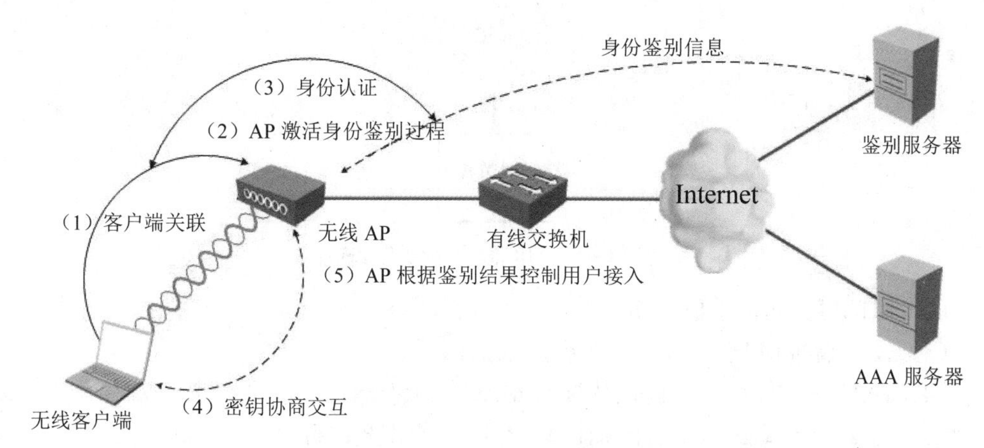

图6-27　WAPI的鉴别流程

（1）无线客户端首先和WLAN设备进行802.11链路协商。无线客户端主动发送探测请求消息或侦听WLAN设备发送的BEACON帧，借此查找可用的网络，支持WAPI安全机制的AP将会回应或发送携带有WAPI信息的探测应答消息或BEACON帧。在搜索到可用网络后，无线客户端继续发起链路认证交互和关联交互。

（2）WLAN设备触发对无线客户端的鉴别处理。无线客户端成功关联到WLAN设备后，设备在判定该用户为WAPI用户时，会向无线客户端发送鉴别激活触发消息，触发无线客户端发起WAPI鉴别交互过程。

（3）鉴别服务器进行证书鉴别。无线客户端在发起接入鉴别后，WLAN设备会向远端的鉴别服务器发起证书鉴别，鉴别请求消息中同时包含有无线客户端和WLAN设备的证书信息。鉴别服务器对二者身份进行鉴别，并将验证结果发给WLAN设备。WLAN设备和无线客户端任何一方如果发现对方身份非法，将主动中止无线连接。

（4）无线客户端和WLAN设备进行密钥协商。WLAN设备经鉴别服务器认证成功后，设备会发起与无线客户端的密钥协商交互过程，先协商出用于加密单播报文的单播密钥，再协商出用于加密组播报文的组播密钥。

（5）AP根据鉴别结果控制用户接入。

6.3 无线机密性和完整性方法

最初的 802.11 标准只支持 WEP 认证来防范数据被窃听。通过对 6.2.2 节的学习，我们了解到 WEP 认证已经被废除，不再是 WLAN 的推荐安全机制。那么还有哪些方法能够在数据穿越自由空间的同时对其进行加密并保护其完整性呢？

6.3.1 TKIP

开发临时密钥完整性协议（Temporal key Integrity Protocol，TKIP）的主要目的是升级旧式 WEP 硬件的安全性，增加了以下功能：

（1）信息完整性检验（Message Integrity Check，MIC）：防止数据被篡改，MIC 通过以下因素计算：MIC Key、目的 MAC 地址（DA）、源 MAC 地址（SA）和数据，如图 6-28 所示。

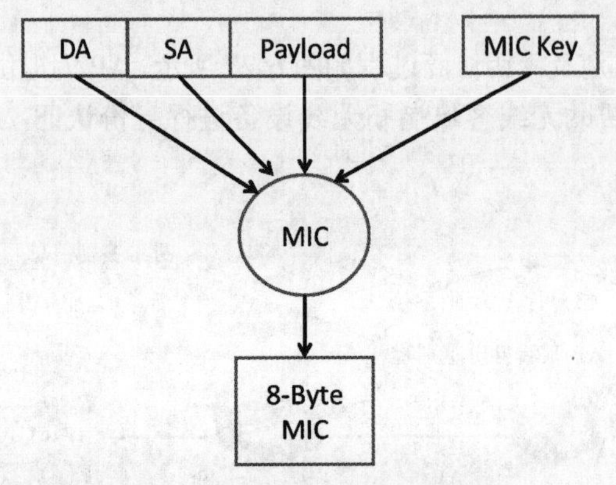

图 6-28 MIC 完整性校验过程

（2）时间戳：防范重放攻击。

（3）发送端的 MAC 地址：作为帧源端的认证。

（4）TKIP 序数计数器：提供从唯一 MAC 地址发送出来的帧记录，防止帧重放攻击。

（5）密钥混合算法：为每个帧计算一个唯一的 128 比特 WEP 密钥。

（6）更长的 IV：从 24 比特增加到 48 比特，几乎无法通过穷举所有 WEP 密钥的方式暴力破解。

TKIP 可以满足 802.11i 标准正式发布之前的需求，自然地成为了一种安全的应急安全方法。目前已经有了一些专门针对 TKIP 的攻击手段，因此如果有更好的安全机制，最好还是避免使用 TKIP。事实上，TKIP 已经被 802.11-2012 标准废除了。

6.3.2 CMPP

计数器模式+密码块链认证码协议（Counter Mode with Cipher Block Chaining MAC Protocol，CCMP）基于 AES（Advanced Encryption Standard）加密算法和 CCM（Counter-Mode/CBC-MAC）认证方式，大大提高了 WLAN 的安全程度，是实现健壮安全网络（RSN）的强制性要求。由于 AES 对硬件要求比较高，因此 CCMP 无法在现有设备的基础上进行升级实现。CCMP 是独立的设计，不是妥协的产物，能提供可靠的高安全性。

（1）AES：2001 年成为美国政府的加密标准，用于取代 DES。该标准使用了由两个比利时人发明的 Rijndael 分组加密算法，采用了 128bit 的分组长度和 128/192/256bit 的密钥长度，进行 10/12/14 轮迭代，是目前最安全的加密算法。

（2）Counter 和 CBC-MAC：20 世纪 70 年代提出的，目前均已标准化。CCMP 使用

CBC-MAC 计算 MIC 值，使用 Counter 进行数据加密。CCMP 定义了一套 AES 的使用方法，AES 对 CCMP 的关系就像 RC4 对 TKIP 的关系一样。

（3）安全性：美国政府认为其安全性满足政府要求的保密数据的加密要求。

（4）破解情况：对于 AES 的加密算法本身，目前还没有发现破解方法。

6.3.3　WPA

CCMP 无法用在仅支持 WEP 或 TKIP 的传统设备上，那么如何知道设备是否支持 CCMP 呢？前面也讨论了多种加密及消息完整性算法，在配置 WLAN 的无线安全性时会面临选择哪一套组合方案、哪些认证方法与哪些加密算法兼容等问题。

1. WPA

WPA 是 Wi-Fi 保护接入（Wi-Fi Protected Access）的缩写，是由 Wi-Fi 联盟推出的商业标准。由于早期的 WEP 认证加密被证明很不安全，市场急需推出 WEP 的替换品，因此在 802.11i 安全标准没有正式推出前，Wi-Fi 联盟推出了针对 WEP 改良的认证方法，即 WPA。WPA 针对 WEP 的各种缺陷进行了改进，核心的数据加密算法仍然使用 RC4 算法，称为 TKIP 加密算法。

2. WPA2

802.11i 标准正式发布之后，Wi-Fi 联盟在 WPA 版本 2（WPA version 2，WPA2）标准中完全包含了 802.11i 标准。WPA2 提供了 WPA 的能力，与 WPA 后向兼容，而且还增加了高级的 CCMP 算法。

3. WPA 与 WPA2 的比较

虽然 WPA 与 WPA2 都指定了 802.1x 认证方法（基于 EAP 的认证），但 WPA 和 WPA2 并不需要指定任何特定的 EAP 方法，而是由 Wi-Fi 联盟认证与 EAP、LEAP、EAP-TLS、EAP-TTLS、PEAP 等的互操作性来决定。WPA 和 WPA2 的比较如表 6-2 所示。

表 6-2　WPA 与 WPA2 的比较

	WPA	WPA2
Authentication	Pre-shared key 或 802.1x	Pre-shared key 或 802.1x
Encryption and MIC	TKIP 或 AES（CCMP）	AES（CCMP）
Key management	Dynamic key management	Dynamic key management

基于不同的部署规模，WPA 和 WPA2 支持以下两种认证模式：

（1）个人模式（Personal Mode）：使用预共享密钥来认证 WLAN 上的客户端。

（2）企业模式（Enterprise Mode）：必须使用 802.1x 基于 EAP 的认证方法来认证客户端。

4. WPA 的应用

在最新的实现中，不管是 WPA 还是 WPA2 都可以使用 802.1x 认证或 PSK 认证，都可以使用 TKIP 或 CCMP 加密。

5. WPA3

WPA3 用于加密公共 Wi-Fi 网络上的所有数据，可以进一步保护不安全的 Wi-Fi 网络。特别是当用户使用酒店和旅游 Wi-Fi 热点等公共网络时，借助 WPA3 可以创建更安全的连接，让黑客无法窥探用户的流量，难以获得私人信息。相对于 WAP 和 WAP2，WPA3 主要有以下 4 项新功能：

（1）对使用弱密码的人采取“强有力的保护”。如果密码多次输错，将锁定攻击行为，屏蔽 Wi-Fi 身份验证过程来防止暴力攻击。

（2）WPA3 简化显示接口受限，甚至包括不具备显示接口的设备的安全配置流程。

（3）在接入开放性网络时，通过个性化数据加密增强用户隐私的安全性，这是对每个设备与路由器或接入点之间的连接进行加密的一个特征。

（4）WPA3 的密码算法与之前的 128 位加密算法相比，增加了字典暴力密码破解的难度，并使用新的握手重传方法取代了 WPA2 的 4 次握手。

6.4 可扩展的无线身份认证系统

在运营商 WLAN 使用过程中，最多的场景是只使用 Portal 认证。也就是说 WEP、WPA、WAPI 都没有使用，WLAN 完全工作于明文方式下。可见，在目前大量使用的公众 WLAN 中，安全性都是比较低的，需要应用层来保证其安全性，而企业 WLAN 是通过使用 WPA2+802.1x 认证来保证企业 WLAN 用户的安全性的。

6.4.1 接入控制服务器

思科访问控制服务器（Access Control Server，ACS）是一个高度可扩展、高性能的访问控制服务器，提供了全面的身份识别网络解决方案。ACS 在一个集中身份识别联网框架中将身份验证、用户或管理员接入及策略控制结合起来，强化了接入安全性，使网络能具有更高灵活性和移动性，提高了用户的生产效率。

ACS 是思科网络准入控制的关键组件，支持范围广泛的接入连接类型，包括有线和无线局域网、拨号、宽带、内容、存储、VoIP、防火墙和 VPN。

6.4.2 AAA 技术

AAA（Authentication、Authorization、Accounting）即认证、授权、计费，提供了对这三种功能进行统一配置的框架，是对网络安全的一种管理方式，如图 6-29 所示。

（1）认证：哪些用户可以访问网络服务。

（2）授权：具有访问权的用户可以得到哪些服务。

（3）计费：如何对正在使用网络资源的用户进行计费。

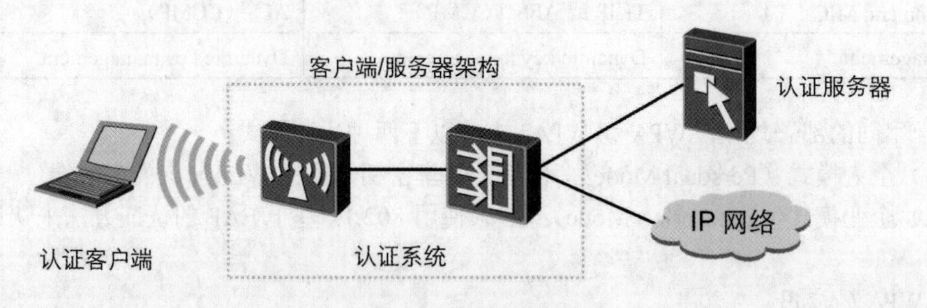

图 6-29 AAA 系统框架

6.4.3 认证通信协议

AAA 是一种管理框架，可以用多种协议来实现。在实践中，人们可以使用 RADIUS 服务来实现 AAA。RADIUS 服务包括以下 3 个组成部分，如图 6-30 所示：

（1）协议：基于 UDP 层定义了 RADIUS 帧格式及其消息传输机制，并定义了 1812 作为认证端口，1813 作为计费端口。

（2）服务器：RADIUS 服务器运行在中心计算机或工作站上，通常是在 UNIX 或 Windows Server 上运行的一个监护程序，包含了相关的用户认证和网络服务访问信息。

（3）客户端：位于网络接入服务器设备侧，可以遍布整个网络，通常是一个路由器、交换机或无线控制器。

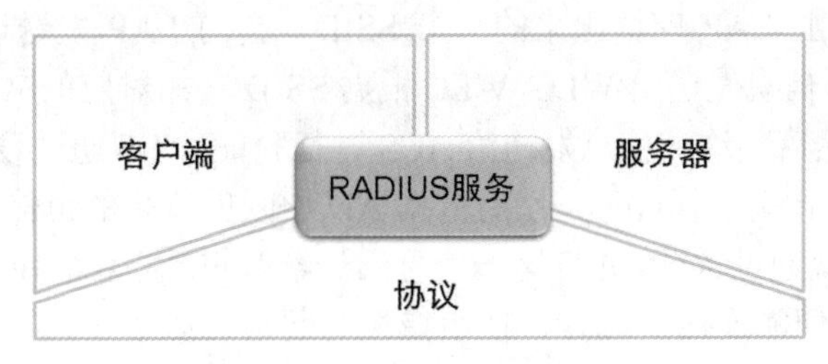

图 6-30 RADIUS 服务的组成

另外，RADIUS 服务器还能够作为其他 AAA 服务器的客户端进行代理认证或计费，常被应用在安全性要求较高，保护网络不受未授权访问的干扰，又要求控制远程用户访问权限的各种网络环境中。

6.4.4 802.1x 认证接入过程案例

前面曾有过这样一个案例：某组织内部有多个部门，在不同的 VLAN，有各自的服务器。如果各部门单独建立一个无线网络，会造成公司的无线网络数量过多，并且公司人员流动性较大，会给网络管理带来很大困难。因此，组织打算通过统一的无线网络认证方式来实现各部门的接入，要求不同部门的用户输入账户信息后能够访问自己所在部门的网络资源。

一个可以实现该网络需求的解决方案是：WLC+ACS+AD（活动目录）+802.1x，不同组的用户登录到不同的 VLAN，在 ACS 服务器上统一对用户进行认证，实现对用户集中身份认证。802.1x 认证接入过程的原理如图 6-31 所示。

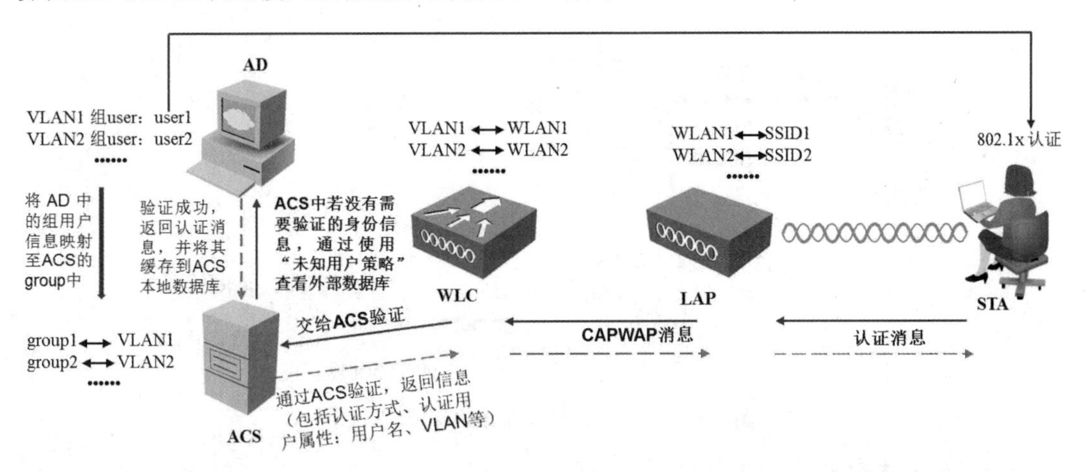

图 6-31 802.1x 认证接入过程的原理

ACS 服务器中建立了 group 与 VLAN 之间的映射关系，身份认证信息数据库来自 AD 中建立的用户信息，因此需要将 AD 中的组用户映射到 ACS 的 group 中才能对无线用户实行 802.1x 认证。

但是，802.1x 认证需要 PEAP（保护 EAP）认证方法的支持，除了在 WLC 和无线客户端上配置支持 802.1x 认证外，ACS 还需要支持 802.1x PEAP 的认证方式，但在默认情况下 ACS 不支持这一认证方式。

因此，需要在 Windows Server 中安装 AD，首先建立用户数据库，其次安装证书服务器，下载服务器安全证书到 ACS 服务器并安装 CA 安全证书，最后设置 ACS 使用服务器证书以支持 802.1x PEAP 的认证方式。

有了这样的基本认识后，再来看看无线客户端使用 802.1x 认证方式是如何通过 ACS 认证的。

无线客户端要连上 LAP 广播出来的一个 SSID，会向 LAP 发送认证消息，LAP 通过 CAPWAP 隧道将用户信息发送给 WLC，WLC 根据 SSID 获知对应的 WLAN，并根据 WLAN 获知对应的 VLAN，然后将这一信息发送给 ACS 进行验证。ACS 通过设置的 VLAN 与 group 的对应关系得知其位于哪一个 group，然后依据 AD 中映射过来的组信息查看其中是否有此用户的信息，如果有就通过认证，并将这一消息回送给客户端（图 6-31 中的虚线箭头路径）。客户端认证成功后，便能连接上 LAP，使用授权的网络资源了。

6.5 动手实践

6.5.1 配置无线路由器安全策略

本例采用如图 6-32 所示的网络拓扑图，ISP Router 模拟公网路由器，其上连接一台 DNS 服务器和一台 Web 服务器；Router 模拟企业网络的出口路由器，连接一台 WRT300N 无线路由器；无线终端 PC 连接到无线路由器上，通过企业的出口路由器访问公网的 WWW 服务器。

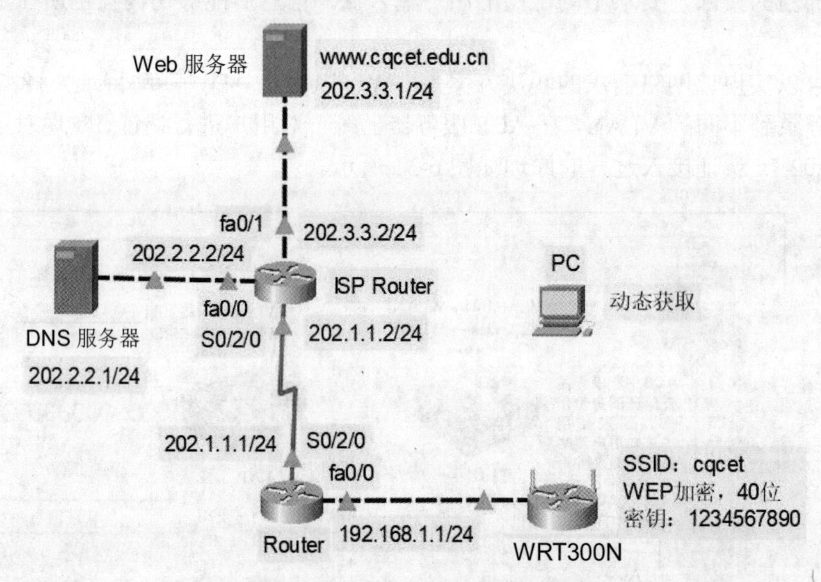

图 6-32 无线路由器安全策略配置拓扑图

1. 网络基本配置

（1）Router 上的配置。

1）配置主机名和接口 IP 地址。

```
Router>ena                                          //进入特权配置模式
Router#conf t                                       //进入全局配置模式
Router(config)#hostname Router                      //配置路由器主机名
Router(config)#interface s0/2/0                     //选定公网串行接口
Router(config-if)#ip add 202.1.1.1 255.255.255.0    //配置公网接口 IP 地址
Router(config-if)#no shutdown                       //激活接口
Router(config-if)#interface fa0/0                   //选定内网以太网接口
Router(config-if)#ip add 192.168.1.1 255.255.255.0  //配置内网接口 IP 地址
Router(config-if)#no shutdown
```

2）配置内网达到公网的路由。

```
Router(config-if)#exit                                   //回退到全局配置模式
Router(config)#ip route 0.0.0.0 0.0.0.0 s0/2/0           //配置达到公网的默认路由
```

3）配置 NAT。

```
Router(config-if)#interface fa0/0
Router(config-if)#ip nat inside                          //定义内口
Router(config-if)#interface s0/2/0
Router(config-if)#ip nat outside                         //定义外口
Router(config-if)#exit                                   //回退到全局配置模式
Router(config)#access-list 1 permit 192.168.1.0 0.0.0.255   //定义需要转换的内部网络 IP 地址
Router(config)#ip nat inside source list 1 interface s0/2/0 overload   //建立内网IP地址转换为公网IP地址的关联
```

（2）ISP Router 上的配置。

本设备上只需要完成主机名和接口 IP 地址的配置。

```
Router>ena
Router#conf t
Router(config)#hostname ISPRouter
ISPRouter(config)#interface s0/2/0
ISPRouter(config-if)#ip add 202.1.1.2 255.255.255.0
ISPRouter(config-if)#clock rate 64000                    //配置串行口工作时钟
ISPRouter(config-if)#no shutdown
ISPRouter(config)#int fa0/0
ISPRouter(config-if)#ip add 202.2.2.2 255.255.255.0
ISPRouter(config-if)#no shut
ISPRouter(config-if)#int fa0/1
ISPRouter(config-if)#ip add 202.3.3.2 255.255.255.0
ISPRouter(config-if)#no shut
```

（3）DNS 服务器配置。

1）配置 DNS 服务器的静态 IP 地址。

2）配置 DNS 服务。

3）配置解析域名 www.cqcet.edu.cn 的主机记录并开启 DNS 服务（ON）。

（4）Web 服务器配置。

1）配置 Web 服务器的静态 IP 地址。

2）配置 Web 服务。

Web 服务默认是开启的，因此不必再去开启。

2. 无线功能的基本配置

模拟无线路由器与真实路由器配置基本相同，并且支持图形化（GUI）配置。在 Setup 配置页面中完成如下配置：

（1）配置 WAN 口（与出口路由器相连的那个接口）的静态（可以支持动态）IP 地址。

IP 地址设置为 192.168.1.2，掩码设置为 255.255.255.0，默认网关设置为 192.168.1.1，DNS 地址设置为 202.202.202.1。

（2）配置 DHCP，为无线终端动态分配 IP 地址。

路由器 IP 地址设置为 192.168.0.1，掩码设置为 255.255.255.0，选中 Enable 复选项，开始分配 IP 地址设置为 192.168.0.100，分配 IP 地址最大数目设置为 50，静态 DNS 设置为 202.202.202.1。

注意，配置完后将滚动条下拉至底部，单击 Save Setting 按钮使配置生效。

3. 配置无线功能

单击 Wireless 选项卡，在弹出的界面中完成如下配置：网络模式设置为 Mixed 以兼容

802.11a/b/n 协议，网络名称设置为 cqcet，信道选择 1-2.412GHz，开启 SSID 广播，选中 Enable 复选项，其他采用默认设置。以上配置完成后，单击 Save Setting 按钮使配置生效。

4. 配置无线认证

在无线路由器的配置页面中，单击 Config，在弹出的界面中选中 Wireless，配置无线网络认证参数。

在 SSID 栏中输入 cqcet，Channel 选择 1，在 Authentication 栏中勾选 WEP 复选项，WEP Key 设置为 1234567890，Encryption Type 选择 40/64-bits（10 Hex digits）。

5. 配置无线终端

无线终端的配置涉及无线适配器的配置和 IP 地址的配置。

6. 无线功能验证测试

在无线终端 PC 上打开浏览器，在地址栏中输入 http://www.cqcet.edu.cn，能够打开 Web 页面。

7. 无线路由器安全策略配置

在无线路由器上制定的安全策略是：不允许 PC 产生 HTTP、FTP 和 Telnet 流量。为了便于测试，在 Router 上开启 Telnet 服务，在 Web 服务器上开启 FTP 和 HTTP 服务，具体操作步骤如下：

（1）在路由器 Router 上开启 Telnet 服务。

```
Router(config)#enable password 123456          //配置进入特权模式的密码
Router(config)#line vty 0 4                    //进入线路虚拟终端，允许 5 个用户登录
Router(config-line)#password cisco             //配置登录密码
Router(config-line)#login                      //指定密码验证方式
```

（2）在 Web 服务器上开启 FTP 和 HTTP 服务。在 Web 服务器的配置页面中单击 Service，在弹出的界面中选中 FTP 后完成 FTP 服务器的配置。

在 Service 栏中勾选 on 复选项以开启 FTP 服务，在 Username 文本框中输入 cisco，在 Password 文本框中输入 cisco，单击 Add 按钮完成 FTP 服务器的配置。HTTP 服务在默认情况下是开启的，无须另外设置。

（3）配置安全策略前服务测试。此步骤请读者自行验证测试，确保应用安全策略前网络服务是正常工作的。

（4）无线路由器安全策略配置。

1）建立规则。在思科家用无线路由器上最多可以建立 10 条规则，且每一条规则里最多包含 3 个应用。在无线路由器的配置界面中单击 GUI，在弹出的界面中选中 Access Restrictions，弹出的配置页面如图 6-33 所示。

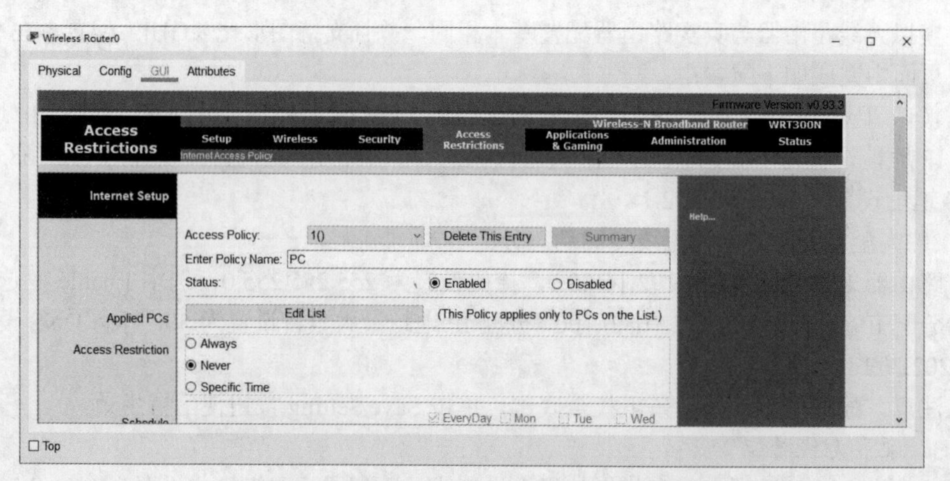

图 6-33　无线路由器安全策略配置页面

建立规则名称 PC，单击 Status 栏中的 Enable，然后单击 Edit List 配置需要限制的 IP 地址，这里是无线终端的 IP 地址，也可以限制具体的 MAC 地址。

2）添加阻止应用列表。将滚动条下拉至底部，将 HTTP、FTP 和 Telnet 添加至需要阻止的应用列表中，如图 6-34 所示。

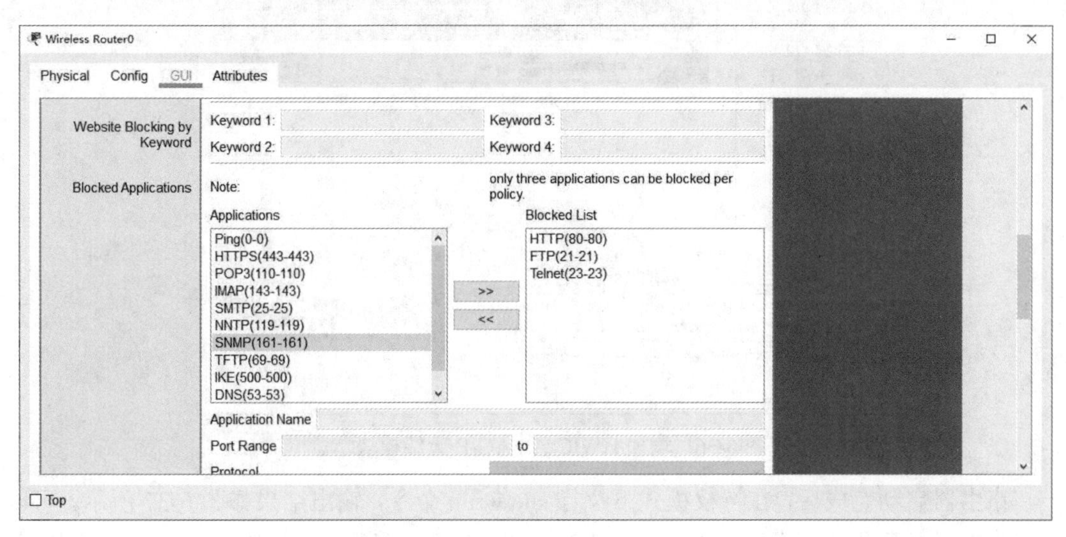

图 6-34 添加被阻止的应用列表

8. 无线路由器安全策略验证测试

在 PC 上进行远程登录路由器和访问 Web 与 FTP 服务器都没有成功，原因是 PC 的流量到达无线路由器后，安全策略阻止了这些流量通过。

6.5.2 构建双频安全无线网络

本例使用 Cisco 2811 路由器上的无线模块配置 WEP 和 WPA 安全机制，终端 PC1 选择 WEP 安全机制，PC2 选择 WPA 安全机制，使得终端 PC1 和 PC2 能相互连通，如图 6-35 所示。

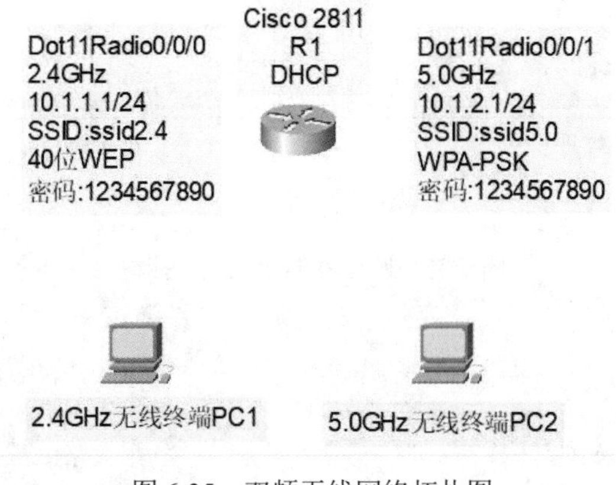

图 6-35 双频无线网络拓扑图

1. 在 Cisco 2811 路由器上增加无线模块

Packet Tracer7.3 中的 Cisco 2811 路由器支持增加双频（2.4GHz 和 5GHz）无线模块，而无线客户端的无线网卡支持 802.11a/b/g 无线协议。此外，PC1 和 PC2 在不同网段，需要在路由器上增加一个无线模块来满足 PC 无线连接的需求。操作方法是，先关闭路由器的电源，在左侧选择 HWIC-AP-AG-B 模块，然后拖至路由器右下方的插槽内，如图 6-36 所示，再开启路由器电源。

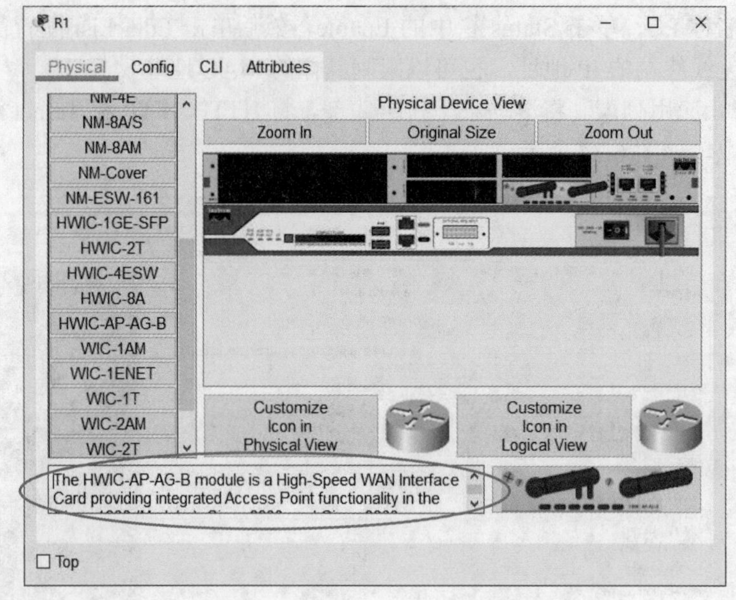

图 6-36 增加 HWIC-AP-AG-B 无线模块示意

路由器启动完成后，在特权模式下执行 show run 命令，输出结果如图 6-37 所示，可以看到路由器上有两个无线空中接口 Dot11Radio0/0/0 和 Dot11Radio0/0/1，分别支持 2.4GHz 频段和 5.0GHz 频段的无线通信。

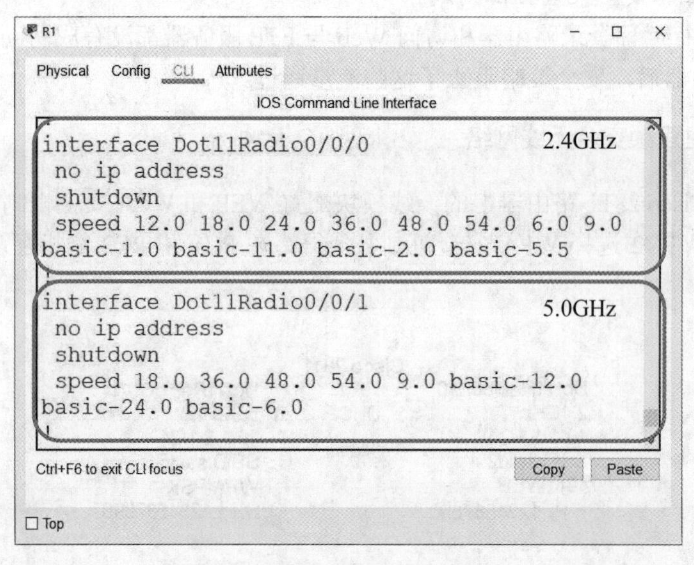

图 6-37 路由器的无线空中接口

2. 无线基本配置

```
Router>ena                                              //进入特权配置模式
Router#conf t                                           //进入全局配置模式
Router(config)#hostname R1                              //配置路由器主机名
R1(config)#dot11 ssid ssid2.4                           //创建 SSID
R1(config-ssid)#authentication open                     //开放式认证
R1(config-ssid)#authentication key-management wpa       //认证方式为 WPA
R1(config-ssid)#wpa-psk ascii 1234567890                //配置认证口令
R1(config-ssid)#guest-mode                              //广播 SSID
R1(config-ssid)#exit
R1(config)#dot11 ssid ssid5.0                           //创建 SSID
R1(config-ssid)#authentication open                     //开放式认证
R1(config-ssid)#guest-mode                              //广播 SSID
```

3. 将 SSID 与无线空中接口关联

```
R1(config-if)#exit                                          //回退到全局配置模式
R1(config)#interface dot11Radio 0/2/0                       //选定无线接口
R1(config-if)#ip address 10.1.1.1 255.255.255.0             //配置接口 IP 地址
R1(config-if)#no shutdown                                   //激活接口
R1(config-if)#encryption mode ciphers aes-ccm               //指定加密方式
R1(config-if)#speed default                                 //指定默认速率集
R1(config-if)#ssid ssid2.4                                  //关联 SSID
R1(config-ssid)#exit
R1(config)#interface dot11Radio 0/3/0                       //选定无线接口
R1(config-if)#ip address 10.1.2.1 255.255.255.0             //配置接口 IP 地址
R1(config-if)#no shutdown                                   //激活接口
R1(config-if)#encryption mode wep mandatory                 //指定加密方式
R1(config-if)#encryption key 1 size 40 1234567890           //指定加密密码
R1(config-if)#speed default                                 //指定默认速率集
R1(config-if)#ssid ssid5.0                                  //关联 SSID
```

4. 配置 DHCP

```
R1(config)#service dhcp                                     //开启 DHCP 服务
R1(config)#ip dhcp pool ccna                                //定义 DHCP 地址池名称
R1(dhcp-config)#network 10.1.1.0 255.255.255.0              //宣告动态分配网段
R1(dhcp-config)#default-router 10.1.1.1                     //指定默认网关
R1(config-ssid)#exit
R1(config)#ip dhcp pool ccnp                                //定义 DHCP 地址池名称
R1(dhcp-config)#network 10.1.2.0 255.255.255.0              //宣告动态分配网段
R1(dhcp-config)#default-router 10.1.2.1                     //指定默认网关
```

5. 配置无线终端

无线终端的配置主要包括增加 802.11a/b 无线模块，以支持在 2.4GHz 和 5.0GHz 频段的无线通信；连接无线网络参数，如 SSID、认证方式及密钥的设置等；IP 地址的配置，采用动态获取方式。完成以上配置后，PC1 和 PC2 能够关联上路由器创建的无线网络，如图 6-38 所示。

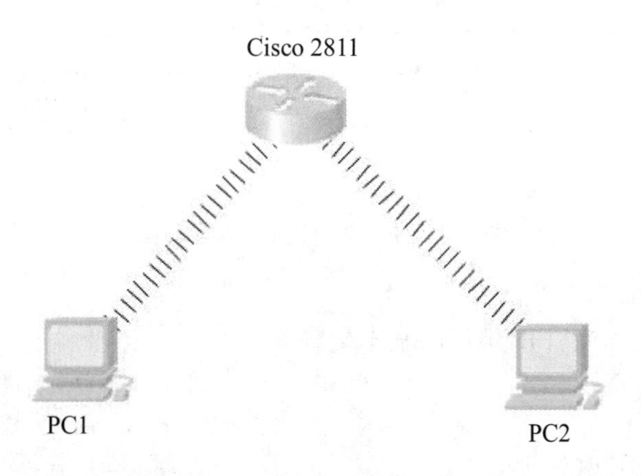

图 6-38　无线终端关联上无线网络

6. 配置结果验证测试

查看 PC1 和 PC2 动态获取到的 IP 地址后，在 PC1 的命令行界面中执行 ping PC2 的 IP 地址命令，输出结果如图 6-39 所示，表明 PC1 和 PC2 之间的无线网络是连通的。

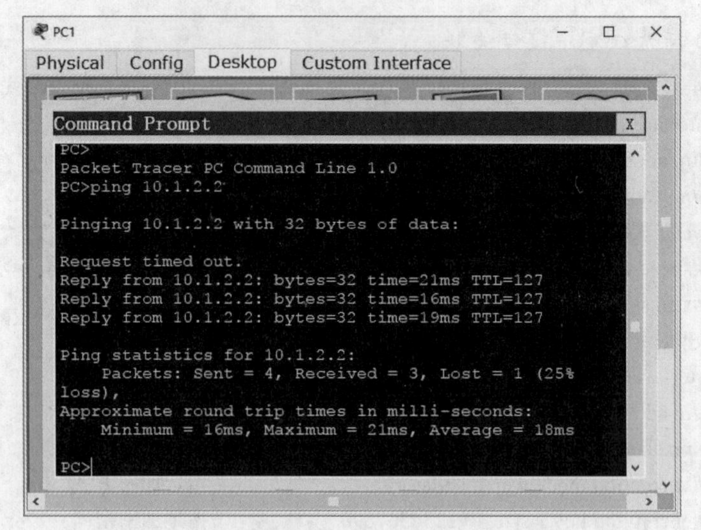

图 6-39　无线终端之间连通性测试界面

6.5.3　组建统一身份认证的无线网络

本例采用如图 6-40 所示的网络拓扑图，主要工作过程是：每一个用户完成注册后获得唯一的身份标识：用户名和口令，所有注册用户的身份标识信息统一记录在 AAA 认证服务器中。无线路由器中需要配置 AAA 认证服务器的 IP 地址和该无线路由器与 AAA 认证服务器之间的共享密钥。当无线路由器需要鉴别用户身份时，无线路由器只将用户提供的身份标识信息转发给 AAA 认证服务器，由 AAA 认证服务器完成身份鉴别过程，并将鉴别结果回送给无线路由器。下面介绍详细的配置步骤。

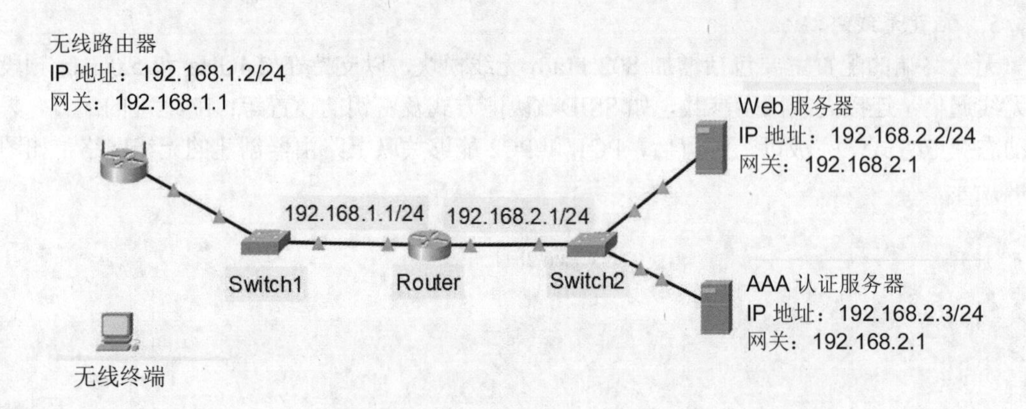

图 6-40　统一身份认证网络拓扑图

1．Router 上的配置

只需完成主机名和接口 IP 地址的基本配置。

```
router>ena                                        //进入特权配置模式
router#conf t                                     //进入全局配置模式
Router(config)#hostname Router                    //配置路由器主机名
Router(config)#interface fa0/0                    //选定以太网接口
Router(config-if)#ip add 192.168.1.1 255.255.255.0    //配置公网接口 IP 地址
Router(config-if)#no shutdown                     //激活接口
Router(config-if)#interface fa0/1                 //选定内网以太网接口
Router(config-if)#ip add 192.168.2.1 255.255.255.0    //配置内网接口 IP 地址
Router(config-if)#no shutdown
```

2. Web 服务器配置

（1）配置 Web 服务器的静态 IP 地址。

（2）配置 Web 服务。

Web 服务默认是开启的，因此不必再去开启。

3. AAA 认证服务器配置

（1）配置 AAA 认证服务器的静态 IP 地址。

（2）配置 AAA 认证服务相关参数。

打开 AAA 服务器的配置界面，单击 Service，选中 AAA，在右侧弹出的窗格中完成相关参数的配置。

在 Service 栏中勾选 on 复选项，开启 AAA 服务，Radius Port 保持默认值 1645。

Network Configuration 对话框中，在 Client Name 文本框中输入 Wireless Router，在 Client IP 文本框中输入 192.168.1.2，在 Secret 文本框中输入 1234567890，Server Type 选择 Radius，单击 Add 按钮。

User Setup 对话框中，在 Username 文本框中输入测试用户名 user1，在 Password 文本框中输入 1234567890，单击 Add 按钮。

4. 无线路由器 WRT300N 的配置

（1）设置无线路由器的名称为 Wireless Router。

（2）设置无线路由器 Internet 接口 IP 地址为 192.168.1.2，掩码为 255.255.255.0，默认网关为 192.168.1.1。

（3）配置 DHCP，为无线终端动态分配 IP 地址。具体配置如下：路由器 IP 地址设置为 192.168.0.1，掩码设置为 255.255.255.0，勾选 Enable 复选项，开始分配 IP 地址设置为 192.168.0.100，分配 IP 地址最大数目设置为 50。注意，配置完后将滚动条下拉至底部，单击 Save Setting 按钮使配置生效。

（4）配置无线功能。单击 Wireless 选项卡，在弹出的界面中完成如下配置：网络模式设置为 Mixed 以兼容 802.11a/b/n 协议，网络名称设置为 cqcet，信道选择 1-2.412GHz，开启 SSID 广播，勾选 Enable 复选项，其他采用默认设置。

以上配置完成后，单击 Save Setting 按钮使配置生效。

（5）配置无线认证。在无线路由器的配置页面中单击 Config，在弹出的界面中选中 Wireless，配置无线网络认证参数（如图 6-41 所示）：在 SSID 栏中输入 cqcet，Channel 选择 6，在 Authentication 栏中选中 WPA2 单选项，在 IP Address 文本框中输入 192.168.2.3，在 Shared Secret 文本框中输入 1234567890，Encryption Type 选择 AES。

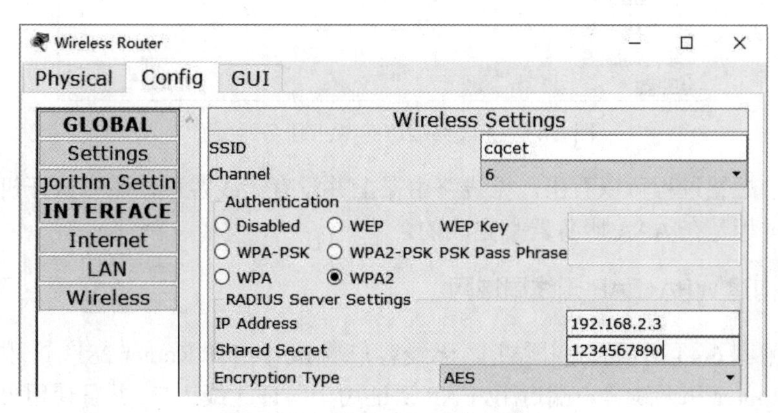

图 6-41　无线路由器认证配置界面

5. 配置无线终端

无线终端的配置主要包括增加无线模块，以支持在 2.4GHz 和 5.0GHz 频段的无线通信；

连接无线网络参数，如 SSID、认证方式及密钥的设置等；IP 地址的配置，采用动态获取 IP 地址方式，如图 6-42 所示。

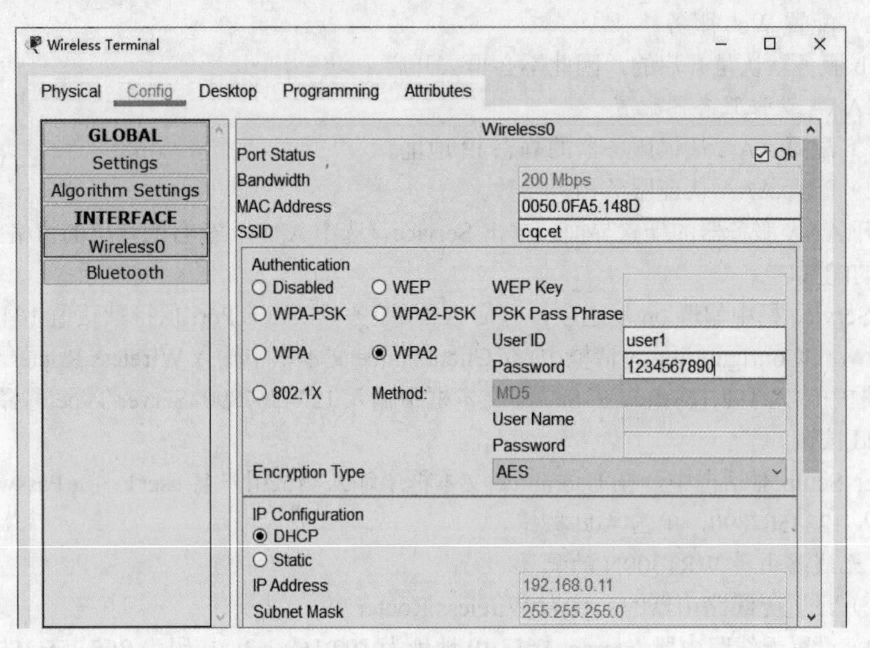

图 6-42 无线终端通信参数配置界面

6. 配置结果验证测试

在无线终端上打开浏览器，在地址栏中输入 http://192.168.2.2 能够成功访问，如图 6-43 所示。

图 6-43 无线终端访问 Web 服务器页面

从以上的配置过程可以看出，无线路由器上并没有无线客户端账号认证机制，无线客户端的认证过程是在 AAA 服务器上完成的。

6.5.4 构建 WPA+EAP 无线局域网

本例使用图 6-44 所示的拓扑结构，无线客户端 PC 与 ISP Router 2811 产生关联，WPA 加密在 ISP Router 和无线客户端启用，EAP 认证用于验证无线用户，并且使用外部 RADIUS 服务器功能用于验证凭证，这样有了 EAP 认证的支持，WPA 加密可提供控制访问无线网络有关的更多功能。下面介绍具体操作步骤。

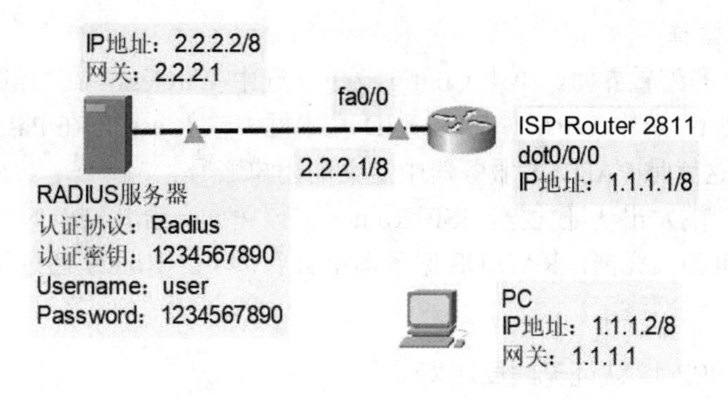

图 6-44　WPA+EAP 无线网络拓扑结构

1. 配置前的准备工作

为无线终端 PC 添加无线模块，在 ISP Router 2811 上添加无线模块。

2. 配置主机和 ISP Router 接口 IP 地址

（1）无线终端 PC 采用静态分配 IP 地址方式，IP 地址设置为 1.1.1.2/8，网关设置为 1.1.1.1。

（2）ISP Router 接口 IP 地址配置分为无线接口 IP 地址配置和以太网接口 IP 地址配置，其中将无线接口 dot110/0/0 的 IP 地址配置为 1.1.1.1/8，以太网接口 fa0/0 的 IP 地址配置为 2.2.2.1/8。

（3）配置 RADIUS 服务器的 IP 地址。因为是服务器，其 IP 地址需要静态指定，这里设置为 2.2.2.2/8，网关设置为 2.2.2.1。

3. 配置 WPA 加密

（1）无线基本配置。

```
dot11 ssid cqcet                          //创建 SSID 为 cqcet
authentication open                       //使能开放式认证
authentication network-eap 1              //认证方式为网络 EAP
guest-mode                                //广播 SSID
```

（2）关联 SSID 与无线接口。在 dot11Radio 0/0/0 接口配置模式下完成以下配置：

```
encryption mode ciphers aes-ccm           //指定 WPA 的密钥加密方式为 AES-CCM
speed default                             //指定使用的默认速率
ssid cqcet                                //建立网络名称与无线接口之间的关联
```

4. 配置认证客户端

在 ISP Router 上完成如下配置，使其成为认证客户端：

```
aaa new-mode                              //启用 AAA 认证
radius-server host 2.2.2.2 auth-port 1645 key 1234567890  //定义认证服务器，指定 ISP Router 与认证服务
                                          //器之间使用 RADIUS 协议、认证主机的 IP 地
                                          //址、使用的认证口号和认证密钥
aaa authentication login 1 group radius   //定义认证方法列表，这里使用自定义的方法列表 1
```

5. 配置 RADIUS 服务器

（1）启用 RADIUS 服务。打开 RADIUS 服务器配置界面，单击 Servers 菜单，再单击左侧窗格中的 AAA，在右侧弹出的窗格中选中 Server 中的 on。

（2）设置网络。在 Network configuration 中，客户端名称输入 ISP Router，客户端 IP 地址输入 2.2.2.1，认证密钥输入在路由器上定义的共享密钥 1234567890，认证协议类型选择 Radius，单击 Add 按钮。

（3）设置认证用户列表。在 User Setup 中的 Username 文本框中输入 user，在 Password 文本框中输入 1234567890，单击 Add 按钮。

6. 配置结果验证

打开用户 PC 的配置界面，单击 Config 菜单，选中 Wireless，在右侧弹出窗格的 SSID 文本框中输入 cqcet；选中 WPA，在 User ID 文本框中输入 user，在 Password 文本框中输入 1234567890，这就是 RADIUS 服务器中定义的用户账号。

一旦无线客户端发出认证凭据，ISP Router 将该凭据交给 RADIUS 服务器进行确认，如果用户列表中有相关凭据，RADIUS 服务器就会告诉 ISP Router 通过认证，这时无线客户端就可以使用无线网络了。

6.5.5 构建 802.1x 认证无线局域网

本例使用图 6-45 所示的网络拓扑图，其中部署了一台思科的 3560 交换机，用于连接 WLC（3504）、LAP 和路由器（4311），实现骨干网络的高速传输。WLC 对 LAP 实现统一管理，并通过配置 RADIUS 服务器对无线客户端的接入采用 802.1x 认证。

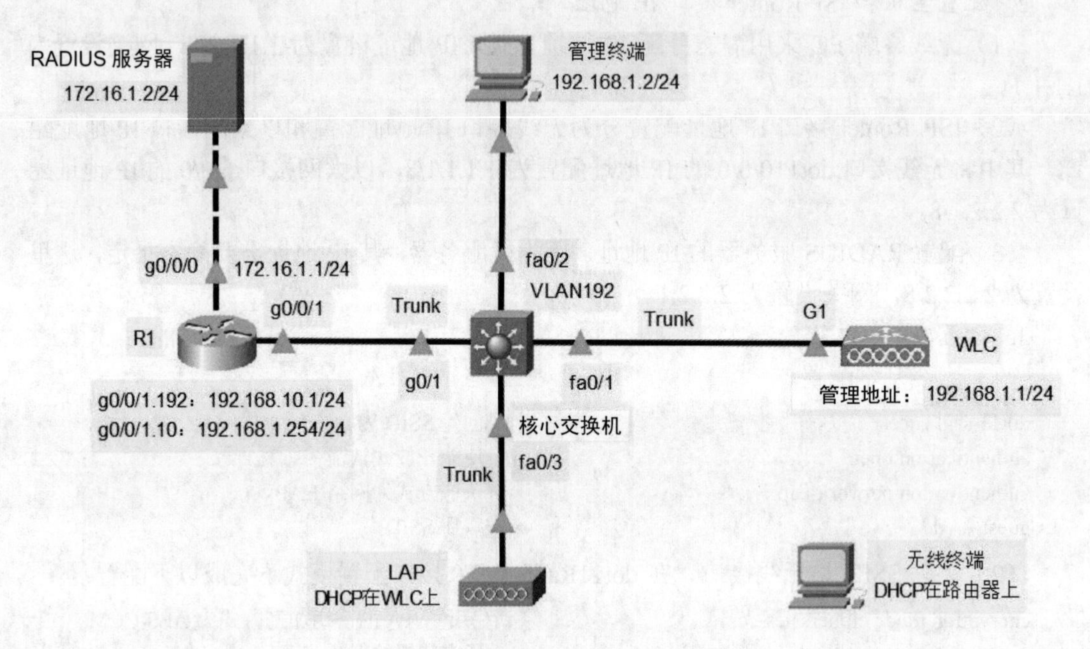

图 6-45 802.1x 认证无线网络拓扑图

1. 网络基本配置

（1）配置管理终端的 IP 地址为 192.168.1.2/24，默认网关为 192.68.1.254。

（2）配置 RAIUDS 服务器的 IP 地址为 172.16.1.2/24，默认网关为 172.16.1.1。

（3）配置 WLC 的管理地址为 192.168.1.1/24，默认网关为 192.68.1.254。

（4）配置路由器 g0/0/0 接口的 IP 地址为 172.16.1.1/24，g0/0/1 接口 IP 地址为 192.68.1.254，g0/0/1.192 子接口 IP 地址为 192.168.10.1/24，分别用作 RADIUS 服务器、管理终端和无线控制器、无线用户 VLAN192 网段的网关。

（5）在核心交换机上创建 VLAN192，将 g0/1、fa0/1、fa0/3 接口封装为 802.1Q 后再设置为 Trunk。

（6）无线客户端的 IP 地址分配采用 DHCP 方式，其服务器部署在路由器上，主要配置命令如下：

```
ip dhcp excluded-address 192.168.10.1
ip dhcp pool VLAN192
network 192.16810.0 255.255.255.0
default-router 192.168.10.1
```

（7）LAP 通过 DHCP 方式获得 IP 地址，其 DHCP 服务器部署在 WLC 上。

2. WLC 的初始化

具体步骤参见 5.9.1 节。

3. 创建动态 VLAN 接口

打开管理终端的浏览器，在地址栏中输入 https://192.168.1.1，使用初始化过程中设置的用户名和密码登录到 WLC。

（1）单击 CONTROLLER 菜单，然后在左侧菜单中选择 Interface，可以看到默认的虚拟接口和设置的管理接口。

（2）单击页面右上角的 New 按钮，在弹出界面的 Interface Name 中输入 WLAN192，VLAN ID 配置为 192，单击 Apply 按钮。

（3）在 Physical Information 对话框中将 Port Number 设置为 1，在 Interface Address 对话框中进行如下设置：IP 地址为 192.168.10.2，掩码为 255.255.255.0，网关为 192.168.10.1，主 DHCP 服务器为 192.168.10.1。

使用此 VLAN 接口的 WLAN 用户流量将在 192.168.10.0/24 网络上。默认网关是路由器 R1 上 g0/0/1.192 子接口的地址。已在路由器上配置了 DHCP 池。在此处配置 DHCP 的 IP 地址，目的是告诉 WLC 将其从 WLAN 主机上收到的所有 DHCP 请求转发到路由器上的 DHCP 服务器上。

（4）单击 Apply 按钮使配置生效。

4. 创建 WLAN

创建一个 WLAN，并将 WLAN 与 VLAN 接口建立关联。

（1）单击菜单栏中的 WLANs，在弹出的界面中单击 go 按钮创建新的 WLAN。

（2）在弹出界面的 Profile Name 栏中输入 WLAN192，在 SSID 栏中输入 VLAN192，ID 栏中的值保持默认值。ID 是一个任意值，用作 WLAN 的标签。单击 Apply 按钮使设置生效。

（3）在弹出界面的 Status 栏中勾选 Enabled 复选项，在 Interface/Interface Group(G)栏的下拉菜单中选择创建的 VLAN192 接口，其他保持默认配置。

（4）单击 Apply 按钮使配置生效。

5. 在 WLC 上设置 RADIUS 服务器

WPA2-Enterprise 使用外部 RADIUS 服务器对 WLAN 用户进行身份验证。可以在 RADIUS 服务器上配置具有唯一用户名和密码的单个用户账户。在 WLC 可以使用 RADIUS 服务器的服务之前必须为 WLC 配置服务器地址，操作步骤如下：

（1）单击 WLC 上的 SECURITY 菜单。

（2）单击 New 按钮，在弹出的界面中进行如下配置：Server IP Address(IPv4/IPv6)配置为 172.16.1.2，Shared Secret 输入 123456，Confirm Shared Secret 输入 123456。

其他保持默认配置。RADIUS 服务器将对 WLC 进行身份验证，然后才允许 WLC 访问服务器上的用户账户信息。

（3）单击 Apply 按钮使配置生效。

6. 配置 WLAN 安全认证

（1）单击 WLANs 菜单，再点击创建的 WLAN192 超链接，弹出新的配置界面。

（2）单击 Security 选项卡，在 Layer2 选项卡的下拉列表框中选择 WPA + WPA2。

（3）在 WPA + WPA2 Parameters 下启用 WPA2 Policy，出现 WPA2 Encryption 项，采用默认加密方法 AES。单击 Authentication Key Management 下的 802.1x，如图 6-46 所示，这告诉 WLC 使用 802.1x 协议从外部对用户进行身份验证。

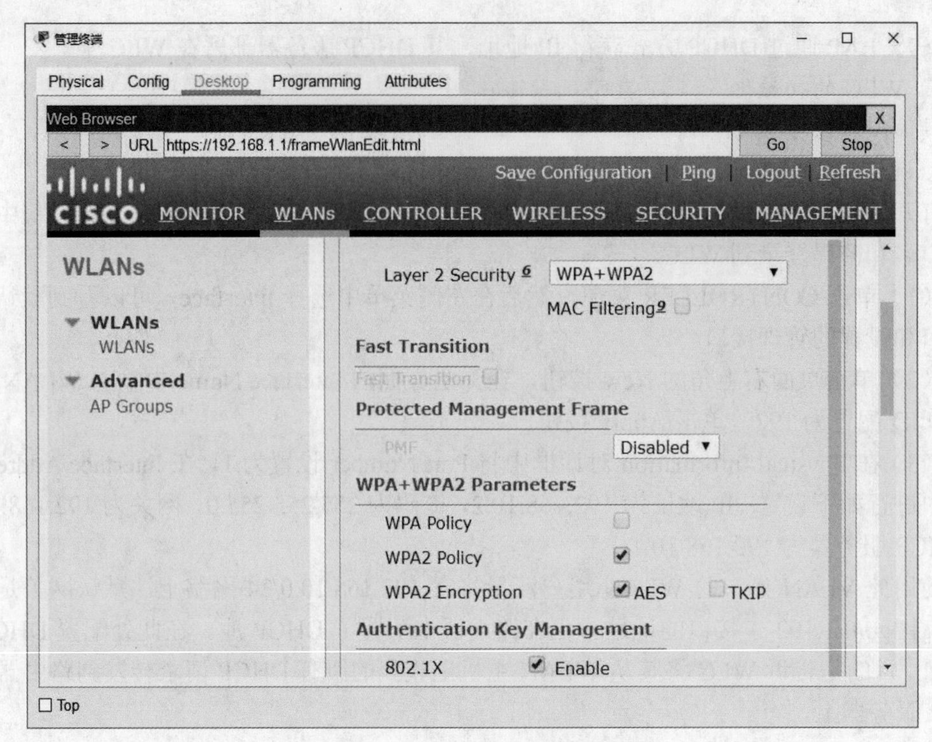

图 6-46　WPA+WPA2 配置界面

（4）单击 AAA Servers 选项卡，在 Authentication Servers 列中打开 Server 1 旁边的下拉菜单，选择在步骤 5 中配置的服务器。

（5）单击 Apply 按钮使配置生效。

7. 配置 DHCP 服务器作用域

WLC 提供自己的内部 DHCP 服务器。建议不要将 WLAN DHCP 服务器用于大容量 DHCP 服务，如较大网络的用户 WLAN 需要的服务。但是，在较小的网络中，DHCP 服务器可用于向连接到有线管理网络的 LAP 提供 IP 地址。DHCP 服务器作用域的配置步骤如下：

（1）单击 CONTROLLER 菜单，在左侧列表中展开 Internal DHCP Server，单击 DHCP Scope。

（2）单击 New 按钮，在弹出界面的 Scope Name 栏中输入 LAP，单击 Apply 按钮创建新的 DHCP 作用域。在 DHCP Scopes 表中单击创建的 LAP 作用域以配置作用域的寻址信息，具体如下：Pool Start Address 为 192.168.1.3，Pool End Address 为 192.168.1.20，Network 为 192.168.1.0，Netmask 为 255.255.255.0，Default Routers 为 192.168.1.254。

（3）单击 Apply 按钮激活配置。在短暂的延迟后，内部 DHCP 服务器将为 LAP 提供地址。当 LAP 具有其 IP 地址时将建立 CAPWAP 隧道，并且能够为无线终端提供 WLAN（VLAN192）的访问。

8. 配置 RADIUS 服务器

（1）启用 RADIUS 服务。打开 RADIUS 服务器配置界面，单击 Servers 菜单，单击左侧窗格中的 AAA，在右侧弹出的窗格中选中 Server 项中的 on。

（2）设置网络。在 Network configuration 项中，客户端名称输入 WLC，客户端 IP 地址输入 192.168.1.1，认证密钥输入 1234567890，认证协议选择 Radius，端口改为 1812，单击 Add 按钮。

（3）设置认证用户列表。在 User Setup 项中，在 Username 文本框中输入 user，在 Password 文本框中输入 1234567890，单击 Add 按钮，如图 6-47 所示。

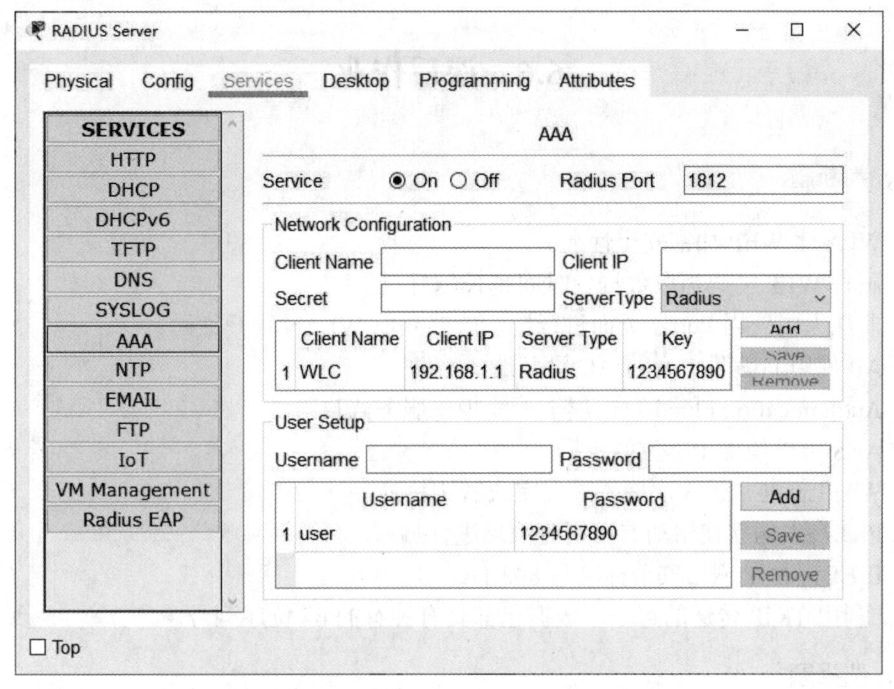

图 6-47　RADIUS 认证服务器配置界面

9．将无线终端连接到网络

（1）单击无线客户端，然后在桌面上双击 PC Wireless 图标，打开 PC 无线应用程序。

（2）单击 Profile 选项卡，然后单击 New 创建一个新的配置文件，将配置文件命名为 WLC。

（3）弹出的界面中将显示之前创建的 WLAN 的无线网络名称 VLAN192，然后单击 Advanced Setup 按钮。

（4）验证是否存在无线局域网的 SSID，能够看到 VLAN192，然后单击 Next 按钮。

（5）验证是否选择了 DHCP 网络设置，然后单击 Next 按钮。

（6）在 Security 下拉列表框中选择 WPA2-Enterprise，然后单击 Next 按钮。

（7）输入登录名 user 和密码 1234567890，然后单击 Next 按钮。

（8）验证配置文件设置，然后单击 Save 按钮。

（9）选择 WLC 配置文件，然后单击 Connect 按钮。短暂延迟后，会看到无线客户端已连接到 LAP。

（10）确认无线客户端已连接到 WLAN。无线客户端应从 R1 上配置的 DHCP 服务器中接收 IP 地址，该地址将位于 192.168.10.0/24 网络中，如图 6-48 所示。

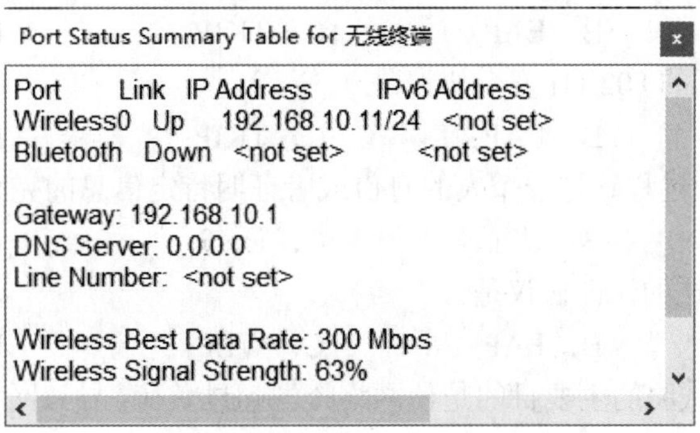

```
Port Status Summary Table for 无线终端

Port        Link  IP Address        IPv6 Address
Wireless0   Up    192.168.10.11/24  <not set>
Bluetooth   Down  <not set>         <not set>

Gateway: 192.168.10.1
DNS Server: 0.0.0.0
Line Number: <not set>

Wireless Best Data Rate: 300 Mbps
Wireless Signal Strength: 63%
```

图 6-48　无线终端网络连接状态

6.6 课后作业

一、判断题

1. WPA 比 WEP 加密安全性高。（ ）
2. 破解 WEP 密码抓取数据包时间越长越好。（ ）
3. 非法人员使用 Portal 页面进行钓鱼能够获取 WLAN 用户密码。（ ）
4. AP 使用 PoE 供电会对 AC 设备造成威胁。（ ）
5. Authentication Flood 攻击属于无线拒绝服务式攻击。（ ）
6. AES 可以使用 192 位的密钥。（ ）
7. WAPI 标准基于 3 次握手过程完成密钥协商。（ ）
8. PKI 在发送端使用动态密钥对消息进行加密。（ ）
9. IEEE 一般的网络安全标准是 802.11i。（ ）
10. 利用 TKIP 传送的每一个数据包都具有独有的 64 位序列号。（ ）

二、选择题

1.（ ）认证是一种基于端口和 MAC 地址对用户的网络访问权限进行控制的认证方法。

A．WEP　B．802.11i　C．MAC　D．802.1x

2．AES 不可以使用的密钥长度是（ ）位。

A．64　B．128　C．192　D．256

3．802.1x 体系结构中不包括（ ）组件。

A．认证系统　B．请求者系统　C．操作系统　D．认证服务器系统

4．利用 TKIP 传送的每一个数据包都具有独有的（ ）位序列号。

A．16　B．32　C．48　D．64

5．许多接入点都包含一个属性，允许接入点只与某些特定节点关联。该属性称为（ ）。

A．选择性授权　B．许可的节点接入列表
C．MAC 过滤　D．以上都可以

6．WEP 安全协议中使用的密码方法是（ ）。

A．3DES　B．DES　C．PKI　D．RC4

7．在 802.11i 标准中，以下（ ）标准对 WEP 安全性能进行了增强。

A．802.1x　B．EAP　C．TKIP　D．WPA

8．产生临时密钥的 802.11i 安全协议是（ ）。

A．AES　B．EAP　C．TKIP　D．WPA2

9．使用（ ）过程确定一个人的身份或者证明特定信息的完整性。

A．关联　B．认证　C．证书　D．加密

10．支持多种方法的认证协议是（ ）。

A．AAA　B．EAP　C．WEP　D．WPA

11．（ ）安全威胁的主要目的是使网络资源超过负荷，导致网络用户无法使用资源。

A．拒绝服务　B．入侵　C．拦截　D．ARP 欺骗

12．（ ）属于安全无线连接的必要组件。

A．加密　B．认证　C．WIPS　D．以上答案全部正确

13．（　　）可以保护无线帧中数据的完整性。

A．WIPS　　B．WEP　　C．MIC　　D．EAP

14．（　　）无线加密方法比较脆弱且不推荐使用。

A．AES　　B．WPA　　C．EAP　　D．WEP

15．如果在 WLAN 中使用 802.1x，那么下面的（　　）被用作 802.11 认证方法。

A．开放式认证　　B．WEP　　C．EAP　　D．WPA

16．假设某思科 WLC 被配置为 802.1x 认证且使用外部 RADIUS 服务器，则该控制器的角色是（　　）。

A．认证服务器　　B．请求方　　C．认证方　　D．判决系统

17．（　　）认证方法使用证书来认证 AS，但不会用来认证客户端。

A．LEAP　　B．PEAP　　C．EAP-FAST　　D．EAP-TLS

18．（　　）认证方法要求 AS 和请求方都必须带有数字证书。

A．TKIP　　B．PEAP　　C．WEP　　D．EAP-TLS

19．对于无线数据来说，（　　）是目前最安全的数据加密和完整性方法。

A．WEP　　B．TKIP　　C．CCMP　　D．WPA

20．WPA2 区别于 WPA 的方式是（　　）。

A．允许 TKIP　　B．允许 CCMP　　C．允许 WEP　　D．允许 TLS

21．预共享密钥用在（　　）无线安全配置中。

A．WEP　　B．WPA 企业模式

C．WPA2 个人模式　　D．WPA2 企业模式

22．在 WLAN 上配置 WPA2 个人模式时，应该选择（　　）。

A．802.1x　　B．PSK　　C．TKIP　　D．CCMP

三、填空题

1．所有 IEEE 网络的网络安全标准是________。

2．2004 年 6 月，IEEE 批准了________WLAN 安全标准。

3．为了增强 WEP 的安全性能，在其中添加的临时协议是________。

4．一个完善的 WLAN 系统，认证和________是需要考虑的两个必不可少的安全因素。

5．802.1x 标准规定________使用 EAP 进行认证。

6．由于最初制定的 IEEE 802.11-1999 协议的________机制存在诸多缺陷，IEEE 802.11 在 2002 年成立了________工作组，提出了 AES-CCM 等新的安全机制。

7．与其他 WLAN 安全体制相比，WAPI 认证的优越性集中体现在支持________和使用________上。

8. WAPI 标准的认证基于 WAPI 独有的 WAI 协议，使用________作为身份凭证，WAPI 标准的数据加密采用________算法。

9. 标准的 64 比特 WEP 使用________比特的密钥接上________比特的初向量成为 RC4 用的密钥。

10．WEP 共享密钥输入方式有________和________两种。

11．802.1x 协议是一种基于________的网络接入控制协议。

12．无线网络默认使用的认证机制是________。

13．WEP 中使用的加密算法是________。

14．如果无线 AP 或无线路由器设置了 WEP 密钥并选择了________认证，则无线局域网内的主机必须提供与此相同的密钥才能通过认证，否则无法关联此无线网络，也无法进行数据传输。

15. WEP 密钥长度可以是 64 位、128 位和 152 位。如选择 64 位密钥，则需要输入________个十六进制字符或者________个 ASCII 码字符。

四、简答题

1. 802.11 无线网络安全框架包含哪几部分？
2. 常见的客户端认证方法有哪些？
3. 常见的确保数据机密性和完整性的算法有哪些？
4. 一个集中式的无线身份认证系统一般包括哪几个组件？
5. 简述 WPA 与 WPA2 之间的区别。
6. RADIUS 服务器对哪两件事进行了身份验证？为什么认为这是必要的？

五、实践题

在 VMware 中安装 BT5，搭建无线网络攻击环境，破解 WLAN 中的 WPA2 密码，并写出防范措施。

模块 7　无线局域网规划与设计

学习情景

对无线局域网的设计者和实现者来说，为了避免高代价错误的发生，能够预先放弃不适当的步骤、密切关注与无线局域网设计相关的细节是至关重要的。无线局域网规划是一项复杂的工作，许多网络工程师和设计者都想寻求一个设计捷径，但是这是很难的。大家都很清楚，周详的网络规划价值是无法估量的，而一个好的设计方案必定有一定的步骤。

在设计之前，首先要通过调研了解客户需求，明确网络应用背景，分析用户对象群及数量、业务特征等；然后确定覆盖目标，对 WLAN 覆盖现场进行勘查，获得现场环境参数等。

在设计阶段，首先确定 WLAN 网络的覆盖方式，即采用室内覆盖还是室外覆盖等；然后根据现场环境参数进行链路预算，在此基础上初步确定 AP 点位及数量，根据确定的 AP 点位及数量进行合理频率规划，规避频率干扰，力求将干扰降到最小；最后根据用户需求进行速率、容量规划。图 7-1 所示为对某高校图书馆进行现场勘查后设计的 AP 点位分布图。

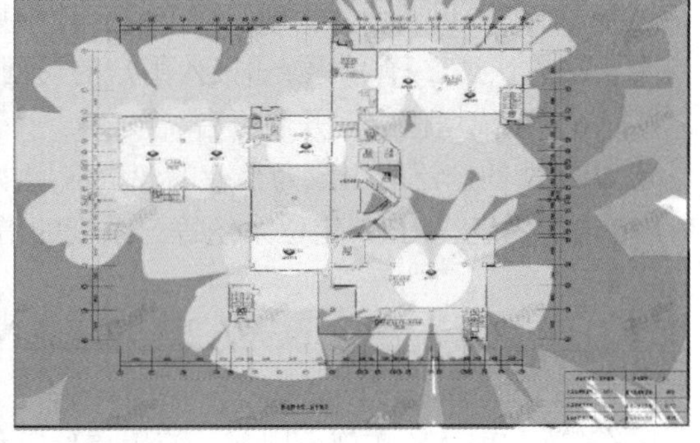

图 7-1　某高校图书馆应用场景无线局域 AP 点位分布图

在无线局域网建成之后，要进行实际的测试，做相应的优化调整，使网络性能达到最优。无线局域网像有线网络一样，在实际运行中需要管理和维护人员进行管理维护，以保证网络的正常可靠使用。

知识技能目标

通过对本模块的学习，读者应达到如下要求：

- 了解 WLAN 现场工勘方法。
- 掌握 WLAN 覆盖设计的内容及方法。
- 掌握 WLAN 规划设计的内容及方法。
- 能够进行 WLAN 的性能测试、流量测试、覆盖测试。
- 能够进行 WLAN 现场工勘工作。

7.1 WLAN 设计目标

由于人们需要实现移动办公，即可以通过笔记本电脑方便地接入 Internet，因此 WLAN 需要拥有传统有线网络所不能比拟的扩容性和移动性。WLAN 的建设目标如下：

（1）随时随地的网络接入。

随着信息化的高速发展，无线产品的成本不断降低，性能不断提高，企业内无线上网用户将会越来越多，对网络的需求也会越来越大。建成 WLAN 后，用户可以实现随时随地的网络接入，享受 WLAN 带来的便捷服务。

（2）提高办公自动化效率。

现在拥有笔记本电脑的企业职工越来越多，并呈现出持续增长的趋势。无线办公可以真正发挥出笔记本电脑便利的优势，人们打开电脑通过认证即可接入网络，可以在企业内的任何地方进行办公，大大提高办公的效率与便利性。

（3）提高网络安全性。

企业用户自建的 WLAN 可以对无线网络入侵和威胁作出有效的反映和防护，可以对用户上网行为进行审计，提高了网络的安全性与可控性。

（4）有线网与无线网高度融合。

企业 WLAN 建设将考虑与现有有线网络、认证系统、业务系统的融合，使得 WLAN 有效地融合进有线网络，充分利用有线网络现有的各种资源。

（5）易管理的无线网络。

可以充分发挥集中管理功能，对全网无线 AP 的行为和用户信息进行统一监控和管理，在 WLC 上就可以开通、管理、维护所有处于接入层的 AP 设备，包括无线电波频谱、无线安全、接入认证、移动漫游和接入用户的访问策略。

（6）无线增值应用开展平台。

WLAN 的广泛应用已为企业的业务应用搭建了一个方便的平台，可以在此基础上开展 Wi-Fi 语音系统、RFID 定位系统等一系列的增值应用服务。

7.2 WLAN 现场工勘

在签订 WLAN 实施合同前，施工单位工程师和企业用户都不能明确地知道 WLAN 设备采购数量，只有在对覆盖地点进行勘测和指标计算后，才能准确确定设备型号数量及设备具体安装位置，为设备供应商报价和产品采购提供依据，为技术人员设计合理的网络结构和技术方案提供依据，也为工程实施提供依据。

7.2.1 WLAN 工勘的准备工作

在 WLAN 的设计中，进行无线环境的勘查是非常重要的环节，其中有两个关键的影响因素：现有网络状况、用户数量。

1. 了解现有网络

了解现有网络的目的是绘制出一张精确的关于当前网络环境的拓扑结构图，这类信息对以后确定新设计网络与现有网络的整合方式非常有用。需要对以下问题做出准确的评估，以校正或消除 WLAN 设计中的潜在风险：①为什么考虑部署无线解决方案？②是否能够清晰地定义无线网络的要求？③是否能够制定既节约网络成本，又提高工作效率及用户满意度的部署方案？④有多少用户需要移动性、他们需要利用移动性来做什么？⑤哪些用户应用需要在 WLAN 上运行？⑥列出用户所需要的应用以决定最低的带宽需求并确定 WLAN

的候选方案等。

2. 了解用户数量及应用类型

在所给区域中定位有多少用户的目的主要是为计算每一用户将拥有多少吞吐量，这个信息也用于决定使用哪种技术。一个典型 6M 带宽的 802.11b 无线频道可以支持 30 个以上的用户。对于某些特别重要的应用或用户，可以考虑配置带流量优先级管理功能的 AP，也可以选配具有同类功能的第三方厂商的独立产品，但成本要高一些。

除了要确定用户的数量外，分析用户应用也很重要。通过分析用户的行为主要是上网浏览、收发 E-mail 等文件传输，还是传送流媒体等，才能较正确地计算吞吐量及数据速率。

此外，还要确定用户是固定的还是移动的，是否包括漫游。作为移动用户跨 IP 域移动，还需要考虑使用动态 IP。

3. 现场工勘的准备工作

WLAN 工勘分为室内工勘和室外工勘，这里只涉及室内工勘。进行室内工勘所采取的方式有以下 3 种：

（1）客户告知：优点是能够获得用户需求及细致信息，缺点是获取信息不完整。

（2）基建图纸：优点是内容详尽，缺点是获取信息复杂。

（3）亲身勘测：优点是能够获得第一手信息、重点明确，缺点是获取信息时间长。

这 3 种方式并不是孤立的，需要有机结合使用。

进行室内工勘需要做如下准备：

（1）至少 2 名工作人员。

（2）1 台 WLC（带 PoE 供电）、1 个或 2 个 AP、1 条 20～30 米长的网线。

（3）1 台内置天线灵敏度高的无线网卡、重量较轻的笔记本电脑，用于检测不知名 AP，测试 AP 信号范围。

（4）1 台不低于 800 万像素的数码相机，用于清楚地记录建筑物的物理结构。

某典型办公环境如图 7-2 所示，面积 36m×36m，基本上属于半开放空间。办公区域部分由玻璃墙阻隔，另有会议室、演示厅、休息室、隔离办公室等覆盖目标地区；休息室至办公区入口处有两堵水泥墙，其他区域用木板墙作隔离。

图 7-2 某办公环境

（5）获取场地的平面图，可要求业主提供，也可以自己采用 CAD 等软件进行绘制，将 AP 的预设位置标注在平面图上，以便现场工勘的时候使用。

（6）准备 WLAN 性能测试工具。

1）可以使用无线网卡自带管理软件的信号质量测试功能测试信号效果，如图 7-3 所示。

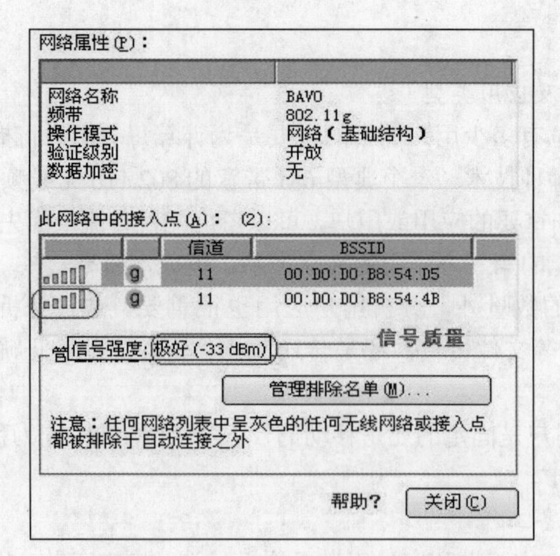

图 7-3 使用网卡软件测试信号效果

2）使用专业的 WLAN 信号测试软件，如 Network Stumbler 软件，搜索低质量 AP 或进行覆盖效果测试，如图 7-4 所示。

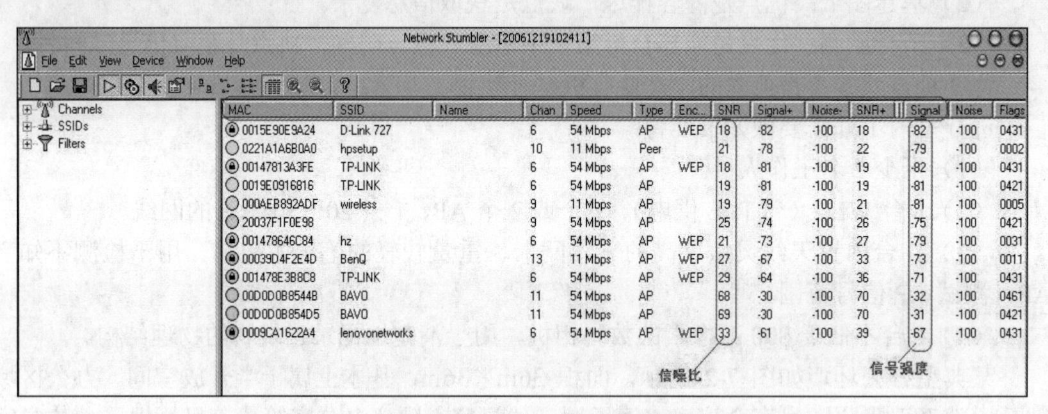

图 7-4 使用 Network Stumbler 信号测试效果

3）WLAN 流量测试软件，如 NetIQ Chariot，测试实例如图 7-5 所示。

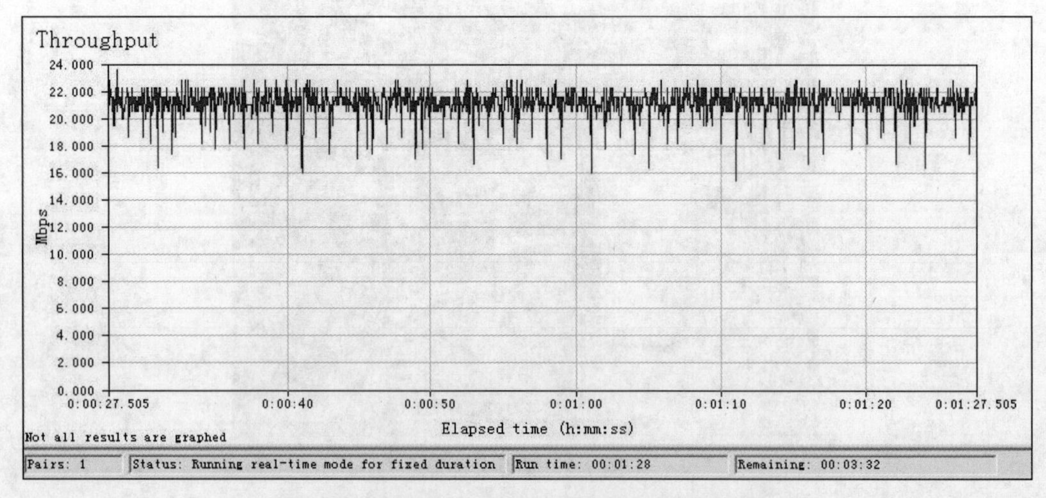

图 7-5 使用 NetIQ Chariot 测试网络吞吐量效果

7.2.2 WLAN 工勘需要记录的信息

考虑到周围环境中各种物体对无线电波传输、接收数据的能力及传输速率都会产生影响，在工勘时需要记录每一层的结构、房间数量、门的材料、窗户数量、走线方式、配线间位置、到 AP 部署点的距离、每个房间的职能等。建筑物材质对无线电波衰减的影响程度如表 7-1 所示。

表 7-1　建筑物材质对无线电波衰减的影响程度

物体	损耗/dB
石膏板墙	3
金属框玻璃墙	6
煤渣砖墙	4
办公室窗户	3
金属门	6
砖墙	12.4

7.2.3　WLAN 工勘的具体过程

至少两名工勘人员到达现场后，将 WLC 放置在易于取电的位置，然后一人负责 AP 的摆位及固定，另一人负责用笔记本电脑读取信号强度值，测量最大的覆盖范围，如图 7-6 所示。AP 摆放的位置需要结合之前在平面图上规划的 AP 预设位置，以验证实际信号覆盖效果。

图 7-6　工勘过程示意

1. AP 的摆位

与用户协商 AP 的安装位置，一般有几种：置于天花板内、置于天花板外和垂直挂墙，如锐捷 MP-71 采用挂墙安装，MP-422A 采用吸顶安装。若将 AP 放在天花板内，天线应尽量伸出。AP 应尽量摆放于将来安装的位置，当 AP 实在不能摆放在天花板内或高处时，可用手举高或摆放在同一垂直位置的其他高度。如果使用 AP 内置天线，则天线的角度需要与地面垂直，通过固定件安装在天花板上，如图 7-7 所示。

图 7-7　AP 安装在天花板上

若 AP 外接天线，则 AP 放在天花板内，将吸顶天线安装在天花板上，如图 7-8 所示。AP 壁挂式安装如图 7-9 所示。

图 7-8 吸顶天线安装

图 7-9 AP 壁挂式安装

2. 信号查看方法

（1）使用 Network Stumbler 软件，查看具体的 S/R 值，如图 7-10 所示。建议信号以（-75±5）dBm 为标准边界。

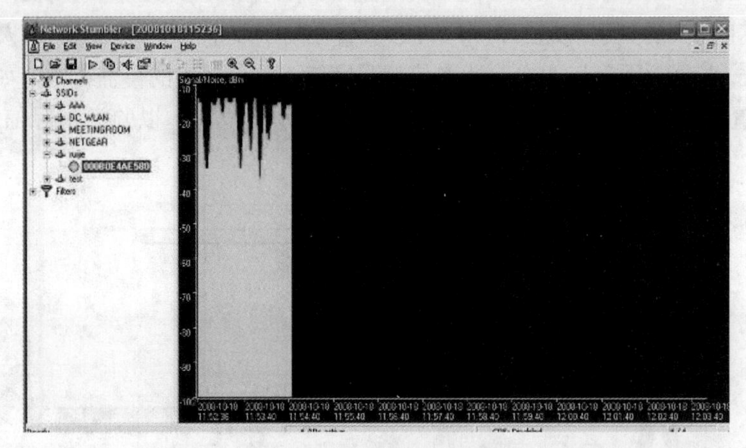

图 7-10 使用 Network Stumble 软件查看 S/R 值

（2）单击 Windows 系统任务栏的无线小图标，如图 7-11 所示。建议信号强度以达到 2 格或以上为标准。注意，由于不同笔记本电脑的无线网卡性能或者网卡驱动存在差异，可能造成信号强度显示不准确，所以此方法只能作为参考。

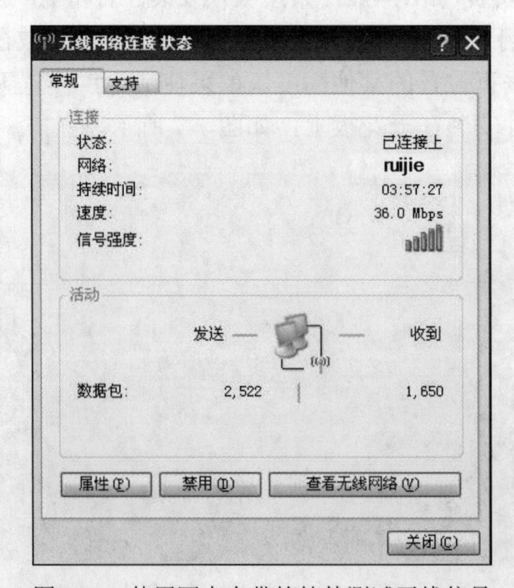

图 7-11 使用网卡自带的软件测试无线信号

7.3　WLAN 覆盖设计

7.3.1　覆盖设计原则

WLAN 覆盖设计应遵循以下原则：

（1）WLAN 系统应做到结构简单，实施容易，不影响目标建筑物原有的结构和装修。

（2）目标覆盖区域内应避免与室外信号之间存在过多的切换和干扰，避免对室外 AP 布局造成过多的调整。

（3）考虑同一楼层内的接入用户数，不同楼层分别规划，建议单 AP 的并发用户数不超过 25，最大附着用户数不超过 64。

（4）同一楼层 AP 间的射频干扰不同于楼层间 AP 的射频干扰。

（5）综合考虑设备的布点及数量。

（6）系统拓扑结构应易于拓展与组合，便于后续改造引入业务、增加 AP 等。

（7）室内分布系统 AP 供电宜采用本地供电方式。

7.3.2　WLAN 拓扑结构选择

基于建筑图纸、墙体结构基础以及是否共享 DS 等情况设计系统的拓扑、路由等，绘制楼层交换机至 AP 的网络拓扑图，如图 7-12 所示。网络拓扑图需要描述交换机的放置位置，标注交换机之间的网线距离，明确哪一台是汇聚交换机。如果汇聚交换机在几台以内，原则上无须单独部署，选取其中一台作为汇聚出口即可。

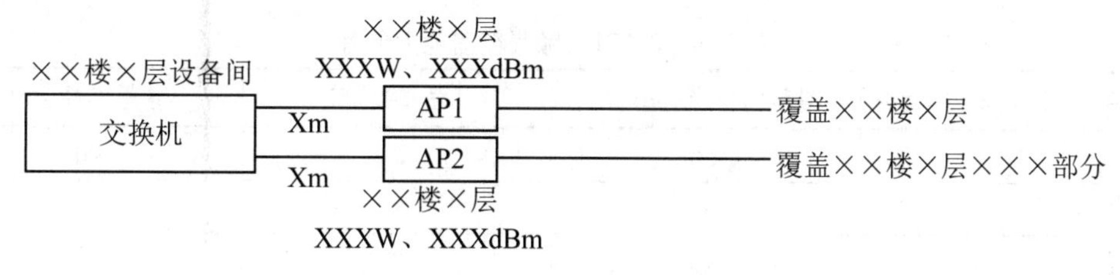

图 7-12　楼层交换机至 AP 的网络拓扑图

7.3.3　频率规划

WLAN 2.4GHz 频率资源有限，为避免同频或邻频干扰，需要采取空间交错分配信道，两个信道的中心频率间隔不能低于 25MHz，可增加网络容量。频率规划应做到同频覆盖重叠最小化原则：同楼层各 AP 的信道交错分开；相邻楼层上下相同区域的 AP 信道交错分开；按 1、6、11、1、6、11 信道固定顺序交错排布；增加同频 AP 的物理距离。5.8GHz 频段的信道采用 20MHz 间隔的非重叠信道，采用 149、153、157、164、165 信道。2.4GHz 频率规划实例如表 7-2 所示。

表 7-2　2.4GHz 频率规划实例

楼层号	一层楼 1 个 AP 信道规划	一层楼 2 个 AP 信道规划		一层楼 3 个 AP 信道规划			一层楼 4 个 AP 信道规划			
7	1	1	6	1	6	11	1	6	11	1
6	11	11	1	11	1	6	11	1	6	11
5	6	6	11	6	11	1	6	11	1	6
4	1	1	6	1	6	11	1	6	11	1

续表

楼层号	一层楼 1 个 AP 信道规划	一层楼 2 个 AP 信道规划		一层楼 3 个 AP 信道规划			一层楼 4 个 AP 信道规划			
3	11	11	1	11	1	6	11	1	6	11
2	6	6	11	6	11	1	6	11	1	6
1	1	1	6	1	6	11	1	6	11	1

7.3.4 覆盖规划

结合工勘和建筑图纸，明确 WLAN 建网的主要覆盖区域（用户集中上网区域）和次要覆盖区域（非上网需求区域）。重点针对用户集中上网区域进行覆盖规划，非上网需求区域不作重点覆盖。

（1）主要覆盖区域：如宿舍房间、图书室、教室、酒店房间、大堂、会议室、办公室、展厅等人员集中的场所。

（2）次要覆盖区域：如卫生间、楼梯、电梯、过道等区域。

覆盖规划有两种方式：单点覆盖和交叉覆盖。对于本模块"情景描述"中的需求这两种方法都可以采用。

1. 单点覆盖

若采用 2.4GHz 频段，AP 在没有遮挡的条件下有很好的覆盖能力；当仅穿越一堵墙（20dB 衰减）时有较好的覆盖范围；当穿越两堵墙时，覆盖能力不理想。2.4GHz 频段覆盖能力参考如表 7-3 所示。

表 7-3 2.4GHz 频段覆盖能力参考

AP 发送功率/dBm	覆盖目标场强/dBm	墙体数量	覆盖半径 / m
20	-60	0	90
20	-60	1	10
20	-70	2	3

若采用 5.8GHz 频段，在穿越一堵墙时其覆盖半径受限，在空旷空间有较好的覆盖能力。5.8GHz 频段覆盖能力参考如表 7-4 所示。

表 7-4 5.8GHz 频段覆盖能力参考

AP 发送功率/dBm	覆盖目标场强/dBm	墙体数量	覆盖半径/m
20	-60	0	40
20	-60	1	13
20	-70	1	4

如图 7-13 所示，在集中办公区内有一室内 AP，对主要办公区域进行覆盖，覆盖效果如图中粗虚线勾勒。对 A～H 各测试点进行接入测试，E、F 两处无法接入（水泥墙侧），大堂休息厅无法覆盖。

2. 交叉覆盖

当容量需求较高并要求全面覆盖该楼层办公区时，可以在图 7-14 所示的位置处放置 3 台 AP，每台 AP 的覆盖范围见图中相应不同粗细虚线的勾勒。此方案采用交叉覆盖，使用 3 台 AP 辅助室内分布系统，实现了整个空间的全面覆盖，并同时满足了办公区域有较多用户数目的容量需求。对同一空间中的多个 AP 信号需要合理设置信道，本例中的 3 个

AP 分别采用相隔 25MHz 的 1、6、11 信道，满足了信道隔离度要求，保证了空间内的信号质量。

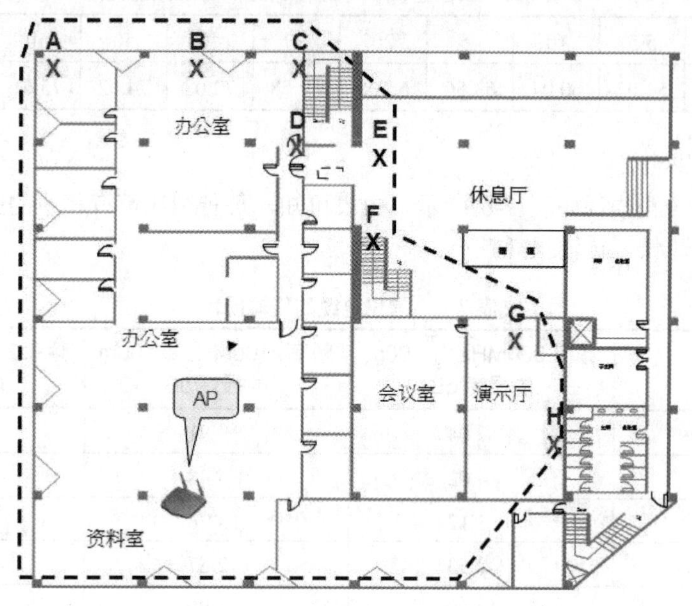

图 7-13　单点覆盖示例

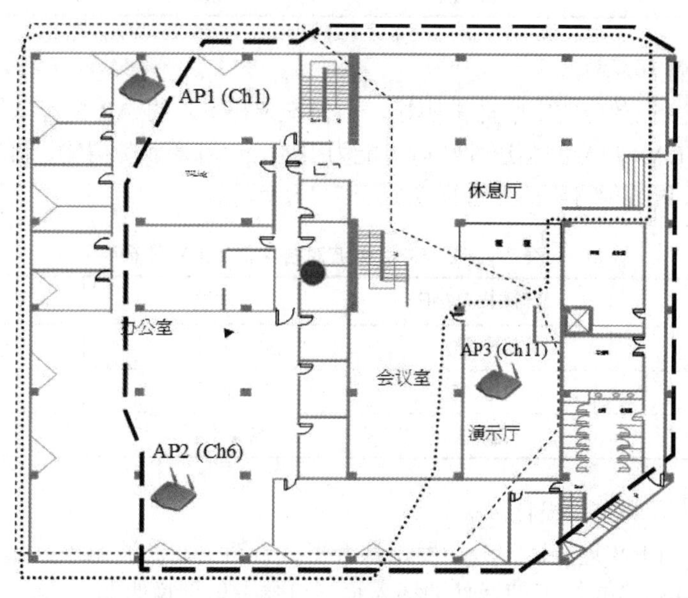

图 7-14　交叉覆盖示例

7.3.5　链路预算

WLAN 链路预算一般经过以下步骤：

（1）确定边缘场强。

边缘场强结合接收灵敏度和边缘带宽需求确定，一般选择-75dBm 以上。

（2）确定空间传播损耗。

室内信号模型符合自由空间损耗模型，具体公式如下：

$20\log f + 20\log d - 28$　　（f：MHz；d：m）

$20\log f + 20\log d + 32.4$　　（f：MHz；d：km）

$20\log f + 20\log d + 92.4$　　（f：GHz；d：km）

自由空间中电波传输距离与衰减的关系如表 7-5 所示。

表 7-5　自由空间中电波传输距离与衰减的关系

传播距离/m	5.5	10	15	20	30	40	50	60	200	300
衰减/dBm	54.02	60.04	63.56	66.06	69.58	72.08	74.02	75.61	86.06	89.58

（3）电缆损耗。

常见电缆的传输损耗如表 7-6 所示。由表可知，每种馈线都有相应的频段范围，馈线线径越大，频段越低，传输损耗越小。

表 7-6　常见电缆的传输损耗

名称	频率 900MHz 每 100m 的损耗/dB	频率 2100MHz 每 100m 的损耗/dB	频率 2400MHz 每 100m 的损耗/dB
1/2 馈线	7.04	9.91	12.50
7/8 馈线	4.02	5.48	6.80
5/4 馈线	3.12	3.76	3.76
13/8 馈线	2.53	2.87	2.87
8D 馈线	14.00	>23.00	>26.00
10D 馈线	11.10	>18.00	>21.00

（4）墙体等阻隔损耗。

室内环境中多径效应的影响非常明显，会使安装在室内的 AP 的有效覆盖范围受到很大限制。由于 WLAN 信号的穿透性和衍射能力很差，一旦遇到障碍物，信号强度会严重衰减。2.4GHz 微波对各种材质的穿透损耗如表 7-7 所示。

表 7-7　2.4GHz 微波对各种材质的穿透损耗

材质	穿透损耗/dB	材质	穿透损耗/dB
8mm 木板	1～1.8	250mm 水泥墙	15～28
38mm 木板	1.5～3	砖墙	5～8
12mm 玻璃	2～3	混泥土楼板	>30

（5）器件损耗和接头损耗。

射频器件（如电缆连接器、分功器、耦合器、合路器、滤波器等）都会有一定的插入损耗，一般为 0.1～0.2dB，无源器件的插入损耗可参考器件说明书。

（6）功率预算与损耗。

工程应用必须考虑功率预算：AP 的发送功率+发送天线的增益−路径损耗+接收天线的增益>边缘场强。这些参数需要在工勘和工程设计方案中考虑，并计算覆盖距离。

1）AP 的发送功率：由 AP 自身决定。

2）发送天线的增益：由发送天线参数决定。

3）路径损耗：需要在工勘中核实，包括空间损耗、电缆、阻隔等。

4）接收天线的增益：无法确定每个终端的接收天线增益，一般为 2～3dBi。

5）边缘场强：边缘场强的选取可参考接收灵敏度。一般 WLAN 设备在接收方向会内置低噪声放大器，可提升 10～15dB 的接收增益，用于提高接收灵敏度，因此设备的实际接收灵敏度往往优于标准要求。

7.3.6 容量规划

由于 WLAN 系统总带宽需求=用户总数×并发率×单用户带宽需求，AP 数量=总带宽需求/每 AP 实际带宽，因此对 AP 容量（密度）的规划需要从覆盖范围、负载能力、用户使用 WLAN 的目的等几方面考虑。

WLAN 容量体现在带宽上，以 802.11g 为例，每 AP 的空口速率为 54Mb/s，去除损耗，每 AP 大约为 20Mb/s。对于一层宿舍楼，有 20 间宿舍，每间 5 人有上网需求，每用户上网带宽为 2Mb/s；用户同时上网并发率按 30%计算，该楼层应布放 3 个 AP（AP 数量=20×5×2×30%/20Mb/s=3）。网络容易受到在线用户数量的影响，一个 AP 实际带的用户数量不建议超过 30 个；如果覆盖区域用户过多，应增加 AP 数量才能保证用户顺利访问网络。

7.3.7 WLAN 覆盖设计举例

某宿舍楼 7 层，每层 20 个房间（50m×13m），各房间住 6 个用户，每个用户上网带宽 2Mb/s，按 30%并发率规划 WLAN 网络。

1. 确定带宽需求

每层总带宽需求=20×6×2×0.3=72Mb/s；每层需要安装 AP 数量=72/20=3.6 个。

2. 确定设备数量

每层需要布放 4 个 AP，7 层共需要 28 个 AP；汇聚设备可采用 24 口 PoE 交换机组网，并完成 PoE 供电；WLC 与核心交换机连接。

3. 确定覆盖区域

宿舍是需要重点覆盖的区域，厕所、水房不做重点覆盖。

4. 确定 AP 位置

根据覆盖需求确定 AP 位置。AP 放置在楼道顶部，使信号覆盖每个房间只穿越一堵墙；AP 间距 8.5m；为保证覆盖效果，不针对厕所、水房覆盖。

5. 确定信道分布

信道分布采用同频干扰最小原则，3 个 AP 分别采用相隔 25MHz 的 1、6、11 信道。

7.4 WLAN 网络规划

WLAN 网络规划是指根据客户的需求以及应用的背景和环境制定可行的规划，使用户规避一些可能会产生的风险，主要涉及以下几个方面：

（1）组网规划。

现在集中管理带来的便捷性越来越被用户所接受，而起集中管理作用的设备是 WLC。WLC 与 AP 的组网模式有 3 种：直连模式、分布式二层模式和分布式三层模式。

（2）VLAN 规划。

VLAN 规划是指针对不同无线用户的应用，划分多个 VLAN 隔离广播域，制定不同的安全策略和优先级别，对无线用户的分组统一管理，以保证维护过程的灵活性。无线用户若采用 DHCP 服务器分配 IP 地址，建议不使用 WLC 上的 DHCP。值得注意的是，无线用户所在的 VLAN 段是由 WLC 而非接入层交换机决定的，AP 所用的 VLAN 依附在接入交换机上。

（3）SSID 规划。

不同的应用原则上使用不同的 SSID，不同的 SSID 也对应不同的 VLAN。出于安全考虑，需要将 SSID 进行隐藏或加密，SSID 的命名尽量让人不容易猜出实际的应用，对外广播的 SSID 尽量简单明了。

（4）认证规划。

为了提高 WLAN 使用的安全性，WLAN 支持主流和多种形式的无线接入认证方式，包括 Web 认证方式、MAC 认证方式和基于 RADIUS 的 802.1x 认证。Web 认证的好处是大大减少了网管人员的工作量，对于无线用户来说，打开 IE 浏览器，输入网址便会弹出认证页面，输入正确的用户名和密码即可通过认证。对于没有 IE 浏览器或者不支持 802.1x 的无线客户端，只能使用 MAC 认证方式，如智能手机。并且 MAC 认证对于无线用户来讲是完全没有感知的，只需要将设备的 MAC 地址输入到认证数据库中，WLC 就会对无线设备的 MAC 地址进行判别。企业的高级用户一般使用 802.1x 认证方式，因为其具有很高的安全性。

7.5 课后作业

一、选择题

1. 进行 WLAN 网络 Ping 测试时，笔记本电脑通过无线网卡 Ping 本地网关，要求 Ping 包的丢包率不大于（ ）。

A．1%　　B．2%　　C．3%　　D．4%

2. 在 2.4GHz WLAN 中，当多个 AP 使用多个信道同时工作时，为保证信道之间不相互干扰，要求使用的信道的中心频率间隔不能低于（ ）。

A．15MHz　　B．22MHz　　C．25MHz　　D．35MHz

3. 以下软件可用于现场扫描测试无线网络的信号强度的有（ ）。

A．NetStumble　　B．Intel ProSet

C．Cisco Packet Tracer　　D．IxChariot

4. STA 可以搜索到 WLAN 信号但关联不上 AP，有可能是（ ）原因造成的。

A．AP 距离过远或障碍物过多，信号强度低于无线网卡接收灵敏度

B．周围环境中存在强干扰源

C．关联到该 AP 的用户过多

D．以上都是

5. 使用 Network Stumble 软件查看无线信号时，信号强度在（ ）以上可认为此信号较好。

A．-25dBm　　B．-50dBm　　C．-75dBm　　D．-100dBm

6. 传输性能测试包括吞吐量、延时、抖动、丢包等测试，是 WLAN 验收的重要指标。以下软件可用于传输性能测试的是（ ）。

A．NetStumble　　B．Intel ProSet

C．Cisco Packet Tracer　　D．IxChariot

二、简答题

1. WLAN 工程勘察包括哪些内容？

2. 某职业院校在校学生人数为 3000 人，笔记本电脑用户 1500 人，并发比例按 30%～50%计算，每个用户的带宽为 512Kb/s。计算该校的 WLAN 容量及 AP 数量（写出计算公式）。

三、综合题

1. 为保证信道之间不相互干扰，2.4GHz 频段要求两个信道的中心频率间隔不能低于 25MHz，推荐 1、6、11 这 3 个信道交错使用，设计图 7-15 所示的 2.4GHz 蜂窝的信道规划。

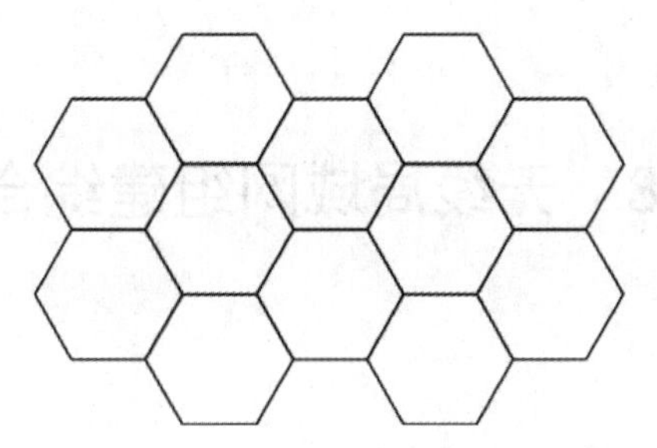

图 7-15　2.4GHz 蜂窝的信道规划

绘制基本轮廓

2．某城区供电局，楼高六层，楼中间有楼道，办公室分布在楼道两边，每层楼有 10～20 个房间，一楼有一个大型会议室。现决定在该楼内以全覆盖方式部署 WLAN，请从容量、覆盖的角度给出解决方案和设备选型。

绘制门窗和信息点位

四、实践题

绘制具体细节

蓝天学院分院决定租赁某综合办公楼用于临时办公和教学，需要对该楼进行信息化改造。考虑到是短期租用，信息部建议通过部署 WLAN 来实现网络接入，并委托海天网络公司负责 WLAN 的部署。

绘制遮挡物

海天网络公司的地勘工程师小王经前期电话沟通，已了解学院负责人并没有该建筑的任何图纸。经预约，小王在约定时间携带激光测距仪、笔、纸、卷尺等设备到达了现场，记录相关数据并绘制了草图，如图 7-16 所示。学院负责人经沟通后提出本项目的具体需求是：重点覆盖教师办公区域，兼顾覆盖多功能报告厅、大教室和实训室，项目投资预算为 10 万元。

AP 选型与价格估算

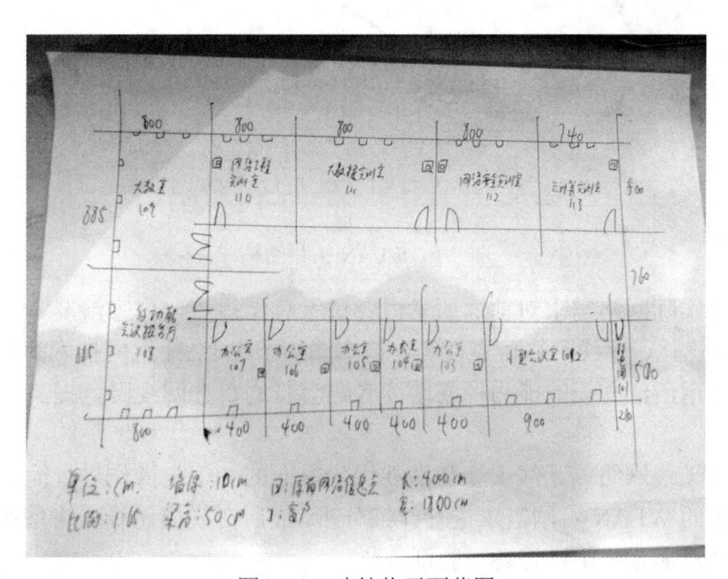

AP 点位放置和输出热图

放置 AP 与命名

图 7-16　建筑物平面草图

线路规划及线路绘制

为了顺利完成本项目，小王对无线工勘工作进行了任务分解：

（1）根据草图绘制电子图，便于后期在工勘系统上进行 AP 点位的规划和放置。

（2）在项目预算经费内完成网络设备（WLC、AP、PoE 交换机）的选型。

绘制 AP 安装规范图

（3）在锐捷无线地勘系统上进行 AP 点位的规划和放置。

（4）设计布线路由，绘制布线路由图。

（5）设计 AP 安装规范图（立面图）。

绘制机柜安装示意图

（6）绘制机柜安装示意图，以具体体现设备在机柜中的安装位置。

（7）统计物料清单，预估在实际工程中会用到多少物料，如 PVC 线槽、网线、水晶头等。

计算系统集成物料清单

模块 8　无线局域网组建综合实战

学习情景

通过对前面几个模块的学习，我们对无线局域网的基本知识已经有了深入的理解，知道集中式无线网络架构的无线网络产品（如思科、锐捷等厂商的无线产品）可提供强大的处理能力和多业务扩展，部署在二层或三层网络结构中，无需改动网络架构，并能提供无缝的无线网络安全控制，如图 8-1 所示。

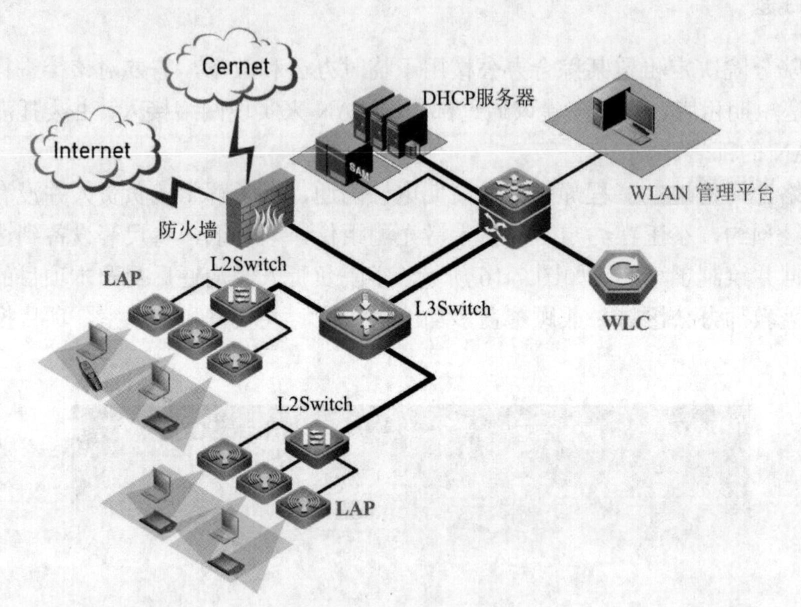

图 8-1　WLAN 拓扑结构

本模块结合实际网络需求对前面所学内容进行总结提炼，内容涉及 WLC、AP、无线安全、无线性能优化、无线网络可靠性等，基本涵盖了 WLAN 组网技术的核心内容，旨在提高读者综合运用所学知识的能力，帮助读者融会贯通、开阔视野，提高解决实际问题的能力。

本模块先对无线网络、无线安全和性能优化方面的知识与操作进行简单回顾，然后对实际工程案例中的 WLAN 组网需求进行详细分析，最后在锐捷无线网络系列产品设备上完成相关配置，并对配置结果进行逐一验证。

知识技能目标

通过对本模块的学习，读者应达到以下要求：

- 掌握 LAP+WLC 无线网络架构。
- 掌握集中式无线网络架构中的数据转发模式。
- 掌握提高无线网络安全性的加密算法与认证方法。
- 掌握无线局域网性能优化的方法。
- 掌握增强无线局域网可靠运行的方法。
- 能够在实际工程环境中部署、调试无线网络设备。

8.1　无线局域网核心内容描述

8.1.1　无线局域网架构

无线网络架构一般由 WLC 和 AP 组成，AP 分为 LAP 和自主式 AP。

（1）WLC 在集中式无线网络架构中扮演着对所有 LAP 进行管理的角色，可以实现安全认证、报文转发、QoS、漫游等功能。

（2）LAP 在集中式架构的 WLAN 中提供接入服务，通常分布在无线网络服务区的多个地方，用于覆盖该服务区，提供无线服务。

（3）自主式 AP 是控制和管理无线客户端的无线设备，帧在无线客户端和 LAN 之间传输需要经过无线到有线以及有线到无线的转换，自主式 AP 在这个过程中起到了桥梁的作用。

8.1.2　无线局域网安全

无线局域网常见的安全防护技术包括隐藏 SSID、MAC 地址绑定、共享密钥认证、WEP 加密、WPA/WPA2 加密等。

（1）隐藏 SSID 即 AP 不对外广播 SSID，加大了攻击者对 WLAN 信号的探测难度。

（2）MAC 地址绑定是通过登记客户端的 MAC 地址来过滤客户端，只允许登记了 MAC 地址的客户端接入。

（3）共享密钥认证是除开放系统认证以外的一种链路认证机制，这种认证需要无线客户端和 AP 配置相同的共享密钥。

（4）WEP 加密是对两台设备间无线传输的数据进行加密的方式，用以防止非法用户窃听或侵入无线网络。

（5）WPA/WPA2 是一种基于标准的、可互操作的 WLAN 安全性解决方案，克服了 WEP 的弱点，大大加强了无线局域网的数据安全性保护和访问控制能力，其配置主要包括启用认证方式、指定加密方式、指定认证方法和设置密钥 4 个步骤。

8.1.3　无线局域网性能优化

无线局域网性能优化举例如图 8-2 所示，优化方法有两种：设计部署优化和产品配置优化。设计部署优化一般涉及变更施工方案、增减设备、调整天线等工程动作，需要较大的工作量、较高的成本和更长的优化时间。产品配置优化一般通过信道规划调整、速率集设置、调整 Beacon 收发的时间间隔、开启产品特定功能等方式实现网络性能的提升。本模块只讨论产品配置优化，通过网络优化可以达到以下 4 个方面的效果：

（1）更大的网络容量：主要措施是集中转发与本地转发；AP 接入用户数量、地址池的优化。

（2）更快的传输速率：主要措施是调整射频类型、关闭低速率集、Short GI 调整。

（3）更安全稳定的网络：主要措施是用户隔离、黑白名单、无线智能感知、广播报文限速、DHCP Snooping、ARP 动态检测。

（4）更好的用户体验：主要措施是无线调度、信道和功率调整、禁止远端用户接入、5G 优先等。

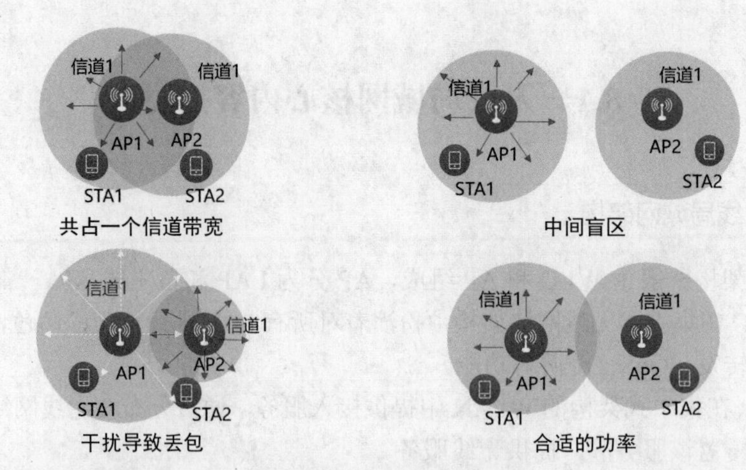

图 8-2 无线性能优化举例

8.1.4 无线网络可靠性

如图 8-3 所示，在无线局域网中通常使用 WLC 热备功能和负载均衡技术来提高网络的可靠性。

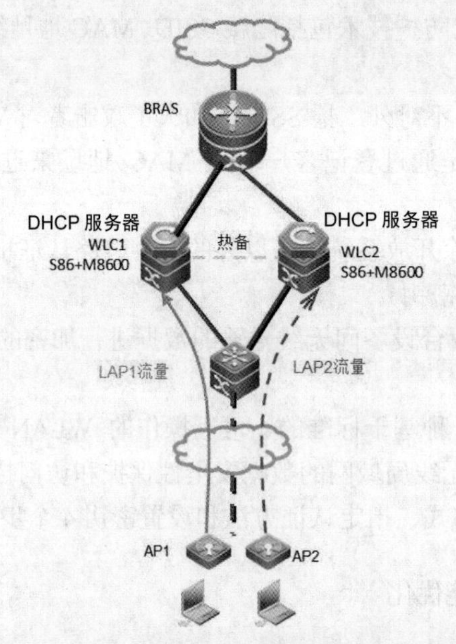

图 8-3 无线网络中热备功能和负载均衡的部署

（1）WLC 热备。WLC 热备功能指在 WLC 发生不可达或故障时，为 WLC 与 LAP 之间的 CAPWAP 隧道提供毫秒级的切换能力，确保已关联用户业务在最大程度上不间断，适用于对无线网络稳定性和防灾能力要求高的场合。

（2）负载均衡。由于无线用户都是随机的，因此有可能出现某台 LAP 负载较重，网络利用率较差的情况。通过将同一区域的 LAP 都规划到同一个负载均衡组中，协同控制无线用户的接入来实现流量分担。

8.1.5 自主式 AP 构建无线局域网

如果无线网络中的 AP 数量较少，不需要花费太多的时间和精力去管理和配置 AP，此时自主式 AP 工作模式就类似于一台二层交换机，担任有线和无线数据转换的角色。

自主式 AP 的配置包括工作模式、VLAN 及 IP 地址、上连接口 802.1Q、WLAN 配置和天线配置等。其中，AP 的工作模式有自主式 AP 和 LAP 两种，可以相互切换；AP 上可配置的 VLAN 有业务 VLAN 和管理 VLAN；在自主式 AP 中需要创建管理接口的 SVI 接口，也就是 BVI 接口，并为其配置 IP 地址，该接口起到了桥接无线和有线数据转换的作用。WLAN 配置主要用来创建 WLAN 和广播 SSID，一个 WLAN 和一个 SSID 相对应，同时还要与射频空口建立关联，指定 dot11radio 子接口的 VLAN ID 属性，自主式 AP 才能正常转发数据，相应地在以太网接口和子接口上封装 VLAN，以太网接口才能正常转发数据。

8.2　无线局域网综合实战项目介绍

无线局域网综合实战项目介绍

为符合当下移动教学的发展趋势，促进校园信息化建设，需要规划和部署移动互联无线网络。同时，为保证师生间能利用安全、可靠的无线网络访问互联网，有良好的上网体验，我们还需要进行无线网络安全及性能优化配置，具体需求如下：

（1）无线网络基础部署。要求无线客户端和 AP 的 DHCP 服务器部署在 WLC 上，采用集中转发方式；为了便于统一管理，整个校园网内使用相同的 SSID 但提供不同的接入服务。

（2）网络冗余机制。WLC 采用主备工作方式，确保覆盖同一区域内的 AP 工作在负载均衡方式，实现无线网络的无缝切换和流量的合理分担，从而提高网络的可靠性和通信效率。

（3）自主式 AP 部署。由于后勤部门员工较少，因此该部门的无线网络覆盖使用自主式 AP，以接入方式进行部署，SSID 规划为 Supply。

（4）无线安全部署。为了提高校园网的无线上网安全性，结合各部门实际情况采取用户隔离、动态 ARP 防护、MAC 地址绑定、隐藏 SSID、WEP 和 WPA2 等多种安全技术措施。

（5）无线网络优化。为了提高无线网络性能，主要采用产品配置优化方法，通过调整信道、禁用低速率、智能感知、最大带点数、时间调度、最小接入信号强度限制等来实现网络性能的提升。

根据项目需求，设计如图 8-4 所示的网络拓扑结构，并对 VLAN、IP 地址、网关、DHCP 服务地址池、SSID 等进行规划。

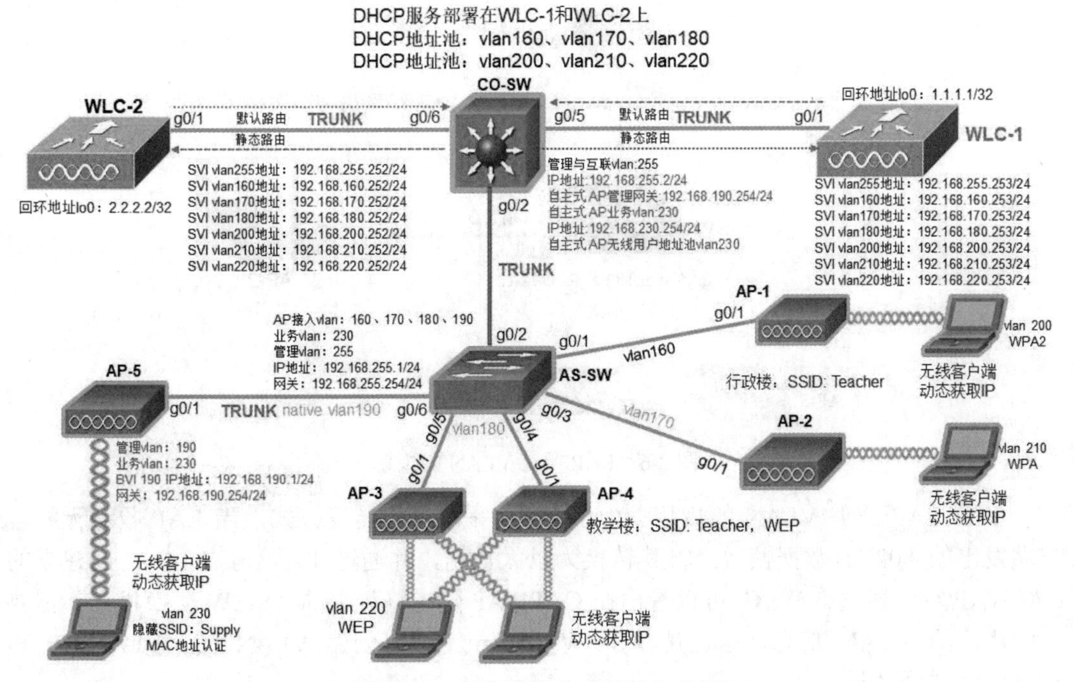

图 8-4　WLAN 综合实战网络拓扑图

8.2.1 有线网络规划

根据网络拓扑图，AS-SW 交换机上接入了 5 台 AP，其中 AP-5 为自主式 AP，其余为 LAP。

1. 接入层交换机上的网络规划

接入层交换机上网络规划

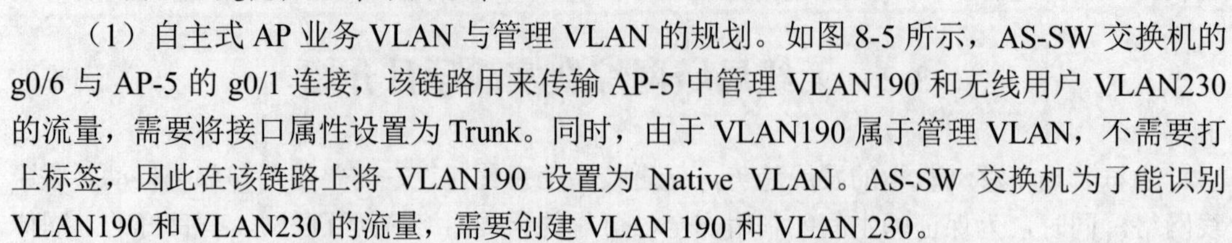

（1）自主式 AP 业务 VLAN 与管理 VLAN 的规划。如图 8-5 所示，AS-SW 交换机的 g0/6 与 AP-5 的 g0/1 连接，该链路用来传输 AP-5 中管理 VLAN190 和无线用户 VLAN230 的流量，需要将接口属性设置为 Trunk。同时，由于 VLAN190 属于管理 VLAN，不需要打上标签，因此在该链路上将 VLAN190 设置为 Native VLAN。AS-SW 交换机为了能识别 VLAN190 和 VLAN230 的流量，需要创建 VLAN 190 和 VLAN 230。

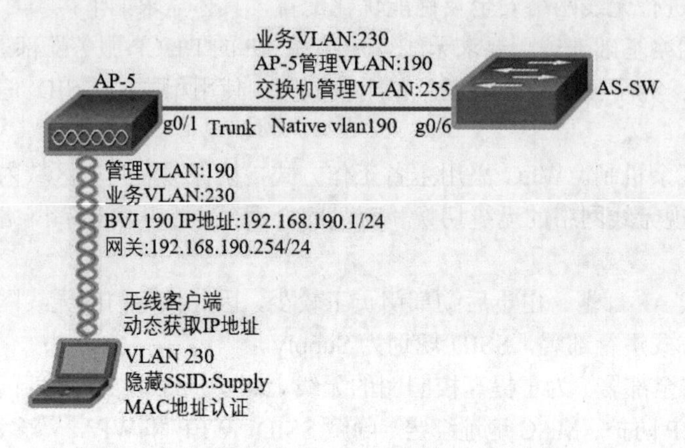

图 8-5 自主式 AP 业务 VLAN 和管理 VLAN 的规划

（2）LAP 所在 VLAN 的规划。如图 8-6 所示，AS-SW 交换机的 g0/1、g0/3、g0/4 和 g0/5 分别连接轻量级 AP-1、AP-2、AP-3 和 AP-4，如同交换机上连接不同的计算机终端，分别位于 VLAN 160、VLAN 170 和 VLAN180，因此在 AS-SW 交换机上需要创建这 3 个 VLAN 的信息。

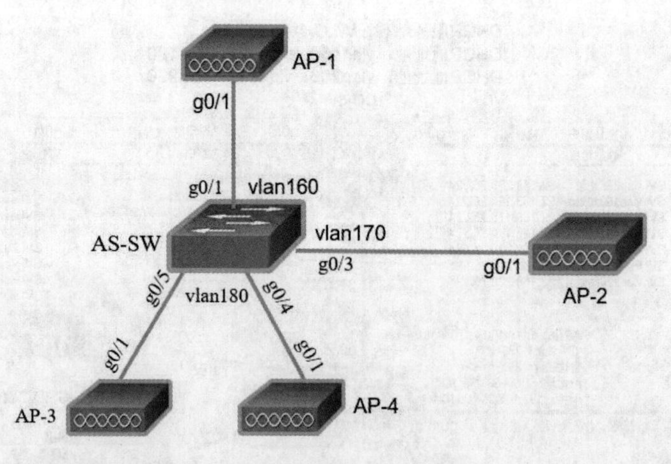

图 8-6 LAP 所在 VLAN 的规划

（3）LAP 业务 VLAN 的规划。由于 WLC 采取集中转发方式，当 LAP 收到无线客户端发出的 802.11 数据帧后，将其转换为以太数据，并通过 LAP 与 WLC 之间建立的 CAPWAP 隧道转发给 WLC，可以看出在 CAPWAP 隧道路径上的 AS-SW 交换机并不需要无线用户的 VLAN 信息，这也是 AS-SW 交换机上没有创建 VLAN200、VLAN210 和 VLAN220 的原因。

如果采用本地转发方式，数据流量不会通过 CAPWAP 隧道来传输，而是通过 AS-SW 直接转发。为了区别不同的无线用户流量信息，必须在传输路径的所有交换机上创建 VLAN 信息。同时，因为连接 LAP 的交换机接口传输了 LAP 与 WLC 之间建立 CAPWAP 隧道的控制信息和经 AP 将 802.11 帧转换为以太网帧的数据信息，故将其设置为 Trunk，并且将 AP 所在的 VLAN 设置为 Native VLAN。需要注意的是，与管理相关的 VLAN 是不会打上标签的。

（4）接入交换机管理 VLAN 规划。AS-SW 交换机的上联口 g0/2 透传了 VLAN160 等多个 VLAN 的信息，必须将其设置为 Trunk。为了网络管理员能够远程管理 AS-SW 交换机，单独规划一个独立的 VLAN 255 子网作为管理网段，配置其 SVI 接口的 IP 地址作为 AS-SW 交换机的管理 IP 地址，若要其他网段的管理终端能管理该交换机，则需要为其设置默认网关，使用一条默认路由来替代。

2. 核心层交换机上的网络规划

核心层交换机上网络规划

从拓扑图上看，LAP 与 2 台 WLC 之间要建立 8 条 CAPWAP 控制隧道和 8 条 CAPWAP 数据隧道，且 AP 所在 VLAN 的各网段网关和 DHCP 都部署在 WLC 上。

（1）LAP 所在 VLAN 的规划。在 CAPWAP 隧道建立之前，AP 如同一台计算机一样来获取 IP 地址，因此在 WLC 至 LAP 的传输路径上，CO-SW 交换机与 AS-SW 交换机上必须有各 LAP 所在 VLAN 的信息，所以在 CO-SW 交换机上也必须创建 VLAN 160、VLAN 170 和 VLAN 180；同时，将 AS-SW 和 CO-SW，CO-SW 与 WLC-1 和 WLC-2 之间的链路设置为 Trunk，即在 CO-SW 交换机上将 g0/2、g0/5-6 设置为 Trunk，这样才能确保各 AP 所在 VLAN 的流量能正确转发。

（2）三层交换机互连接口的规划。在 AP 获取到 IP 地址后，会根据下发地址信息中的 option 138 指定的 IP 地址去发现 WLC。从 AP 发送的以太网帧经 AS-SW 交换机转发至三层交换机后会执行解封装帧操作，根据 IP 数据包中的目的 IP 地址查找路由表，找到出接口或下一跳 IP 地址。

这意味着，CO-SW 交换机与 WLC 之间要有三层互联接口，因此在拓扑图中的 CO-SW 交换机上规划 SVI VLAN 255 接口作为与 WLC 之间互联的三层接口，同时也作为 CO-SW 交换机的管理接口。

为了能让 AP 发现到 WLC，在 CO-SW 交换机上配置去往 WLC-1 上 1.1.1.1/32 和 WLC-2 上 2.2.2.2/32 的静态路由，其下一跳地址分别为 WLC-1 和 WLC-2 与 CO-SW 交换机互联的 SVI VALN 255 接口的 IP 地址，注意这个地址是 VLAN 255 网段的网关地址。

（3）静态路由规划。AP 与 WLC 建立起 CAPWAP 数据隧道后，WLC 成为数据转发的中枢。从外网回送的数据到达三层交换机后，被转发给 WLC，再由 WLC 经 CAPWAP 数据隧道返回给无线客户端。从这个过程可以看出，在三层交换机上还需要配置到达各无线用户网段的路由，其下一跳是互联网段 VLAN 255 的网关地址，由于无线热备的原因，管理网段的网关需要虚拟化，下一跳地址指向虚拟地址 192.168.255.254。根据网络规划，有 3 个无线用户网段，因此在交换机 CO-SW 上还需要配置 3 条静态路由。

根据规划，无线用户数据信息都是由 AP 与 WLC 之间传输路径上的 AS-SW 和 CO-SW 交换机来转发的，控制信息是在 AP 与 WLC 之间建立的。需要注意的是，由于所有 LAP 所在 VLAN 网段的网关都部署在 WLC 上，因此在三层交换机和 WLC 之间不但二层可达，还要三层联通。为了达成这一目的，三层交换机上要有 AP 所在 VLAN 的信息，即要在三层交换机上创建 VLAN 160、VLAN 170 和 VLAN 180。三层交换机从 g0/2 接口接收到以太网帧后会执行解封装帧操作，根据 IP 数据包中的目的 IP 地址查找路由表，找到出接口或下一跳 IP 地址后重新封装帧，转发给 WLC 进行处理。

（4）自主式 DHCP 服务规划。自主式 AP-5 是不受 WLC 控制的，其无线用户网段和网关规划部署在 CO-SW 交换机上，因此在三层交换机 CO-SW 上还需要创建 VLAN 230，配置 SVI VLAN 230 接口的 IP 地址作为 VLAN 230 网段的网关地址；建立 VLAN 230 的 DHCP 地址池，为无线用户 VLAN 230 动态分配 IP 地址。

由此可以看出，在三层交换机上的配置量不是太大，但正确理解 AP 与 WLC 之间 CAPWAP 隧道的建立过程和 WLC 集中转发的工作原理是 CO-SW 交换机基础网络配置的关键。

无线控制器网络规划介绍

3. WLC 网络规划

WLC 要能正常工作，必须配置一个 IP 地址。根据规划，在 WLC 上配置回环接口的 IP 地址作为标识 WLC 的 IP 地址。

（1）三层互连接口规划。WLC 与 CO-SW 之间不仅二层联通，还要三层互通，因此在 WLC-1 和 WLC-2 与三层交换机之间的链路为 Trunk，必须将 WLC-1 和 WLC-2 的 g0/1 设置为 Trunk，同时在 WLC-1 和 WLC-2 上创建 SVI VLAN 255 并配置 IP 地址，作为与 CO-SW 的互连 IP 地址。

（2）静态默认路由规划。当 WLC 需要将数据流转发至外部网络时，需要在 WLC 上配置一条默认路由，其下一跳 IP 地址是三层交换机上 SVI VLAN 255 接口的 IP 地址。

（3）LAP 所在 VLAN 的规划。WLC 与 LAP 建立 CAPWAP 隧道前，WLC 与 LAP 之间进行二层通信，因此在 WLC 上需要创建各 LAP 的 VLAN 信息，也就是在 WLC 上创建 VLAN160、VLAN170 和 VLAN180 的信息。

（4）无线业务 VLAN 规划。LAP 与 WLC 建立 CAPWAP 控制隧道后，WLC 会将 SSID、WLAN 与 VLAN 的对应关系信息下发给 LAP，因此在 WLC 上需要创建无线用户 VLAN 信息，也就是在 WLC 上创建 VLAN200、VLAN210 和 VLAN220 的信息。

（5）业务 VLAN 和 LAP 所在 VLAN 的网关规划。从拓扑图上看，LAP 与 WLC 之间、各无线用户之间工作在不同网段，所以要建立三层通信，为 LAP 部署网关。根据规划，LAP 和无线用户的网关都部署在 WLC 上，建立对应 VLAN 的 SVI 接口，配置 IP 地址作为网关地址。

（6）网关冗余规划。考虑到 WLC 工作在主备方式，LAP 和无线用户的 VLAN 都需要使用 VRRP 虚拟网关，这样可以在热备之间进行切换，因此在 SVI 接口下指定虚拟网关地址。同时，WLC-1 为主控制器，WLC-2 为备控制器，在配置 VRRP 组的优先级时，WLC-1 上指定为 150，WLC-2 上指定为 120。

通过以上分析，已经清楚地知道在 WLC-1 和 WLC-2 上需要配置哪些内容，以及它们之间存在何种关系，这些知识是在 WLC 上完成基础网络配置的重点。

8.2.2 DHCP 服务器规划

DHCP 服务器规划

根据规划，LAP 和无线用户的 IP 地址是通过 DHCP 获取到的，并且 DHCP 服务部署在 WLC 上。

（1）LAP 的 DHCP 服务规划。给 LAP 配置 DHCP 服务器时使用 138 选项加上 AC 的地址信息（回环接口），其中将主控制器的 IP 地址写在前，备控制器的 IP 地址写在后，保证主备切换后 LAP 与 WLC 之间建立 CAPWAP 隧道的容错性。

（2）无线用户的 DHCP 规划。在给无线用户配置 DHCP 服务时，因为无线用户无须与 WLC 进行通信，所以不必通过 option 138 指定 WLC 回环接口的 IP 地址。

（3）配置 DHCP 服务前的准备工作。在配置 DHCP 服务前，将各网段中需要静态指定的 IP 地址排除掉，如本例中各网段的最后 3 个 IP 地址，分别用作 WLC-1 和 WLC-2 上的 SVI 接口 IP 地址及虚拟网关地址。

另外，做了以上配置后，一定要验证 LAP 能否获取到 IP 地址。方法是：在接入交换机 AS-SW 上创建 LAP 所在 VLAN 的 SVI 接口，然后在此配置模式下将接口 IP 地址设置为 DHCP，测试是否能够获取到。也可以将 LAP 替换为计算机，然后测试计算机能否动态获取 IP 地址，或者在 WLC 上使用 show ip dhcp binding 命令来进行验证。

8.2.3 WLC+LAP 无线网络规划

WLC+LAP 无线网络规划

为了提高移动无线网络的服务能力，实现便捷的管理和易用性，在整个校园网的同一区域中使用相同的 SSID 提供不同的接入服务，如图 8-4 所示，在行政区域部署 4 台 LAP，为不同的教师提供不同的无线接入服务。

如何才能做到这一点呢？为教师创建 3 个不同的 WLAN（1、2、3），建立 3 个不同的 AP-group（200、210、220）。VLAN（200、210、220）和 WLAN 之间形成映射关系，这样不同的组将发射不同的 WLAN，将 4 个 AP 加入到 3 个不同的 AP-group，就实现了不同无线用户接入不同的 AP，即有差别的接入服务。

8.2.4 自主式 AP 无线局域网规划

自主式 AP 无线局域网构建规划

根据项目任务需求，AP-5 采用自主式 AP 的部署方式，为学校后勤部门的员工提供无线接入服务，规划 SSID 为 Supply。

1. 有线侧基础网络规划

在规划的拓扑中，AP 的 BVI 接口所在网段的网关、无线网络 Supply 用户网段 192.168.230.0 的网关和 DHCP 均部署在三层交换机 CO-SW 上，而无线用户是否能动态获取到 IP 地址是后勤部门员工能否正常使用无线网络的关键。

2. 无线侧网络安全规划

学校要求网络管理员加强对后勤部门员工使用无线网络的管理，采取隐藏 SSID 和 MAC 地址认证相结合的无线安全策略，避免所有人都可以搜索到学校后勤部门的 SSID，同时还可以防止非本部门的无线网络终端访问本部门的网络资源造成信息泄露。下面简单介绍一下这两种安全策略的相关知识。

（1）隐藏 SSID。通常情况下 AP 会把 SSID 都广播出去，如果不想让无线网络被别人搜索到，可以设置禁止 SSID 广播，此时无线网络仍然可以使用，只是不会出现在其他人搜索到的可用网络列表中，要想连接该无线网络只能手动设置 SSID。

（2）MAC 地址认证。802.11 设备都具有唯一的 MAC 地址，因此可以通过检验 802.11 设备无线以太网帧中的源 MAC 地址来判断其合法性，过滤掉不合法的 MAC 地址，只允许特定用户设备发送的数据通过。

8.2.5 无线网络安全规划

无线网络安全规划

学校根据不同师生的实际情况制定了不同的安全策略，其中 VLAN 200 的教师用户采用 WPA2（强健安全网络），在接入点和移动设备之间使用的是动态身份协议；VLAN 210 的教师用户采用 WPA，保证了数据链路层安全的同时还保证了只有授权用户才可以访问无线网络；VLAN 220 的教师用户采用 WEP，用户的密钥必须与 LAP 中设置的密钥相同，并且在一个服务区域内的所有用户都共享同一个密钥，适合于安全性不高的场合。

根据前面无线网络的基础配置可知，WLAN 1 与 VLAN 200 对应，WLAN 2 与 VLAN 210 对应，WLAN 3 与 VLAN 220 对应，而创建 WlanSec 的 ID 则对应了不同的 WLAN ID，由此通过安全接入控制实现同一 SSID 但提供不同的接入服务，达到了预设目标。

8.2.6 无线网络性能优化规划

无线网络性能优化规划

无线网络优化主要是通过调整各种相关的无线网络工程设计参数和无线资源参数来满

足系统现阶段对各种无线网络指标的要求。优化调整过程往往是一个周期性的过程，因为系统对无线网络的要求总是在不断变化的。

根据学校无线网络部署需求，实施无线网络优化以提升无线网络体验效果，主要考虑ARP 欺骗防御、用户隔离、速率限制、时间调度、信号强度和低速率及低功耗调整等关键因素。

8.3 动手实战

前面已经对 WLAN 的关键知识点进行了回顾，对项目需求进行了详细分析，对网络架构作了详尽的规划，特别是理清了数据流和控制流在网络中是如何传递的。接下来，将按照配置有线侧网络、配置无线侧网络、配置无线网络安全、优化无线网络性能和项目全网联调测试顺序进行介绍，符合网络工程通用实施流程。

8.3.1 有线侧网络配置

1. 接入交换机 AS-SW 上的配置

接入交换机 AS-SW 上的配置

```
enable                                          //进入特权配置模式
conf t                                          //进入全局配置模式
hostname AS-SW                                  //为交换机命名
vlan 160                                        //创建 VLAN
name AP-1                                       //为 VLAN 命名
vlan 170
name AP-2
vlan 180
name AP-3-4
vlan 190
name AP-5
vlan 230
name user-230
vlan 255
name Management
interface vlan 255                              //创建管理 VLAN 的 SVI 接口
ip add 192.168.255.1 255.255.255.0              //配置 SVI 接口的 IP 地址
interface gi0/1                                 //选定接口 1
switchport access vlan 160                      //将该接口划分至 VLAN
interface gi0/3
switchport access vlan 170
interface range gi0/4-5
switchport access vlan 180
interface gi0/6                                 //选定接口
switchport mode trunk                           //设置接口属性为 trunk
switchport trunk native vlan 190                //设置 AP-5 管理 VLAN 为本征 VLAN
switchport trunk allowed vlan only 190,230      //Trunk 链路上修剪不要的 VLAN 流量
interface gi0/2
switchport mode trunk
ip route 0.0.0.0 0.0.0.0 192.168.255.254        //设置交换机管理 VLAN 的网关
```

2. 核心交换机 CO-SW 上的配置

核心交换机 CO-SW 上的配置

```
enable                                          //进入特权配置模式
conf t                                          //进入全局配置模式
hostname CO-SW                                  //为交换机命名
```

```
ip routing                                          //开启路由功能
service dhcp                                        //开启 DHCP 服务
ip dhcp pool vlan230                                //建立 VLAN230 网段地址池
network 192.168.230.0 255.255.255.0                 //宣告 VLAN230 网段
default-router 192.168.230.254                      //下发 VLAN230 网段默认网关
vlan 160                                            //创建 VLAN
name AP-1                                           //为 VLAN 命名
vlan 170
name AP-2
vlan 180
name AP-3-4
vlan 190
name AP-5-management-vlan
vlan 230
name AP-5user-vlan
vlan 255
name Management
interface vlan 255                                  //创建 SVI 接口
ip add 192.168.255.2 255.255.255.0                  //配置 IP 地址
interface vlan 190                                  //创建 SVI 接口
ip add 192.168.190.254 255.255.255.0                //配置 IP 地址
interface vlan 230                                  //创建 SVI 接口
ip add 192.168.230.254 255.255.255.0                //配置 IP 地址
interface gi0/2                                     //选定接口
switchport mode trunk                               //设置接口属性为 Trunk
interface range gi0/23-24
switchport mode trunk
ip route 1.1.1.1 255.255.255.255 192.168.255.253    //配置去往主 WLC 的路由，保证 WLC 与 LAP
                                                    //之间路由可达，建立 CAPWAP 隧道
ip route 2.2.2.2 255.255.255.255 192.168.255.252    //配置去往备 WLC 的路由，保证 WLC 与 LAP
                                                    //之间路由可达，建立 CAPWAP 隧道
ip route 192.168.200.0 255.255.25.0 192.168.255.254 //配置外网回送数据包经交换机 CO-SW 到达无
                                                    //线控制器 WLC-1 和 WLC-2 的静态路由，由于
                                                    //无线主备的原因，网关虚拟化，下一跳地址指
                                                    //向虚拟地址
ip route 192.168.210.0 255.255.25.0 192.168.255.254
ip route 192.168.220.0 255.255.25.0 192.168.255.254
```

需要注意的是，在 WLC-1 和 WLC-2 上做 VRRP 时，需要在 CO-SW 上创建 VLAN 200、VLAN 210 和 VLAN 220 的相关信息，否则 VRRP 状态不对。这并不是 WLC 与 LAP 通信时需要的信息。

3. WLC-1 上基础网络的配置

WLC-1 上基础网络的配置

```
enable                                              //进入特权配置模式
conf t                                              //进入全局配置模式
hostname WLC-1                                      //为设备命名
vlan 160                                            //创建 VLAN
name AP-1                                           //为 VLAN 命名
vlan 170
name AP-2
vlan 180
name AP-3-4
vlan 200
```

```
name user200
vlan 210
name user210
vlan 220
name user220
vlan 255
name Management                          //由于热备原因，所有无线及 AP 的 VLAN 都需要使用 VRRP
                                         //虚拟网关，这样可以跟着热备一起切换
interface vlan 160                       //创建 SVI 接口
ip add 192.168.160.253 255.255.255.0     //配置 SVI 接口的 IP 地址
vrrp 160 ip 192.168.160.254              //配置虚拟网关地址
vrrp 160 priority 150                    //指定 WLC-1 为主网关，优先级高于 WLC-2 上的优先级
interface vlan 170
ip add 192.168.170.253 255.255.255.0
vrrp 170 ip 192.168.170.254
vrrp 170 priority 150
interface vlan 180
ip add 192.168.180.253 255.255.255.0
vrrp 180 ip 192.168.180.254
vrrp 180 priority 150
interface vlan 200
ip add 192.168.200.253 255.255.255.0
vrrp 200 ip 192.168.200.254
vrrp 200 priority 150
interface vlan 210
ip add 192.168.210.253 255.255.255.0
vrrp 210 ip 192.168.210.254
vrrp 210 priority 150
interface vlan 220
ip add 192.168.220.253 255.255.255.0
vrrp 220 ip 192.168.220.254
vrrp 220 priority 150
interface vlan 255
ip add 192.168.255.253 255.255.255.0
vrrp 255 ip 192.168.255.254
vrrp 255 priority 150
int lo0                                  //选定回环接口
ip add 1.1.1.1 255.255.255.255           //配置回环接口的 IP 地址作为 WLC 的标识地址
interface gi0/1                          //选定接口
switchport mode trunk                    //配置接口属性为 Trunk，透传多个 VLAN 的流量
ip route 0.0.0.0 0.0.0.0 192.168.255.254 //配置到达外部网络的路由信息
```

WLC-2 上基础网络的配置

4. WLC-2 上基础网络的配置

在 WLC-2 上的配置和 WLC-1 上的配置完全类似，唯一不同的是，WLC-1 是主网关，WLC-2 是备网关，在指定 VRRP 组的优先级时指定为 120，低于 WLC-1 上的 VRRP 组优先级 150。

```
enable
conf t
hostname WLC-2
vlan 160
name AP-1
vlan 170
```

```
name AP-2
vlan 180
name AP-3-4
vlan 200
name user200
vlan 210
name user210
vlan 220
name user220
vlan 255
name Management
interface vlan 160
ip add 192.168.160.252 255.255.255.0
vrrp 160 ip 192.168.160.254
vrrp 160 priority 120
interface vlan 170
ip add 192.168.170.252 255.255.255.0
vrrp 170 ip 192.168.170.254
vrrp 170 priority 120
interface vlan 180
ip add 192.168.180.252 255.255.255.0
vrrp 180 ip 192.168.180.254
vrrp 180 priority 120
interface vlan 200
ip add 192.168.200.252 255.255.255.0
vrrp 200 ip 192.168.200.254
vrrp 200 priority 120
interface vlan 210
ip add 192.168.210.252 255.255.255.0
vrrp 210 ip 192.168.210.254
vrrp 210 priority 120
interface vlan 220
ip add 192.168.220.252 255.255.255.0
vrrp 220 ip 192.168.220.254
vrrp 220 priority 120
interface vlan 255
ip add 192,168.255.252 255.255.255.0
vrrp 255 ip 192.168.255.254
vrrp 255 priority 120
int lo0
ip add 2.2.2.2 255.255.255.255
interface gi0/1
switchport mode trunk
ip route 0.0.0.0 0.0.0.0 192.168.255.254
```

5. WLC-1 上 DHCP 服务的配置

WLC-1 上 DHCP 服务的配置

```
service dhcp                                    //开启 DHCP 服务
ip dhcp pool vlan160                            //建立 VLAN160 网段地址池
network 192.168.160.0 255.255.255.0             //宣告 VLAN160 网段
default-router 192.168.160.254                  //下发 VLAN160 网段默认网关
option 138 ip 1.1.1.1 2.2.2.2    //指定 WLC 回环接口的 IP 地址，用于和 AP 之间的通信，其中主控
                                 //制器的 IP 地址写在前，备控制器的 IP 地址写在后
ip dhcp pool vlan170
```

```
network 192.168.170.0 255.255.255.0
default-router 192.168.170.254
option 138 ip 1.1.1.1 2.2.2.2
ip dhcp pool vlan180
network 192.168.180.0 255.255.255.0
default-router 192.168.180.254
option 138 ip 1.1.1.1 2.2.2.2
ip dhcp pool vlan200
network 192.168.200.0 255.255.255.0
default-router 192.168.200.254
ip dhcp pool vlan210
network 192.168.210.0 255.255.255.0
default-router 192.168.210.254
ip dhcp pool vlan220
network 192.168.220.0 255.255.255.0
default-router 192.168.220.254
```

WLC-2 上 DHCP 服务的配置

6. WLC-2 上 DHCP 服务的配置

WLC-1 和 WLC-2 上的 DHCP 配置完全相同，可以起到冗余的作用。

```
service dhcp
ip dhcp pool vlan160
network 192.168.160.0 255.255.255.0
default-router 192.168.160.254   //网关是 WLC 的虚拟网关，这样能保证任何一个 WLC 故障都能指向
                                 //活动网关
option 138 ip 1.1.1.1 2.2.2.2    //指定 WLC 地址，热备组中主用的地址在前，备用的地址在后
ip dhcp pool vlan170
network 192.168.170.0 255.255.255.0
default-router 192.168.170.254
option 138 ip 1.1.1.1 2.2.2.2
ip dhcp pool vlan180
network 192.168.180.0 255.255.255.0
default-router 192.168.180.254
option 138 ip 1.1.1.1 2.2.2.2
ip dhcp pool vlan200
network 192.168.200.0 255.255.255.0
default-router 192.168.200.254
ip dhcp pool vlan210
network 192.168.210.0 255.255.255.0
default-router 192.168.210.254
ip dhcp pool vlan220
network 192.168.220.0 255.255.255.0
default-router 192.168.220.254
```

8.3.2 无线侧网络配置

WLC-1 上无线网络基础配置

1. WLC-1 上无线网络基础配置

（1）WLAN 1 相关配置。

1）wlan-config 的配置。

```
wlan-config 1 Teacher                    //创建 WLAN 1 的 SSID 为 Teacher
```

2）ap-group 的配置。

```
ap-group 200                             //进入 ap-group
interface-mapping 1 200                  //建立 WLAN 1 与无线用户的映射关系
```

3）ap-config 的配置。

```
ap-config AP MAC 地址                    //进入 AP 配置模式
ap-name AP-1                             //命名 AP
ap-group 200                             //将 AP 加入组
channel 1 radio 1                        //对 AP 信道进行调整，避免同频干扰
channel 149 radio 2                      //对 AP 信道进行调整，避免同频干扰
```

（2）WLAN 2 相关配置。

1）wlan-config 的配置。

```
wlan-config 2 Teacher                    //创建 WLAN 2 的 SSID 为 Teacher
```

2）ap-group 的配置。

```
ap-group 210                             //进入 ap-group
```

3）ap-config 的配置。

```
interface-mapping 2 210                  //建立 WLAN 2 与无线用户的映射关系
ap-config AP MAC 地址                    //进入 AP 配置模式
ap-name AP-2                             //命名 AP
ap-group 210                             //将 AP 加入组
channel 6 radio 1                        //对 AP 信道进行调整，避免同频干扰
channel 154 radio 2                      //对 AP 信道进行调整，避免同频干扰
```

（3）WLAN 3 相关配置。

1）wlan-config 的配置。

```
wlan-config 3 Teacher                    //创建 WLAN 3 的 SSID 为 Teacher
```

2）ap-group 的配置。

```
ap-group 220                             //进入 ap-group
```

3）ap-config 的配置。

```
interface-mapping 3 220                  //建立 WLAN 3 与无线用户的映射关系
ap-config AP MAC 地址                    //进入 AP 配置模式
ap-name AP-3                             //命名 AP
ap-group 220                             //将 AP 加入组
channel 11 radio 1                       //对 AP 信道进行调整，避免同频干扰
channel 159 radio 2                      //对 AP 信道进行调整，避免同频干扰
ap-config AP MAC 地址                    //进入 AP 配置模式
ap-name AP-4                             //命名 AP
ap-group 220                             //将 AP 加入组
channel 6 radio 1                        //对 AP 信道进行调整，避免同频干扰
channel 154 radio 2                      //对 AP 信道进行调整，避免同频干扰
```

2. WLC-2 上无线网络基础配置

WLC-2 上的无线功能配置和 WLC-1 完全相同。由于 WLC 工作在主备方式，因此要求 WLC-2 上 WLAN-config、AP-group、AP-config 的配置必须完全一致。大部分配置只要求主备两边均有配置，而部分配置需要保证顺序一致。interface-mapping 命令需要保证在同一个 ap-group 下配置顺序一致。

WLC-2 上无线网络基础配置

（1）WLAN 1 相关配置。

1）wlan-config 的配置。

```
wlan-config 1 Teacher                    //创建 WLAN 1 的 SSID 为 Teacher
```

2）ap-group 的配置。

```
ap-group 200                             //进入 ap-group
interface-mapping 1 200                  //建立 WLAN 1 与无线用户的映射关系
```

3）ap-config 的配置。

```
ap-config AP MAC 地址          //进入 AP 配置模式
ap-name AP-1                   //命名 AP
ap-group 200                   //将 AP 加入组
channel 1 radio 1              //对 AP 信道进行调整，避免同频干扰
channel 149 radio 2            //对 AP 信道进行调整，避免同频干扰
```

（2）WLAN 2 相关配置。

1）wlan-config 的配置。

```
wlan-config 2 Teacher          //创建 WLAN 2 的 SSID 为 Teacher
```

2）ap-group 的配置。

```
ap-group 210                   //进入 ap-group
```

3）ap-config 的配置。

```
interface-mapping 2 210        //建立 WLAN 2 与无线用户的映射关系
ap-config AP MAC 地址          //进入 AP 配置模式
ap-name AP-2                   //命名 AP
ap-group 210                   //将 AP 加入组
channel 6 radio 1              //对 AP 信道进行调整，避免同频干扰
channel 154 radio 2            //对 AP 信道进行调整，避免同频干扰
```

（3）WLAN 3 相关配置。

1）wlan-config 的配置。

```
wlan-config 3 Teacher          //创建 WLAN 3 的 SSID 为 Teacher
```

2）ap-group 的配置。

```
ap-group 220-                  //进入 ap-group
```

3）ap-config 的配置。

```
interface-mapping 3 220        //建立 WLAN 3 与无线用户的映射关系
ap-config AP MAC 地址          //进入 AP 配置模式
ap-name AP-3                   //命名 AP
ap-group 220                   //将 AP 加入组
channel 11 radio 1             //对 AP 信道进行调整，避免同频干扰
channel 159 radio 2            //对 AP 信道进行调整，避免同频干扰
ap-config AP MAC 地址          //进入 AP 配置模式
ap-name AP-4                   //命名 AP
ap-group 220                   //将 AP 加入组
channel 6 radio 1              //对 AP 信道进行调整，避免同频干扰
channel 154 radio 2            //对 AP 信道进行调整，避免同频干扰
```

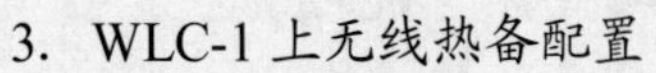

3. WLC-1 上无线热备配置

WLC-1 上无线热备配置

WLC 的热备切换需要考虑与网关是否同时切换的问题，如果是的话需要配置 VRRP。如果需要将 DHCP 服务一同切换，则需要把无线用户或 AP 的 DHCP 都做在 WLC 上。本例就属于这样的情况。

```
wlan hot-backup 2.2.2.2        //配置对端 IP 地址
context 10                     //配置热备实例
priority level 7               //配置 WLC-1 热备实例优先级，7 表示抢占模式
ap-group 200                   //将 ap-group 加入热备实例
ap-group 210
ap-group 220
dhcp-pool vlan200              //将无线用户地址池加入热备实例
dhcp-pool vlan210
```

```
dhcp-pool vlan220
dhcp-pool vlan160
dhcp-pool vlan170
dhcp-pool vlan180
vrrp interface VLAN 200 group 200               //无线用户网关 VRRP 组加入热备实例
vrrp interface VLAN 210 group 210
vrrp interface VLAN 220 group 220
vrrp interface VLAN 160 group 160
vrrp interface VLAN 170 group 170
vrrp interface VLAN 180 group 180
vrrp interface VLAN 255 group 255
wlan hot-backup enable                          //启用热备功能
```

4. WLC-2 上无线热备配置

```
wlan hot-backup 1.1.1.1                         //配置对端 IP 地址
context 10                                      //配置热备实例
priority level 4                                //配置 WLC-2 热备实例优先级，4 表示抢占模式
ap-group 200                                    //将 ap-group 加入热备实例
ap-group 210
ap-group 220
dhcp-pool vlan200                               //将无线用户地址池加入热备实例
dhcp-pool vlan210
dhcp-pool vlan220
dhcp-pool vlan160
dhcp-pool vlan170
dhcp-pool vlan180
vrrp interface VLAN 200 group 200               //无线用户网关 VRRP 组加入热备实例
vrrp interface VLAN 210 group 210
vrrp interface VLAN 220 group 220
vrrp interface VLAN 160 group 160
vrrp interface VLAN 170 group 170
vrrp interface VLAN 180 group 180
vrrp interface VLAN 255 group 255
wlan hot-backup enable                          //启用热备功能
```

WLC-2 上无线热备配置

5. WLC-1 上 AP 负载均衡配置

```
ac-controller
num-balance-group create test              //创建负载均衡组 test
num-balance-group num test 1               //AP 间用户相差一个时，较多用户的 AP 不响应用户接入请求
num-balance-group add test   AP-3          //将 AP-3 加入 AP 负载均衡组
num-balance-group add test   AP-4          //将 AP-4 加入 AP 负载均衡组
```

WLC 上 AP 负载均衡配置

6. WLC-2 上 AP 负载均衡配置

与 WLC-1 上 AP 负载均衡的配置完全一样。

8.3.3 无线网络安全配置

无线网络安全配置

在 WLC-1 和 WLC-2 上完成无线网络安全配置。

1. WPA2 的配置（WLAN 1）

```
wlansec 1
security rsn enable
security rsn ciphers aes enable
security rsn akm psk enable
security rsn akm psk set-key ascii 1234567890
```

2. WPA的配置（WLAN 2）

```
wlansec 2
security wpa enable
security wpa ciphers aes enable
security wpa akm psk enable
security wpa akm psk set-key ascii 1234567890
```

3. WEP共享密钥认证

```
wlansec 3
security static-wep-key encryption 40 ascii 1 12345
security static-wep-key authentication share-key
```

无线网络性能优化配置

8.3.4 无线网络性能优化配置

1. ARP欺骗防御

为了防御无线局域网ARP欺骗影响用户上网体验，配置了无线环境ARP欺骗防御功能。

```
ip dhcp snooping                                    //全局启用 DHCP Snooping
interface gi0/1
ip dhcp snooping trust
wlansec 3
arp-check
ip verify source port-security
```

2. 用户隔离

某些时候出于安全性的考虑，需要对同一个AP中的用户彼此之间进行隔离，实现用户之间彼此不能互相访问，需要配置同一AP下用户间隔离功能。

```
wids                            //进入 WIDS 模式
user-isolation ap enable        //配置基于 AP 下用户间隔离功能
```

3. 启用总部无线AP边缘感知功能

```
ap-config AP MAC 地址
ript enable
```

4. 速率限制

为了保障每个用户的无线体验，限制WLAN ID 1下每个用户的下行平均速率为800kb/s，突发速率为1600kb/s。

```
wlan-config 1
wlan-based per-user-limit down-streams averagedata-rate 800 burst-data-rate 1600   //下行限速 1600kb/s
```

5. 时间调度

总部通过时间调度，要求每周一至周五的21:00至23:30间关闭无线服务。

```
schedule session 1                                                    //定义时间调度
schedule session 1 time-range 1 period mon to fri time 21:00 to 23:30  //设置定时关闭 AP 信号
wlan-config 3
schedule session 1                                                    //在 WLAN 下应用调度
show schedule session
```

6. 调整信号强度和关闭低速率

不管是低功率还是低速率，一个AP只能与一个终端进行传输。当AP与低功率或者低速率的用户传输时，只有等待数据传输完成后才会开始下一段传输，因此，在一个无线网络中，不管是低速率还是低功率都会影响整个网络的传输。

（1）总部设置用户最小接入信号强度为-65dBm。

```
ap-config AP-3
response-rssi 30 radio 1
response-rssi 30 radio 2
ap-config AP-4
response-rssi 30 radio 1
response-rssi 30 radio 2
```

（2）总部关闭低速率（11b/g 1M、2M、5M，11a 6M、9M）应用接入。

```
ac-controller                                     //进入 AC 控制模式
802.11b network rate 1 disabled
802.11b network rate 2 disabled
802.11b network rate 5 disabled
802.11g network rate 1 disabled
802.11g network rate 2 disabled
802.11g network rate 5 disabled
802.11a network rate 6 disabled
802.11a network rate 9 disabled
```

7. AP 最大带点人数限制

将 AP 最大带点人数设置为 45。

```
ap-config AP-3
sta-limit 1                 //这里为了方便测试，设置 AP 带点人数为 1，当关联数目为 1 时，后续无线
                            //客户端无法连接
```

8.3.5　自主式 AP 无线网络配置

自主式 AP 无线网络配置

1. 创建 VLAN

```
enable                                //进入特权模式
configure terminal-                   //进入全局配置模式
vlan 190                              //创建 VLAN190
vlan 230                              //创建无线用户 VLAN230
```

2. 配置子接口

配置 interface gig 0/1.190 子接口并封装相关 VLAN190。

```
interface GigabitEthernet 0/1
encapsulation dot1Q 190               //封装 VLAN190
interface GigabitEthernet 0/1.230     //配置 interface gig 0/1.230 子接口
encapsulation dot1Q 230               //封装 VLAN
```

3. 配置 WLAN

创建指定 SSID 的 WLAN，在指定无线子接口绑定该 WLAN 以使其能发出无线信号。

（1）创建指定 SSID 的 WLAN。

```
dot11 wlan 1                          //创建 WLAN1 接口
ssid Supply                           //广播 SSID 为 Supply
```

（2）配置射频口，封装 VLAN，并与 WLAN 关联。

```
interface Dot11radio 1/0.1
encapsulation dot1Q 230               //指定 AP 射频子接口 1/0.1 的 VLAN
wlan-id 1                             //与 WLAN1 关联
interface Dot11radio 2/0.1
encapsulation dot1Q 230               //指定 AP 射频子接口 2/0.1 的 VLAN
```

4. 配置管理地址

```
interface BVI 190
ip address 192.168.190.253 255.255.255.0
```

5. 配置默认路由

```
ip route 0.0.0.0 0.0.0.0 192.168.190.254
```

6. 隐藏 SSID 的配置

隐藏 SSID 的操作，在 AP 上将无线 SSID 调整为非广播模式。

```
dot11 wlan 1                                   //进入 WLAN1
no broadcast-ssid                              //关闭广播 SSID
```

7. MAC 地址认证配置

```
wids                                           //进入 WIDS 模式
whitelist mac-addressaa:bb:cc:dd:ee:fa         //设置允许接入无线网络的 MAC 地址，这里任意设置
                                               //了一个 MAC 地址 aa:bb:cc:dd:ee:fa
```

配置结果验证测试

8.3.6 配置结果验证测试

本节对前面的各种配置进行测试。需要注意的是，有些测试是项目完成后才进行，而有些测试是边施工边进行。为了学习方便，这里将本案例的所有测试内容及方法放在一起讨论。

1. 有线网络基础测试

（1）使用 show vlan 命令核查各交换机和 WLC 的 VLAN 信息创建是否完整。

（2）使用 show interface trunk 命令核查各交换机到 WLC 的 Trunk 链路信息创建是否完整。

（3）使用 show ip interface brief 命令测试各接口 IP 地址配置是否正确、接口状态是否处于双 UP 状态。

（4）使用 show ip route 命令测试交换机和 WLC 的路由条目是否正确。

（5）使用 show vrrp summary 命令测试 WLC-1 和 WLC-2 是否正确处于主备工作状态和能否进行主备切换。

（6）使用 show ip dhcp binding 命令测试 DHCP 服务是否正常工作。验证 AP 能否获取到 IP 地址，方法是：在接入交换机上创建 AP 所在 VLAN 的 SVI 接口，然后在此配置模式下将接口 IP 地址设置为 DHCP，测试是否能获取。也可以将 AP 替换为计算机，然后测试计算机能否动态获取到 IP 地址。

（7）在 AS-SW 上使用 ping 命令测试基础网络是否互联互通。

进行以上测试以确保基础网络是正常工作的，这对于无线网络功能的发挥起到关键作用。

2. 无线网络基础测试

（1）使用 show wlan-config summary 命令查看配置的 WLAN。

（2）使用 show ap-config summary 命令查看 AP 上线的数量和是否改名。

（3）使用 show ap-group aps summary 命令查看 VLAN 与组的对应关系是否正确。

（4）使用 show ac-config client 命令查看哪些客户端连上哪些 AP，工作信道是否存在冲突，客户端获取到的 IP 地址情况。

（5）使用 show wlan hot-backup 命令查看无线热备的工作状态。

（6）使用 show ac-config num-balance summary 命令查看 AP 的负载均衡情况。

（7）使用 show ip dhcp binding 命令查看 ARP 欺骗防护是否启用。

（8）使用 show ac-config client 命令查看上线的客户端，并 ping 对端 IP 地址，ping 不通说明用户间是隔离的。

（9）使用 show running-config | begin wlan-config 3 命令查看无线用户的限速功能。

（10）使用 show schedule session 命令查看无线时间调度情况。

（11）在 AC 上使用 show ac-config client 命令查看是否有低速率的客户端关联和信号强度。

3. 隐藏 SSID 和 MAC 地址认证测试

（1）隐藏 SSID 验证。打开网卡的无线搜索功能，无法收索到 Supply。登录到 AP 上使用 show dot11 mbssid 命令确认无线空口的 mbssid 是否为空，可以发现 AP 的 mbssid 的 SSID 为 Supply，不为空，说明无线网络 Supply 已经隐藏。

单击“网络和 Internet 设置”，打开“网络与共享中心”界面，单击“设置新的连接或网络”，在弹出的“设置连接或网络”界面中单击“手动连接到无线网络”，单击“下一步”按钮，在弹出界面的“网络名”文本框中输入 Supply，在“安全类型”下拉列表框中选择“无身份认证（开放式）”选项，并勾选“自动启动连接”和“即使网络未进行广播也连接”，单击“下一步”按钮关闭界面。

（2）MAC 地址认证测试。测试步骤：使用一个与 MAC 地址 aa:bb:cc:dd:ee:fa 不同的无线客户端，连接无线网络 Supply，终端用户无法关联到 SSID，说明 MAC 地址认证生效。

8.4 课后作业

1. 如图 8-7 所示，在集中式无线网络架构中规划了 VLAN、IP 地址、DHCP、网关和 SSID 等配置信息，请在锐捷设备平台上实现无线网络与有线网络的联通。

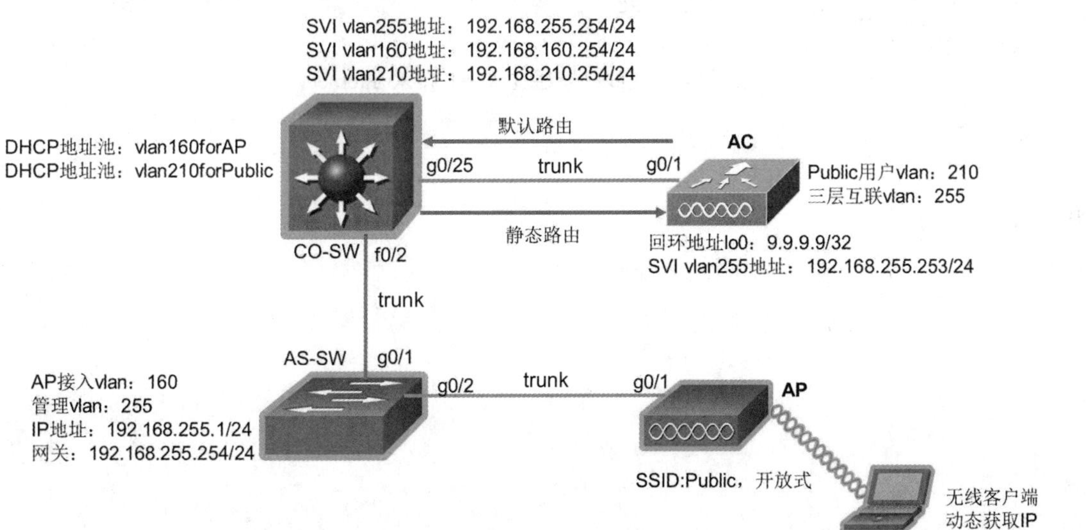

图 8-7 锐捷集中式无线网络拓扑图

2. 如图 8-8 所示，在集中式无线网络架构中规划了 VLAN、IP 地址、DHCP、网关和 SSID 等配置信息，请在思科设备平台上实现无线网络与有线网络的联通。

3. 铺设到家庭的不是可以将终端接入以太网的双绞线，而是用户线，也称为电话线。无线终端可以通过家用无线路由器构成的无线局域网与 ADSL Modem 实现互联，ADSL Modem 与本地局中的数字用户线接入的复用器之间实现互联，从而无线终端能够访问 Internet 中的资源，如图 8-9 所示。请在 Packet Tracer 7.3 中实现该功能。

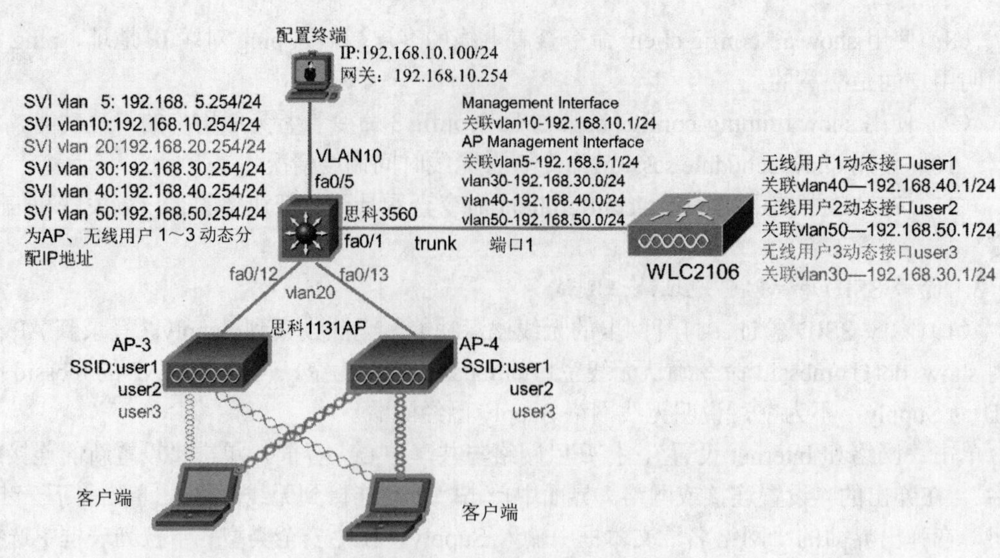

图 8-8　思科集中式无线网络拓扑图

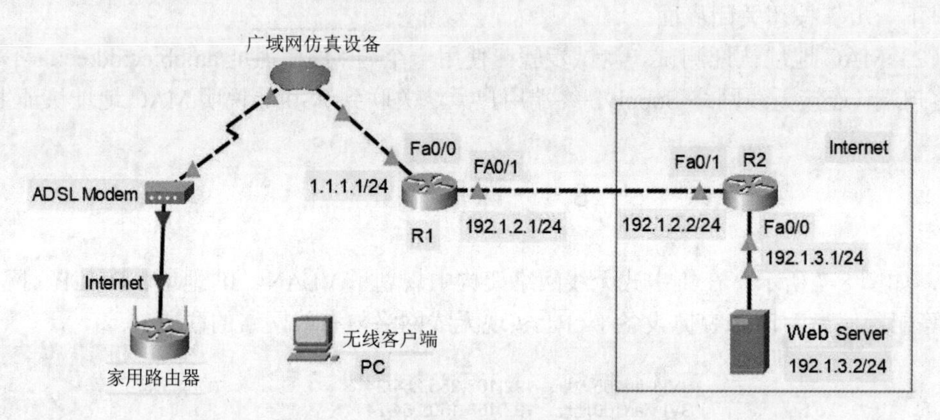

图 8-9　无线终端通过 ADSL 接入 Internet

参考文献

[1] 唐继勇，童均．无线网络组建项目教程[M]．2 版．北京：中国水利水电出版社，2015．

[2] Steve Rackley．无线网络技术原理与应用[M]．吴怡 等 译．北京：电子工业出版社，2008．

[3] Ron Price．无线网络原理与应用[M]．冉晓旻 等 译．北京：清华大学出版社，2008．

[4] 汪涛．无线网络技术导论[M]．北京：清华大学出版社，2008．

[5] 段水福，历晓华，段炼．无线局域网（WLAN）设计与实践[M]．杭州：浙江大学出版社，2008．

[6] 郭渊博，杨奎武，张畅．无线局域网安全：设计及实现[M]．北京：国防工业出版社，2010．

[7] 麻信洛，李晓中，董晓宁．无线局域网构建及应用[M]．北京：国防工业出版社，2006．

[8] 杨军，李瑛，杨章玉．无线局域网组建实战[M]．北京：电子工业出版社，2006．

[9] 麻信洛，李晓中．无线局域网构建及应用[M]．2 版．北京：国防工业出版社，2009．

读书笔记